Das Klimasystem und seine Modellierung

Springer-Verlag Berlin Heidelberg GmbH

Hans von Storch · Stefan Güss · Martin Heimann

Das Klimasystem und seine Modellierung

Eine Einführung

Mit 113 Abbildungen und 13 Tabellen

Springer

Professor Dr. Hans von Storch
GKSS Forschungszentrum
Max-Planck-Straße 1
D - 21502 Geesthacht
e-mail: storch@gkss.de

Dr. Stefan Güss
GKSS Forschungszentrum
Max-Planck-Straße 1
D - 21502 Geesthacht
e-mail: guess@gkss.de

Dr. Martin Heimann
Max-Planck-Institut für Biogeochemie
Tatzendpromenade 1a
D - 07745 Jena
e-mail: martin.heimann@bgc-jena.mpg.de

ISBN 978-3-540-65830-6   ISBN 978-3-642-58528-9 (eBook)
DOI 10.1007/978-3-642-58528-9
Die Deutsche Bibliothek – Cip-Einheitsaufnahme
Storch, Hans von: Das Klimasystem und seine Modellierung : eine Einführung / Hans von
Storch ; Stefan Güss ; Martin Heimann. - Berlin ; Heidelberg ; New York ; Barcelona ;
Hongkong ; London ; Mailand ; Paris ; Singapur ; Tokio : Springer, 1999
  ISBN 978-3-540-65830-6

Herstellung: ProduServ GmbH Verlagsservice, Berlin
Satz: Druckfertige Vorlage von den Autoren
Umschlaggestaltung: Struve & Partner, Heidelberg
SPIN: 10709216   32/3020 - 5 4 3 2 1 0 - Gedruckt auf säurefreiem Papier

Vorwort

Mit diesem Buch geben wir einen Überblick über die Vorstellungen, die man sich von Klima und klimarelevanten Prozessen macht, und wie diese heutzutage konzeptionell und quantitativ – also mit Modellen – beschrieben werden können. Darüber hinaus soll auch eine Lücke gefüllt werden zwischen vorhandenen allgemeinen einführenden Darstellungen der Klimatologie und speziellen Darstellungen der atmosphärischen und ozeanischen Physik, die ein erhebliches Basiswissen an Mathematik, Hydro- und Thermodynamik voraussetzen.

Besondere Kenntnisse in Mathematik und Physik sind an manchen Stellen für bestimmte Details nützlich, für das allgemeine Verständnis aber nicht erforderlich, da wir generell Wert darauf gelegt haben, nicht die mathematische Formulierung, sondern die zugrundeliegenden Prinzipien, Annahmen und Probleme anschaulich zu erklären.

Mit Rat, Hilfe und dem Überlassen von Abbildungen hat uns eine große Anzahl von Kollegen unterstützt. Besonders danken möchten wir: Ulrich Cubasch, Joachim Dippner, Matthias Dorn, Götz Flöser, Ulrich Foelsche, Beate Gardeike, Jürgen Grieser, Marion Grunert, Charlotte Hagner, Klaus Hasselmann, Gabriele Hegerl, Dietrich Heimann, Hauke Heyen, F. Hübner, Frank Kauker, Frank Kwasniok, Heike Langenberg, Michael Lehning, Ute Luksch, Ernst Meier-Reimer, Christina Mertens, Marisa Montoya, Peter Müller, Victor Ocaña, Arnt Pfizenmayer, Hinrich Reichardt, Erich Roeckner, Michaela Sickmöller, Daniel Vietor, Jinsong von Storch, Susanne Waszkewitz, Ralf Weisse, Angela Wilhelm und Eduardo Zorita. Bedanken möchten wir uns auch bei der Betreuung durch den Springer-Verlag, insbesondere bei Herrn W. Engel. Die Arbeit wurde finanziell unterstützt von N. und E. Güss.

Hans von Storch, Stefan Güss und Martin Heimann

Inhaltsverzeichnis

X

1 Einführung

1.1
Übersicht

Seit Ende der 60er Jahre nehmen Umweltprobleme einen zunehmend breiteren Raum im öffentlichen Interesse und bei politischen oder verwaltungstechnischen Entscheidungen ein. Sei es die Ausbreitung von Schadstoffemissionen, sei es eine Gefährdungsabschätzung von Altlasten, immer sind quantitative Aussagen über komplexe Prozesse gefragt. Hierfür werden zunehmend numerische Simulationsmodelle herangezogen.

Zum einen konnte in den letzten Jahrzehnten ein großes Maß an wissenschaftlichem Verständnis für vielerlei Prozesse zusammengetragen werden, zum anderen hat sich die Computertechnik beträchtlich weiterentwickelt. Dies ermöglicht nun, Wissen über einzelne Prozesse quantitativ zu formulieren und diese in einem Computermodell zu kombinieren.

Mit zu den erfolgreichsten Simulationsmodellen gehören die Wettervorhersagemodelle. Die ursprüngliche Form der Wettervorhersage basierte auf einer umfangreichen Sichtung von Kartenmaterial des aktuellen Wetterzustands. Darauf aufbauend wurde mit Hilfe von „Regeln", die aus Erfahrungswerten von vielen vergangenen Wetterentwicklungen abgeleitet wurden, eine Vorhersage verbal und in Kartenform erstellt. Der Unterstützung durch die Simulationsmodelle ist es zu verdanken, daß die Prognosegüte von Wettervorhersagen in den letzten Jahrzehnten stetig zugenommen hat.

Die derzeitige Sorge um mögliche zukünftige Klimaänderungen als Folge der mit dem menschlichen Wirtschaften verbundenen Emission von Kohlendioxid und anderer Treibhausgase in die Atmosphäre unterscheidet sich aber grundlegend vom Problem, das Wetter der nächsten Tage vorherzusagen.

Die antizipierte *Klimaänderung* zeichnet sich durch ihren globalen und langzeitlichen Charakter aus. Die Wirkung ist nicht auf wenige Regionen beschränkt; vielmehr wird erwartet, daß alle Regionen der Welt in irgendeiner Weise betroffen sein werden – sei es durch veränderte Temperaturen und Niederschlagsmuster (und deren Folgen etwa für natürliche oder bewirtschaftete Ökosysteme, für die Wasserwirtschaft, für den Wärme- oder Kältestreß von Mensch und Kreatur) – sei es durch einen erhöhten Meeresspiegel. Diese Änderungen werden langzeitlicher Art sein, d.h., sie werden langsam im Verlauf von einigen Jahrzehnten eintreten, aber auch nur langsam wieder zurückgehen, wenn die anthropogenen Emissionen vermindert werden.

Die Erwartung eines möglicherweise tiefgreifenden anthropogenen Klimawandels beruht auf drei wissenschaftlichen Argumenten, die im Verlauf des Buchs noch detailliert behandelt werden:

1. Das älteste Argument stützt sich auf Abschätzungen, die aus physikalischen Modellvorstellungen abgeleitet worden sind. So formulierte schon Arrhenius 1896 anhand einer stark vereinfachten Theorie des Strahlungstransportes die Hypothese, daß eine erhöhte atmosphärische Kohlendioxidkonzentration die Wärmeabgabe der Erde vermindert, und sich deshalb die erdbodennahe Temperatur erhöhen würde (Abschnitte 4.2 und 4.6). Die moderne Variante, Rechnungen mit realitätsnahen Klimamodellen, die auch Einflüsse von Wolken und regionale Differenzierungen zu berücksichtigen versuchen, kommt zum gleichen Ergebnis (Abschnitt 7.3).

2. Ein zweites Argument verwendet paläoklimatische Analoga, wie sie etwa aus Untersuchungen an Eisbohrkernen aus der Antarktis und Grönlands abgeleitet werden können. Dort wurde beobachtet, daß während wärmerer Zeiten der letzten 150 000 Jahre auch die Kohlendioxidkonzentrationen erhöht waren (Abschnitt 3.6).

3. Ein drittes, kombiniertes Argument geht von einer statistischen Analyse der beobachteten Temperaturtrends in den letzten 130 Jahren aus (Abschnitt 7.4). Die zuletzt beobachteten Trends erscheinen deutlich „ungewöhnlich" im Sinne „normaler natürlicher" Klimaschwankungen, so daß sie mit hoher Wahrscheinlichkeit als „nicht natürlich" eingestuft werden dürfen.

Im Fall der Klimaänderungen kann man nicht von *Vorhersagen* im eigentlichen Sinn sprechen, sondern lediglich *Szenarien* entwerfen. Das heißt, man macht Annahmen über den Verlauf der zukünftigen Kohlendioxidemissionen, und errechnet daraus zunächst die zeitliche Entwicklung der in der Atmosphäre verweilenden Menge an Kohlendioxid und schließlich deren klimatischen Auswirkungen.

Wichtigstes Werkzeug, um Szenarien für den möglichen anthropogenen Klimawandel zu erzeugen, sind *Klimamodelle*. Diese wurden aber nicht primär für diesen Zweck konzipiert, sie wurden vielmehr als Werkzeuge entwickelt, um Grundlagen der Dynamik des Klimasystems zu erforschen. Ihre atmosphärischen Komponenten sind aus Modellen für operationelle Kurzfristprognosen, d.h. Wettervorhersagemodelle, hervorgegangen, deren Vorhersagegüte anhand der tatsächlich eingetretenen Zustände immer wieder objektiv bewertet werden kann.

Mit dem Auftreten des „Klimaproblems" als Thema eines großen öffentlichen Interesses sehen sich diese Modelle in einer ganz neuen Rolle, nämlich als entscheidende Informationsgeber für den anthropogenen Klimawandel und seine Wirkung auf Natur und Gesellschaft. Dabei besteht die Schwierigkeit zu erkennen, welche Informationen aus von Modellen erzeugten Daten herausgezogen werden können und welche nicht. Oft wird den Simulationsdaten von Nutzern aus dem Bereich der Klimafolgenforschung eine weit höhere

Genauigkeit – in Raum, Zeit und Präzision – zugeschrieben als die Modellkonstruktion es zuläßt.

Dies ist Teil eines Problems innerhalb der modernen Wissenschaft mit ihrer hochgradigen Spezialisierung. So bereitet die Kommunikation zwischen traditionell verschiedenen Disziplinen, die sich in der Anwendung aber nun mit dem gleichen Objekt befassen, oft große Schwierigkeiten.

Der vorliegende Beitrag beschäftigt sich mit dieser Problematik. Er versucht, die Funktionsweise von realitätsnahen Klimamodellen auf eine Weise zu erläutern, die auch ohne ausgeprägte mathematische und physikalische Kenntnisse verstanden werden kann. Hierfür gibt es im Spannungsfeld zwischen allgemein verständlicher – und damit zwangsweise vereinfachter – Darstellung und wissenschaftlicher Korrektheit keinen optimalen Weg. Wir hoffen jedoch, eine brauchbare Hilfe für eine verbesserte Kommunikation anzubieten.

Daneben sollen auch neuere Entwicklungen auf dem Gebiet der Klimaproblematik einbezogen werden. Die Modelle wurden in den letzten fünf Jahren beträchtlich weiterentwickelt: durch Einbeziehung der globalen Ozeanzirkulation, der Möglichkeit realitätsnaher Szenarien und der Berücksichtigung weiterer hydrologischer, chemischer und biologischer Prozesse, und auch zu Fragen nach regionalen und lokalen Ausprägungen des globalen Klimas sind Methoden in der Entwicklung.

In Kapitel 2 werden die wichtigsten Komponenten, Prozesse und Phänomene des Klimasystems erläutert. Dies soll und kann keine erschöpfende Darstellung sein, es soll hauptsächlich die Bandbreite der Zusammenhänge des Systems aufzeigen und die wesentlichen Gesichtspunkte behandeln. Kapitel 3 über die natürliche Klimavariabilität geht anschließend auf die zeitliche Dynamik ein.

Darauf aufbauend erklären die drei folgenden Kapitel, wie diese Prozesse in Modellen zu Verständniszwecken und zur Prognose dargestellt werden. Da sowohl in der Diskussion um den anthropogenen Treibhauseffekt wie auch als Grundlage für die Klimafolgenforschung hochentwickelte dreidimensionale Klimamodelle die wichtigste Rolle spielen, konzentrieren wir uns auf diese. Kapitel 5 zeigt, wie, ausgehend von physikalischen Grundprinzipien, solche Rechenmodelle erstellt werden, wie sie auch in der Wettervorhersage zum Einsatz kommen. Der Übergang zum Klimamodell mit der – im Gegensatz zur Wettervorhersage – langfristigen Konzeption und der Kopplung weiterer Komponenten wird in Kapitel 6 entwickelt. Im gleichen Kapitel wird auch die Güte solcher Modelle an Beispielen von Erfolg und Mißerfolg verdeutlicht. Zum Verständnis klimatischer Phänomene als Komponenten realitätsnaher Modelle und zur Interpretation ihrer Ergebnisse werden konzeptionell einfache Modelle herangezogen; ihnen ist Kapitel 4 gewidmet.

Die Vorstellung einer anthropogenen Klimaänderung als Folge anhaltender Emissionen von Treibhausgasen in die Atmosphäre hat Klimamodellen eine wichtige Rolle über die grundlegende Klimaforschung hinaus verschafft (Kapitel 7). Konkret bedeutet dies, für die Klimafolgenforschung Szenari-

en des erwarteten Klimawandels zu erzeugen, die dann von Disziplinen wie
Land- und Forstwirtschaft, Ökologie, Hydrologie, Geographie oder Ökonomie
weiterverarbeitet werden.

Schließlich hat man auch zu bedenken, daß die Diskussion über den möglichen anthropogenen Klimawandel nicht im gesellschaftlich leeren Raum vonstatten geht. Innerhalb der wissenschaftlichen Forschung sind die Informationen über den Klimawandel eingebettet in ein relativ festgelegtes System von
Begriffen und Vorstellungen von Unsicherheiten. Diese Information verbreitet sich außerhalb des naturwissenschaftlichen Umfeldes nicht unverändert,
insbesondere in den Medien durchläuft sie Metamorphosen: Aus dem anthropogenen Klimawandel wird die „Klimakatastrophe". Schließlich besitzt
jedes Individuum eine Vorstellung von Wetter und Klima, die aber immer
auf einem – im Gegensatz zur globalen und langfristigen Klimaproblematik
– regionalen und kurzfristigen Erfahrungsschatz basiert. Erst die gewandelte
Information formt gesellschaftliche Reaktion, und damit teilweise Klimapolitik. Diese Problematik wird im abschließenden Kapitel 8 angesprochen. Zuvor
soll noch auf die beiden zentralen Begriffe dieses Buches, nämlich Klima und
die Bedeutung von Modellen eingegangen werden.

1.2
Modernes naturwissenschaftliches Klimaverständnis

Klima bezeichnet traditionell das Langzeitverhalten von atmosphärischen
Größen („Klimaelementen") wie Temperatur, Wind, Strahlung, Feuchte,
Bewölkung und Niederschlag, jeweils bezogen auf ein bestimmtes Gebiet und
einen längeren Zeitraum. Ursprünglich betonte der Begriff Klima den regionalen Aspekt, um beispielsweise die Bedingungen im tropischen Uganda im
Gegensatz zum gemäßigten Klima zu kennzeichnen. Geprägt wurde er bereits im klassischen Griechenland von Eudoxos von Knidos und bedeutete
„Neigung", womit die unterschiedlichen Einfallswinkel der Sonnenstrahlung
in verschiedenen Breiten gemeint waren. Am ehesten war die Klimatologie
daher mit dem Terminus „Klimazonen" verbunden und so war sie bis ins
20. Jahrhundert mehr der Geographie als der atmosphärischen Physik zugeordnet.

Der Begriff *Wetter* beschreibt den aktuellen bzw. über wenige Stunden
anhaltenden Zustand der Atmosphäre. Etwas abweichend wird die Bezeichnung *Witterung* für Zustände von mehreren Tagen bis Wochen gebraucht:
Dürreperioden sind ein Beispiel hierfür. Klima kann als Beschreibung der
möglichen Wetterzustände und deren Häufigkeiten und Abfolgen verstanden
werden, also als „Statistik des Wetters".

Bis in die 70er Jahre stand im wesentlichen die untere Atmosphäre, der
Hauptlebensraum des Menschen, im Blickpunkt der Klimatologie. Inzwischen mißt man dem Ozean, dem Wasserkreislauf, Eis und Schnee, Vulkan-

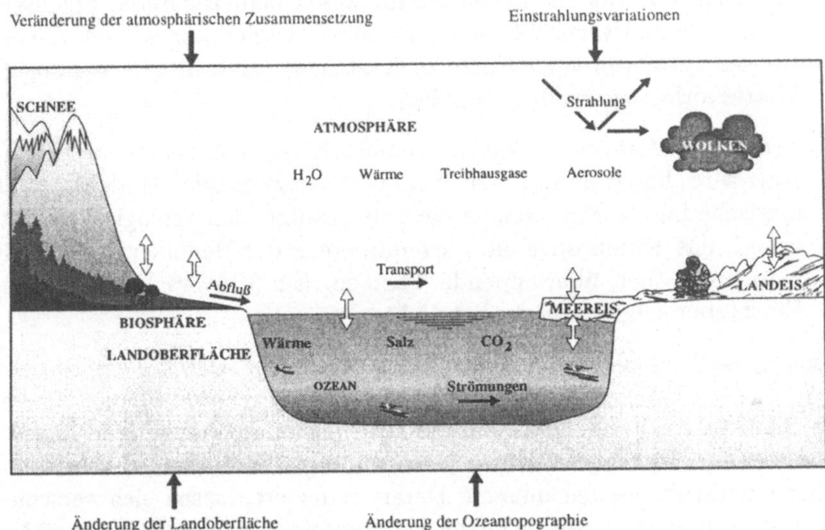

Abb. 1.1. Schematische Darstellung des Klimasystems mit seinen Komponenten

eruptionen und der Biosphäre erhebliche klimatische Bedeutung zu und faßt die Gesamtheit dieser Komponenten als *Klimasystem* auf (Abb. 1.1 und Kapitel 2). Der Systemcharakter bedeutet dabei, daß das Zusammenwirken der Einzelkomponenten ein qualitativ anderes Verhalten ergibt, als in der bloßen Summe der Teile denkbar wäre.

Außerdem stärker in den Blickpunkt gerückt ist das Zeitverhalten, die *Variabilität* klimatischer Größen. Die natürlichen Klimaschwankungen sind neben ihrer allgemeinen Bedeutung als Einflußgrößen für Land- und Forstwirtschaft, Siedlungsbau, Verkehr etc. auch für die Beurteilung möglicher anthropogener Klimabeeinflussung von Interesse (Kapitel 3).

1.3
Modelle in der Klimaforschung

Der Begriff des *Modells* ist vielschichtig, da er in verschiedensten Sinnzusammenhängen eingesetzt wird. Modelle sind etwa Spielzeugeisenbahnen für Kinder, miniaturisierte Versionen von Stadtteilen für Städteplaner und Landkarten für Geographen. Allen Modellen gemeinsam sind jedoch drei Merkmale:

1. *Vereinfachung.* Ein Modell ist nicht nur notgedrungen kleiner bzw. einfacher als das reale Vorbild: Eine extrem detailgetreue Wanderkarte wird groß, unhandlich und damit für den praktischen Einsatz auch wieder unbrauchbar.

2. *Idealisierung.* Modelle heben die für wesentlich erachteten Eigenschaften hervor und vernachlässigen als nebensächlich angesehene Aspekte: Häuser werden in einer Karte zu Kästchen, Wind und Temperatur im Wettervorhersagemodell zu Zahlen.

3. *Subjektive Gestaltung.* Was als wesentlich und was als unwichtig eingestuft wird, hängt hauptsächlich vom Einsatzzweck des Modells ab: Thematische Landkarten können die Topographie, den geologischen Untergrund, das Klima oder die Parteipräferenz der Bevölkerung abbilden, manchmal auch überlappende Themen. Ein Universalmodell für alle Einsatzbereiche existiert aber nicht.

Unser ganzes Denken ist organisiert in Modellen, wie es Kempton et al. (1995) für den Fall von Wetter und Klima herausgearbeitet haben. Die komplexe Realität wird abgebildet auf einfache Zusammenhänge, von denen einige einer naturwissenschaftlichen Nachprüfung standhalten, andere als unhaltbar eingestuft werden müssen. Derart reduziert, lassen sich verschiedene Vorgänge und Wechselwirkungen verknüpfen, und aus einer Unzahl von Details wird ein einfacher Zusammenhang, der zur sozialen Kraft werden kann. Beispiele solcher *Denkmodelle* sind Aussagen wie „FCKWs zerstören die Ozonschicht und fördern daher Hautkrebs" oder „Ausländer nehmen Einheimischen die Arbeitsplätze weg". Der Wahrheitsgehalt der beiden Modellvorstellungen ist sicher verschieden hoch, aber beiden ist gemein, daß sie Modelle, also Interpretationshilfen, und als solche Anleitung für soziale Aktion sind.

Auch in der Wissenschaft werden Modelle gebraucht, um komplexe Vorgänge vereinfacht darzustellen und auf einfache Aussagen zu reduzieren. Solche Aussagen können zum einen aus theoretischen Überlegungen abgeleitet werden wie etwa „Energie ist eine Erhaltungsgröße und kann nur zwischen verschiedenen Formen umgewandelt, nicht aber erzeugt oder vernichtet werden". Oder man erhält sie empirisch aus Beobachtungen wie „Wenn Variable A größer wird, reduziert sich die Größe B, unabhängig vom Wert der Variablen X, Y ...". Tatsächlich kann man sagen, daß das, was Wissenschaftler „verstehen" nennen, auch ausgedrückt werden kann als „ein *konzeptionelles Modell* entwickeln". Dabei wird eine Erklärung einer anderen vorgezogen, wenn sie einfacher oder bei gleicher Komplexität universeller anwendbar ist. Das Ziel der Klimaforschung als Grundlagendisziplin ist die Gewinnung solcher konzeptioneller Modelle zur Beschreibung der Wirklichkeit (Kapitel 4).

Die Umweltforschung als angewandte Forschungsrichtung, und dazu gehört auch in gewissem Umfang die Klimaforschung, setzt Modelle noch für andere Zwecke ein, die man unter dem Begriff *Vorhersagen* im weitesten Sinn zusammenfassen kann. Wenn Ingenieure des Küstenschutzes eine neue Hafenmole zu bauen haben, dann nützen ihnen die oben genannten konzeptionellen Modelle nur bedingt, wenn es um die Details der Baumaßnahme geht. Vielmehr beziehen sie sich auf *realitätsnahe* hydraulische Modelle (also miniaturisierte Nachbauten) oder realitätsnahe numerische Modelle (also mathematische

Modelle, die die Dynamik des Problems näherungsweise beschreiben und auf einem Computer durchgerechnet werden). Mit diesen Modellen werden verschiedene Planungen durchgespielt und dann jene empfohlen, die als optimal im Sinne verschiedener Kriterien (Wirtschaftlichkeit, Naturschutz etc.) angesehen werden.

Genau die gleiche Rolle spielen die realitätsnahen Klimamodelle in der Klimaforschung. Anders als bei den konzeptionellen Modellen wird nicht nach Einfachheit gestrebt, sondern nach der Einbeziehung möglichst vieler relevanter Prozesse. Ziel ist es, die Wirklichkeit möglichst genau darzustellen, um z.B. möglichst gute und detaillierte Prognosen erstellen zu können. Solche realitätsnahen Klimamodelle kann man deuten als konsistente, kompakte Zusammenfassung unseres Wissens über die Dynamik des Klimasystems. Aus dieser Sicht erscheint ein Klimamodell als geeigneter gegenüber seinen Konkurrenten, wenn es mehr klimarelevante Prozesse darstellt und eine höhere räumliche und zeitliche Auflösung besitzt. Auf diese Weise gelingt es, ein Instrument zu erstellen, mit dem, ähnlich wie im Falle des Küstenschutzes, *Szenarien* künftiger Optionen der Klimaentwicklung durchgespielt und so Gesellschaft und Politik Entscheidungshilfen angeboten werden können. Neben der Verwendung für die Erstellung längerfristiger Szenarien werden realitätsnahe Modelle auch für Kurzfristprognosen, z.B. in der Wettervorhersage, erfolgreich eingesetzt.

Auch in der *Grundlagenforschung* finden komplexe Modelle Verwendung als Instrumente für ein „virtuelles Klimasystem", da man mit der realen Welt schlecht geplante geophysikalische *Experimente* ausführen kann. Bei klassischen Feldexperimenten, etwa zur Untersuchung des Einflusses von Düngergaben auf Pflanzen, können parallel Kontrollversuche mit ungedüngten Pflanzen durchgeführt werden. Entsprechende Parallelen stehen beim globalen Klimasystem aufgrund seiner Einmaligkeit nicht zur Verfügung. Hier bieten sich Klimamodelle an, systematische Experimente über die Wirksamkeit von Einzelmechanismen anzustellen. In einem solchen virtuellen Klimasystem kann man dann untersuchen, welche Rolle Emissionen von Rußteilchen für das globale Klima spielen, oder welche Wirkung der Ablauf eines Schmelzwasserreservoirs in den Nordatlantik am Ende der letzten Eiszeit auf die ozeanische Zirkulation gehabt haben mag.

Das aufwendige Durchrechnen solcher Modelle bringt aber andererseits kein vertieftes Verständnis der Mechanismen, da solche Modelle zwar einfacher als die Realität sind aber noch viel zu komplex, um einfache Beziehungen zwischen Ursache und Wirkung ohne weiteres herauszufiltern. Solche Erkenntnisgewinne sind dann wieder nur möglich durch die Ableitung konzeptioneller Modelle.

Im vorliegendem Buch konzentrieren wir uns auf die realitätsnahen Modelle, die Zirkulationsmodelle, da deren Ergebnisse heutzutage in großem Maßstab außerhalb der Grundlagenforschung eingesetzt werden, nämlich in der Anwendung für Szenarien und Planungszwecke. Die komplexen Modelle sind im wesentlichen aus der rechnerischen Formulierung vieler konzeptioneller Modellen zusammengesetzt, und auch ihre Interpretation erfolgt oft mit konzeptionell einfachen Denkmodellen, deren wichtigste hier ebenfalls exemplarisch vorgestellt werden.

2 Klimarelevante Prozesse

In diesem Kapitel wird die Dynamik des Klimasystems in ihren Grundzügen
beschrieben, was bisweilen Verkürzungen und Vereinfachungen bedingt. Für
weitergehend Interessierte empfehlen wir daher die Monographien von Weischet (1995), Philander (1990), Henderson-Sellers und Robinson (1986),
Roedel (1994), Cotton und Pielke (1992), Hupfer (1991), und Peixoto und
Oort (1992). Die Reihenfolge entspricht etwa den zunehmenden physikalischen Ansprüchen, die letzten beiden sind weniger als Lehrbücher anzusehen,
dafür geben sie eine umfangreiche Sammlung an Daten zum Klimasystem.
Empfehlenswerte Einführungen in Fragen der Meereskunde bieten Dietrich
et al. (1975) und Bearman (1989), mehr auf die physikalische Dynamik gehen Pond und Pickard (1983) und Gill (1982) ein. Eine anschauliche und
dennoch tiefgehende Darstellung bietet Stommel (1987). Zum Wasserkreislauf geben Baumgartner und Liebscher (1990) einen umfassenden Überblick.
Übersichten über die biogeochemischen Kreisläufe und die damit eng zusam-
menhängende Atmosphärenchemie sind bei Butcher et al. (1992) und Graedel
und Crutzen (1994) zu finden.

Antrieb für alle Prozesse im Klimasystem ist die Energie, die von der Sonne
in Form von Strahlung geliefert wird (Abschnitt 2.1). Diese setzt Bewegungsvorgänge in der Atmosphäre (Abschnitt 2.2) und im Ozean (Abschnitt 2.3)
in Gang, ist aber auch Grundlage für die Existenz der Biosphäre, die wiederum Einfluß auf Strahlungs- und Bewegungsvorgänge im Klimasystem nimmt
(Abschnitt 2.4). Neben Ozean und Atmosphäre stellen die Eismassen eine
weitere wichtige Komponente im Klimasystem dar (Abschnitt 2.5).

Tabelle 2.1. Daten zur Erde. Die Neigung der Erdachse ist dabei definiert als der
Winkel zwischen Äquatorebene und der Ebene der Bahn der Erde um die Sonne.

Mittlerer Radius	6371 km
Erdoberfläche	$5,1 \cdot 10^{14}$ m^2
davon Ozean	$3,61 \cdot 10^{14}$ m^2
Masse der Atmosphäre	$5,14 \cdot 10^{18}$ kg
Masse des Ozeans	$1,4 \cdot 10^{21}$ kg
Winkelgeschwindigkeit der Erdrotation	$7,292 \cdot 10^{-5}$ s^{-1}
Neigung der Erdachse	$23,5^\circ$
Abstand zur Sonne	147 – 152 Mio km
Mittlere Schwerebeschleunigung	9,806 m/s^2
Schwerebeschleunigung am Äquator bzw. Pol	9,78 bzw. 9,83 m/s^2

Tabelle 2.2. Übersicht zu den Größenordnungen von exemplarischen Energieflüssen im Klimasystem.

Solarkonstante	1370 W/m^2
Solare Einstrahlung (pro m^2 Erdoberfläche)	ca. 342 W/m^2
Wind und Meeresströmungen	ca. 4 W/m^2
Geothermischer Wärmefluß aus dem Erdinneren	ca. 0,07 W/m^2
Gezeiten	ca. 0,035 W/m^2
Photosynthese	ca. 0,1 W/m^2
Ein Mensch	ca. 120 W
Energieverbrauch in der BRD: kommerzielle Energieträger	ca. 1,6 W/m^2

2.1
Energie und Strahlung

Für alle physikalischen und biologischen Prozesse im Klimasystem (Abb. 1.1) ist *Energie* notwendig. Energie tritt in verschiedenen Formen auf: als Wärmeenergie, als Bewegungsenergie (Arbeit), als chemisch gespeicherte Energie und in Form von elektrischer Energie. Die wichtigsten Größen zur Erde und ihrer Bewegung sind in Tabelle 2.1 zusammengestellt. Eine Übersicht über die Größenordnungen von Energieflüssen gibt Tabelle 2.2.

Hauptantrieb für das Klimasystem ist die zeitlich und räumlich variierende Energiezufuhr durch die Sonne in Form von *Strahlung*, also ein Energiefluß. Der geothermische Wärmefluß aus dem Inneren der Erde kann demgegenüber vernachlässigt werden. Neben Strahlung sind für den Transport von *Energie* über den Globus noch zwei weitere Mechanismen von Bedeutung: Flüsse von sensibler Wärme, das heißt von warmer Luft oder warmem Wasser in kältere Regionen, und Transport von Wasserdampf, der die zur Verdunstung aufgewandte Energie in sich trägt.

2.1.1
Strahlung

Strahlung, also elektromagnetische Wellen, überdeckt einen weiten, kontinuierlichen Bereich von Wellenlängen, der klimatisch von Bedeutung ist: ultraviolette Strahlung, sichtbares Licht von violett bis rot, Wärmestrahlung im infraroten Bereich (in dieser Reihenfolge nimmt die Wellenlänge zu und der Energiegehalt ab).

In welchem Wellenlängenbereich des Spektrums die von einem Körper ausgesandte (emittierte) Strahlung liegt, hängt primär von seiner Oberflächentemperatur ab: Die etwa 5800°C heiße Sonnenoberfläche emittiert vor allem im kurzwelligen, sichtbaren Bereich, die Ausstrahlung von Erde und At-

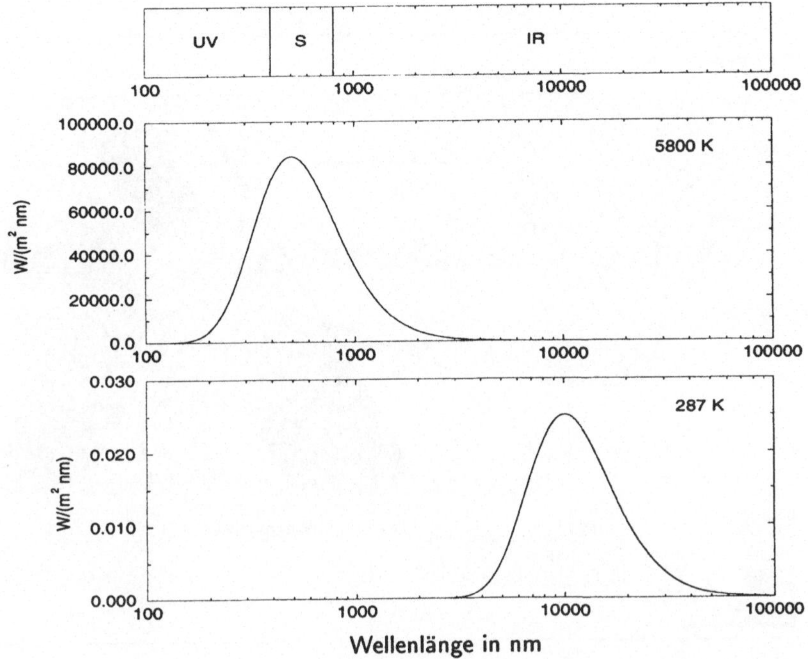

Abb. 2.1. Wellenlängenverteilung (*Spektrum*) der idealen Ausstrahlung von Körpern mit einer Temperatur von 5800 K (*Mitte*) und 287 K (*unten*) nach dem Planck-Strahlungsgesetz. Die Werte sind Energieflüsse in Watt pro m² und pro Wellenlängenintervall von 1 nm. Oben sind die Bereichsabgrenzungen zwischen ultraviolettem Licht (UV), sichtbarem (S) und infrarotem (IR) Licht angedeutet. Man beachte die Größenordnungsunterschiede der y-Achsen.

mosphäre liegt im langwelligen Bereich der – nicht sichtbaren, infraroten – Wärmestrahlung (Abb. 2.1). Da sich diese beiden Wellenlängenbereiche kaum überlappen, kann man sie relativ gut voneinander trennen, man spricht so von der kurzwelligen, solaren Strahlung und von der langwelligen, terrestrischen Strahlung.

Die *kurzwellige Strahlung* der Sonne beträgt im Abstand der Erde noch 1370 W/m² (Solarkonstante). Bezieht man diesen Wert auf einen Quadratmeter der sich drehenden Erdkugel, so beträgt die solare Einstrahlung, die die Atmosphäre aus dem Weltall empfängt, etwa 342 W/m². Etwa die Hälfte davon wird an Luftmolekülen, Wassertröpfchen, Eiskristallen und anderen festen Partikeln gestreut (linke Seite in Abb. 2.2). Ein Teil des Streulichts wird in den Weltraum zurückreflektiert, der andere Teil erreicht die Erdoberfläche als diffuse kurzwellige Strahlung. Ein weiterer Teil der solaren Strahlung wird von Gasen, Tröpfchen und Partikeln absorbiert, das heißt die Strahlungsenergie wird von der Materie aufgenommen und in *Wärmeenergie* umgewandelt.

Von der an der Erdoberfläche ankommenden direkten und diffusen Strahlung wird ein Teil zurückgestreut. Dieser Anteil, der sehr variabel sein kann,

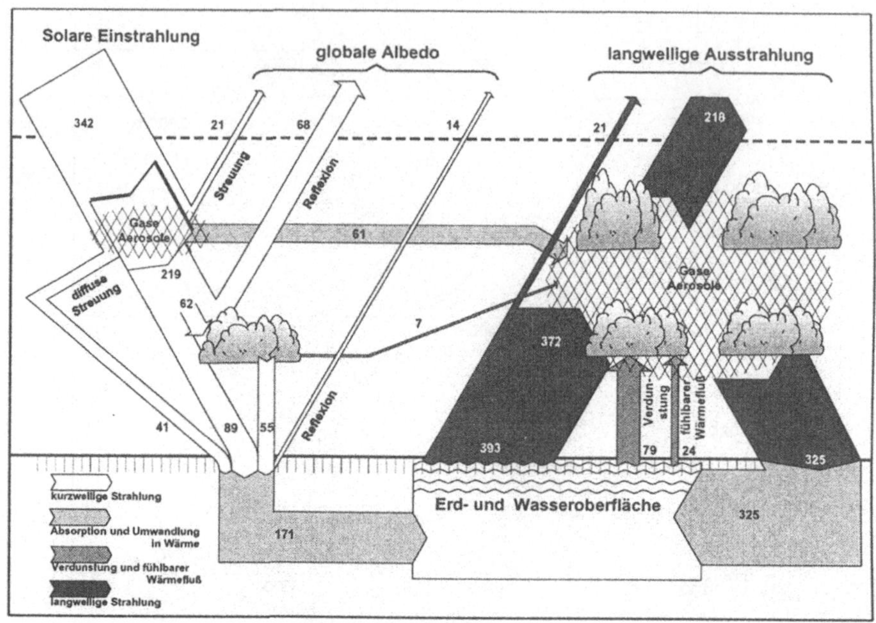

Abb. 2.2. Die globale Bilanz der Strahlungsenergie, die Zahlenwerte beziehen sich auf $1m^2$ Erdoberfläche. Links sind die kurzwelligen Strahlungsflüsse dargestellt, rechts die langwellige Strahlung und die fühlbaren und latenten Wärmeflüsse. Die Absorption der langwelligen Strahlung in der Atmosphäre ist nicht explizit als Pfeil dargestellt.

hängt vom jeweiligen Reflexionsvermögen der Oberfläche, der *Albedo*, ab (Tabelle 2.3). Wald reflektiert nur etwa 15% des einfallenden Lichts, Sandwüste 35%, Neuschnee bis zu 95% und Wasser je nach Einfallswinkel 4 – 90%. Der Strahlungshaushalt der hohen Breiten hängt stark vom Vorhandensein von Schnee oder Eis ab: Die Albedo steigt bei Tundra von etwa 17% nach Schneefall auf ungefähr 85%, die Schneedecke begünstigt damit eine weitere Abkühlung. Die Bildung von Meereis erhöht die Albedo von 10 – 20% bei eisfreiem Ozean auf 25 – 60%. Hierbei spielt auch der Zustand des Eises oder des Schnees eine Rolle: Mehrjähriges Meereis ist dunkler als neugebildetes Eis und reflektiert daher weniger Sonnenstrahlung.

Der nicht reflektierte Rest wird absorbiert und bewirkt eine Erwärmung. Wie stark die Temperaturerhöhung ausfällt, hängt vom Wärmespeichervermögen, der *Wärmekapazität* des Materials ab. Wenn hier von Erdoberfläche die Rede ist, so gilt dies sinngemäß auch für Wasseroberflächen. Bei diesen wird die Strahlungsenergie jedoch nicht nur an der Oberfläche absorbiert und in Erwärmung umgesetzt, vielmehr dringt die kurzwellige Strahlung wenige bis 100 m tief ein.

Tabelle 2.3. Albedo-Werte für verschiedene Oberflächen. Die Albedo von Wasser-oberflächen hängt stark vom Einfallswinkel ab.

Untergrund	Albedo	Untergrund	Albedo
Sand trocken	30 – 45%	Wasserfläche	4 – 95%
Sand naß	20 – 30%	Meereis	25 – 60%
Schwarzerde unbewachsen	5 – 15%	Schneedecke neu	70 – 95%
Braunerde unbewachsen	7 – 23%	Schneedecke alt	40 – 70%
Wüste	25 – 30%	Haufenwolken	70 – 90%
Tundra	15 – 20%	Schichtwolken	40 – 60%
Gras, Getreide	10 – 25%		
Savanne	15 – 20%		
Tropischer Regenwald	10 – 15%		
Laubwald	10 – 20%		
Nadelwald	5 – 15%		

Bei der Abgabe der durch Absorption von Strahlung aufgenommenen Energie spielt die *langwellige Ausstrahlung* (Emission) die Hauptrolle (rechte Seite in Abb. 2.2). Die von der Erde oder von Wolkentröpfchen emittierte langwellige Strahlung erfährt in der Atmosphäre nun ein deutlich anderes Absorptionsverhalten als die kurzwellige Strahlung. Verantwortlich hierfür sind die strahlungsaktiven Substanzen, insbesondere die sogenannten Treibhausgase wie Wasserdampf, Kohlendioxid (CO_2), Methan (CH_4), Lachgas (N_2O) und vom Menschen erzeugte künstliche chemische Spurenstoffe, wie die Fluorchlorkohlenwasserstoffe (FCKW). Diese lassen zwar die einfallende kurzwellige Strahlung relativ ungehindert passieren, absorbieren jedoch die von der Erdoberfläche ausgehende langwellige Ausstrahlung schon in der unteren Troposphäre weitgehend, sie sind infrarotaktiv. Strahlungsaktiv sind darüberhinaus auch die festen Aerosole sowie Nebel- und Wolkentröpfchen.

Dies bedingt eine Erwärmung der betroffenen Luftschichten, die ihrerseits langwellige Strahlung aussenden. Generell steigt die emittierte Gesamtenergie mit zunehmender Temperatur überproportional an. So wird irgendwann eine Gleichgewichtstemperatur erreicht, bei der sich Zufuhr und Abfluß von Energie die Waage halten (*Energiebilanz*). In Analogie zu einem Glasdach, das sichtbares, kurzwelliges Licht fast ungehindert durchläßt, für langwellige Wärmestrahlung aber relativ undurchlässig ist, wird dieser Mechanismus als „Treibhauseffekt" bezeichnet.

Gäbe es keine Atmosphäre mit strahlungsaktiven Eigenschaften, wäre die ausgestrahlte Energie an der Erdoberfläche überall gleich der kurzwelligen Einstrahlung (171 W/m^2, wenn trotzdem kurzwellige Reflexion durch Gase und Wolken angenommen wird, vgl. Abb. 2.2). In diesem Klima würde die mittlere Oberflächentemperatur der Erde etwa $-5°C$ betragen. Die Differenz von $+20°C$ zur tatsächlichen globalen Jahresmitteltemperatur von $+15°C$,

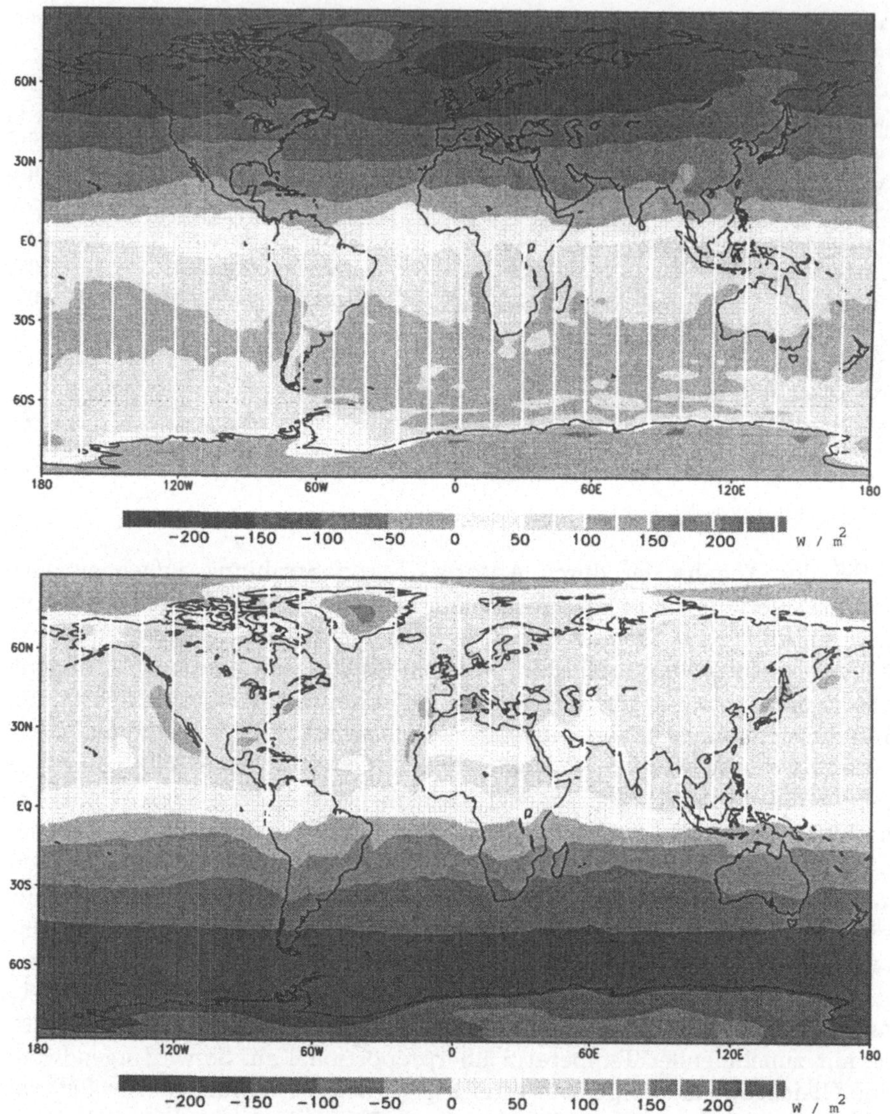

Abb. 2.3. Netto-Strahlung am „Oberrand" der Atmosphäre im Januar (*oben*) und Juli (*unten*) nach Analysen von Beobachtungen (European Centre for Medium Range Weather Forecasts (ECMWF). Positive Werte bedeuten einen abwärts gerichteten Netto-Strahlungsfluß. (Von Susanne Waszkewitz)

ist dem natürlichen Treibhauseffekt zu verdanken. Wir werden die Einstellung einer solchen Gleichgewichtstemperatur in Abschnitt 4.2 anhand eines einfachen Modells rechnerisch nachvollziehen.

Ohne horizontalen Transport von Wärmeenergie in Atmosphäre und Ozean müßte an jedem Punkt der Erdoberfläche die oben erläuterte Energiebilanz lokal bestehen. Wäre dies der Fall, so würde die Differenz der Jahresmitteltemperaturen zwischen Pol und Äquator etwa 100°C betragen. Beobachtet wird jedoch nur eine Temperaturdifferenz von etwa 55°C, was darauf zurückzuführen ist, daß Ozean und Atmosphäre effektive Mechanismen für den Energietransport von den Tropen in die Polargebiete bereitstellen. So wird in den niederen Breiten mehr Energie ein- als abgestrahlt, der Energieüberschuß in die hohen Breiten transportiert, und dort als langwellige Strahlung wieder an den Weltraum abgegeben. Die Verteilung der gesamten am „Oberrand" der Atmosphäre ausgehenden Strahlung ist in Abb. 2.3 gezeigt.

2.1.2
Wärmetransporte

Im Gegensatz zu den Strahlungsflüssen, die im Weltraum ohne weiteres große Distanzen überwinden, sind Wärmeflüsse an Materie gebunden. Im einfachsten Fall ist dies molekulare *Wärmeleitung*: Erwärmt sich die feste Erdoberfläche, dann werden Moleküle in schnellere Bewegung versetzt. Diese Molekularbewegung, die *Wärmeenergie*, wird durch Stöße mit anderen Molekülen an jene weitergegeben, Wärme gelangt so in tiefere Schichten. Dieser elementare Transport von Molekül zu Molekül ist nur über sehr kurze Distanzen und in Festkörpern dominierend.

In strömungsfähigen Medien wie der Atmosphäre und dem Ozean sind Energietransporte durch *Advektion* wesentlich effektiver. Dies bedeutet, daß erwärmte Luft- oder Wassermassen als Ganzes in kältere Regionen fließen, wie z.B. im Golfstrom. Da das Fluid (Luft oder Wasser) bei dieser Form von Energietransport (spürbar) erwärmt ist, spricht man von „sensiblem Wärmefluß". Von Bedeutung für den Transport ist auch die Strömungsgeschwindigkeit des Fluids: Ein schnell fließendes Medium transportiert mehr Wärme, Kohlendioxid oder auch andere Inhaltsstoffe als ein langsam strömendes.

2.1.3
Transport von Energie im Wasserkreislauf

Eine weitere Form von Energietransporten geht mit den Phasenübergängen im Wasserkreislauf einher. Verdunstung, Kondensation, Eisbildung und Schmelzen sind immer auch mit Energieumsatz verbunden. Verdunstet Wasser in den Tropen und strömt als Dampf mit der Umgebungsluft in polare Breiten, so ist auch die für die Verdunstung benötigte Energie in der wasserdampfhaltigen Luft gespeichert. Weil diese Form von Energiespeicherung ohne fühlbare Temperaturerhöhung vor sich geht, spricht man von „latentem Wärmefluß". Bei der Kondensation wird die so mittransportierte Wärmeenergie wieder freigesetzt. Beim Gefrieren wird die zum Schmelzen verbrauchte Wärme wieder frei.

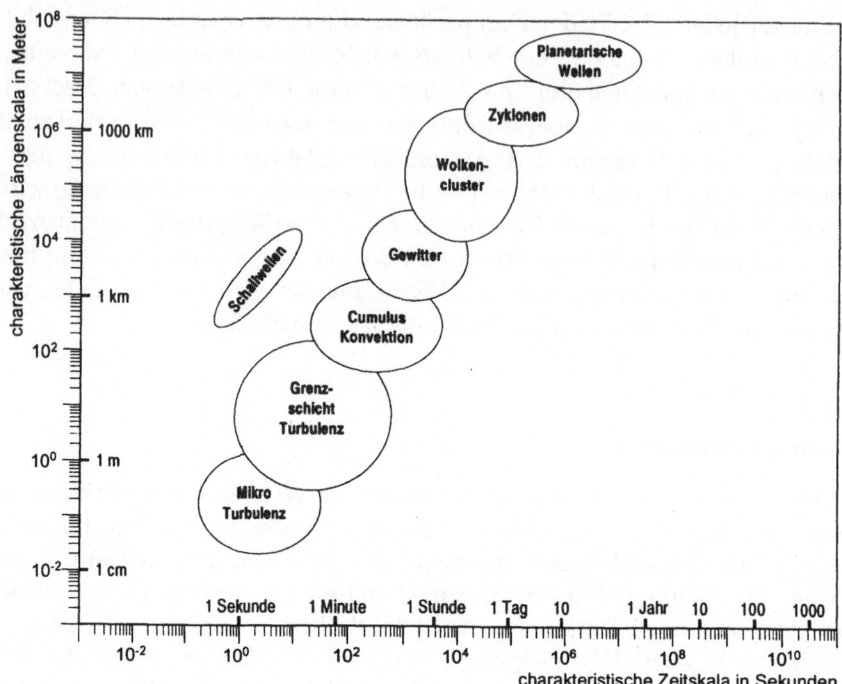

Abb. 2.4. Größenordnungen und Zeitskalen von atmosphärischen Bewegungsvorgängen.

2.2
Dynamik der Atmosphäre

Die Zirkulation der Atmosphäre wird im wesentlichen angetrieben durch das räumliche Ungleichgewicht von Energiezu- und -abfuhr: Vorherrschen der solaren Einstrahlung in den Tropen, Überwiegen der Ausstrahlung in den Polargebieten. An diesem Ausgleich ist eine große Zahl von verschiedenen Prozessen beteiligt, die man grob nach räumlichen und zeitlichen Skalen klassifizieren kann (Abb. 2.4). Physikalische Charakteristika von Luft sind in Tabelle 2.4 zusammengestellt.

2.2.1
Erzeugung von Bewegung

Die Aufheizung der unteren Luftschichten bewirkt eine Ausdehnung der Luft, wodurch diese leichter wird (weniger Masse pro Volumen), und eine Tendenz zum Aufsteigen entwickelt. Eine solche durch *Auftriebskräfte* angetriebene hochreichende Vertikalbewegung – *Konvektion* – ist der effizienteste Prozeß für vertikalen Transport und vertikale Durchmischung zwischen verschiedenen Schichten der Atmosphäre. Außerdem wird aufgrund der Ausdehnung die

Tabelle 2.4. Physikalische Größen von trockener Luft (zur Temperatur- und Druck-abhängigkeit der Dichte siehe auch Abb. 5.4).

Dichte bei 0°C und 1000 hPa	$1{,}275 \ \text{kg/m}^3$
Dynamische Viskosität bei 25°C und Normdruck	$18{,}1 \cdot 10^{-6} \ \text{kg/(m} \cdot \text{s)}$
Spezifische Wärmekapazität bei konstantem Druck	$1004 \ \text{J/(kg} \cdot \text{K)}$
Mittleres Molgewicht von Luft in der unteren Atmosphäre	$28{,}96 \ \text{g/Mol}$
Spezifische Gaskonstante	$287 \ \text{J/(kg} \cdot \text{K)}$

gesamte Luftsäule höher, was ein seitliches Abfließen von Luft in den oberen Schichten bewirkt (Abb. 2.5).

In anderen Bereichen, wo Abkühlung (oder auch nur schwächere Erwärmung) dominiert, sinkt Luft durch Dichtezunahme ab. Damit sind auch *Druckunterschiede* entstanden: Im erwärmten Bereich ist durch das seitliche Abfließen von Luft insgesamt weniger Masse in der Luftsäule, der Luftdruck am Boden geringer: ein Tiefdruckgebiet ist entstanden. Aus dem selben Grund, dem Zustrom von Masse, hat sich im kühleren Bereich eine Hochdruckregion entwickelt. Das Zurückfließen am Boden vom Hoch zum Tief schließt die Zirkulation: Aus Wärmeunterschieden sind Druckunterschiede geworden, und daraus hat sich Bewegung – Wind – entwickelt.

Entscheidend für die Bewegung sind nicht die Absolutwerte von Temperatur und Druck, sondern lediglich die räumlichen Differenzen: *Gradienten* von Druck und Temperatur. Antrieb für Bewegung ist somit die aus der Druckdifferenz herrührende Kraft zwischen Hoch- und Tiefdruck, die *Druckgradientkraft*. Dieser Mechanismus erzeugt wie eine Wärmekraftmaschine mechanische Energie (Wind in der Atmosphäre, Strömungen im Ozean), die schließlich durch Reibung (siehe unten) ebenfalls wieder in Wärmeenergie zurückgeführt wird.

2.2.2
Vertikalstruktur der Atmosphäre

Die Temperaturschichtung der Atmosphäre bestimmt maßgeblich Strömungs- und Transportvorgänge. Abbildung 2.6 zeigt schematisiert die Temperaturschichtung der Atmosphäre im globalen Mittel. In der unteren Atmosphäre, der *Troposphäre*, nimmt die Temperatur nach oben ab, um 6 – 10°C pro Kilometer. Energie wird diesem Teil der Atmosphäre primär vom Erdboden aus in Form von langwelliger Strahlung zugeführt (Abb. 2.2). Wird ein Luftpaket in höhere Schichten mit geringerem Druck angehoben, so dehnt es sich aus. Die zur Ausdehnung gegen den Umgebungsdruck erforderliche Energie wird durch Abkühlung kompensiert, das heißt Wärmeenergie wird in eine mechanische Energieform – Expansionsarbeit – umgesetzt. Bei Anhebung von Luft,

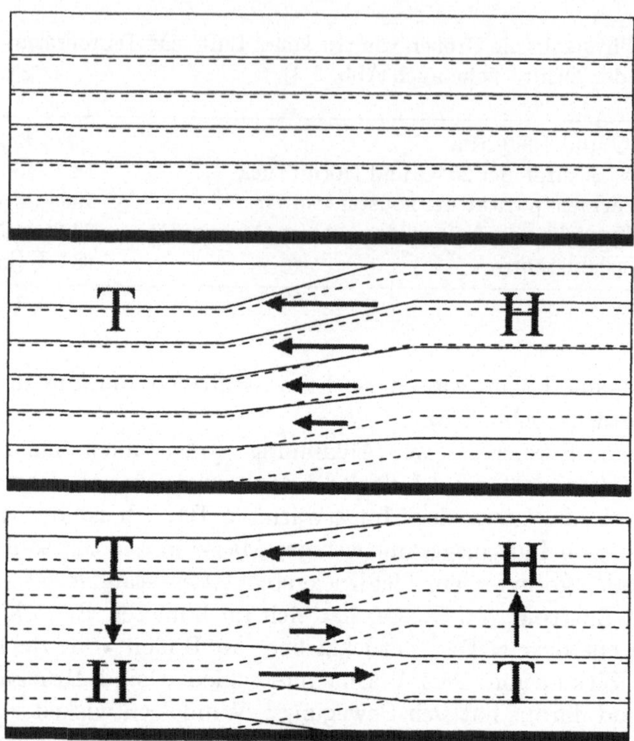

Abb. 2.5. Thermischer Antrieb einer Zellen-Zirkulation als wichtiger Mechanismus der Umwandlung von Wärmeunterschieden in Bewegungsenergie. Die durchgezogenen Isolinien bezeichnen Flächen gleichen Luftdrucks, die gestrichelten Linien Flächen gleicher Temperatur (Isothermen). Zu Beginn sind keine horizontalen Unterschiede vorhanden (*oben*). Erwärmung am Boden (*Mitte*, rechts) bewirkt Ausdehnung, vertikales Ansteigen, und damit Druckanstieg in der Höhe, die räumlichen Druckunterschiede wiederum verursachen Luftbewegung in oberen Luftschichten. Diese Massenverlagerung zieht Druckdifferenzen auch am Boden nach sich, die Zirkulation kommt in Gang (*unten*), wobei vertikale Ausgleichsbewegungen entstehen.

die nicht mit Wasserdampf gesättigt ist, beträgt die Abkühlung etwa 10°C pro Kilometer.

Je weiter die Luft sich abkühlt, desto weniger Wasser kann sie in Dampfform halten: 17,3 g Wasserdampf pro m^3 Luft bei 20°C, bei 10°C sind es 9,4 g/m^3, und nur 4.9 g/m^3 bei 0°C (Abb. 2.7). Bei Überschreiten des Sättigungsniveaus kann das überschüssige Wasser auskondensieren und Dunst, Nebel oder Wolken entstehen. Aufgrund der im vorigen Abschnitt erwähnten etwa gleichmäßigen Temperaturabnahme ist die Höhe des Sättigungsniveaus relativ klar sichtbar: Die Wolken haben in der Regel eine scharfe Untergrenze. Unterschreitet Luft mit Tröpfchen diese Grenze, so verdunsten diese wieder, weshalb Wolken auch nicht herunterfallen.

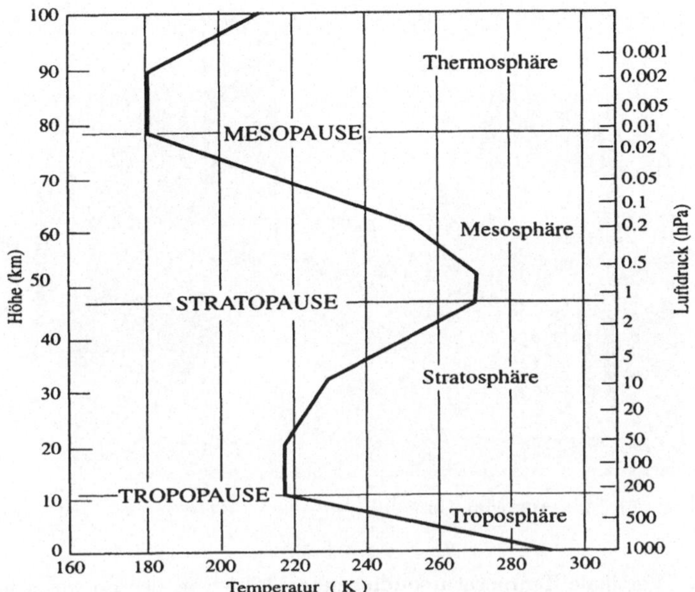

Abb. 2.6. Die mittlere Temperaturschichtung der Atmosphäre. Neben der Höhe in km ist der im Mittel entsprechende Luftdruck in hPa angegeben.

Bei der *Kondensation* wird Wärme frei, diese wird dem Luftpaket zugeführt. Diese Wärmezufuhr bewirkt, daß sich die mit Feuchtigkeit gesättigte Luft bei einer Hebung um 1000 m um weniger als 10°C abkühlt, nur etwa 5 – 8°C pro Kilometer. Insofern ist das aufgestiegene Luftpaket leichter als seine

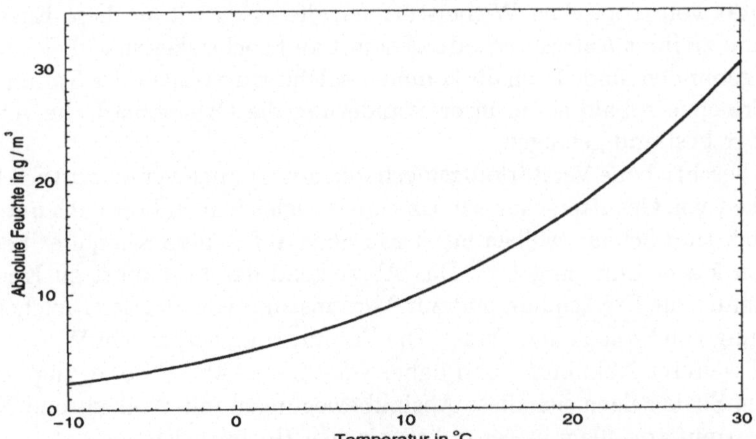

Abb. 2.7. Sättigungskurve für den Wasserdampfgehalt über flüssigem Wasser. Die Werte sind in g Wasserdampf pro m³ Luft (absolute Feuchte) angegeben. Die Kurve entspricht einer relativen Luftfeuchte von 100%.

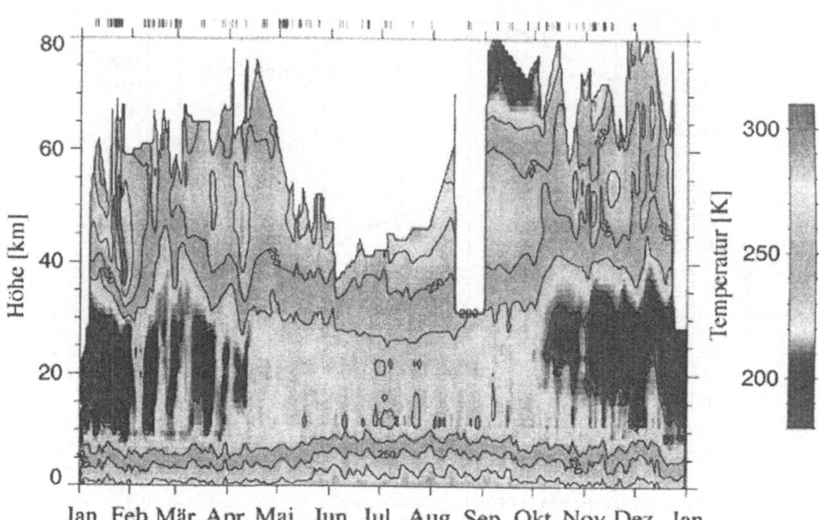

Jan Feb Mär Apr Mai Jun Jul Aug Sep Okt Nov Dez Jan

Abb. 2.8. Vertikale Temperatursondierungen 1995 von der norwegischen Station Alomar aus (Messungen des Instituts für Atmosphärenphysik, Kühlungsborn). Die Isothermen haben einen Abstand von 20 K. Die Sondierungen wurden mit einem am Boden stehendem LIDAR-Gerät erstellt, das kurze Laserimpulse nach oben aussendet und aus der Rückstreuung des Laserlichts Rückschlüsse auf die Temperatur zuläßt. Diese Sondierungen reichen verschieden hoch, wodurch ein unregelmäßiger Oberrand in der Abbildung zustande kommt. (Von F. Hübner)

Umgebung und kann sich daher weiter ausdehnen, und deshalb noch weiter steigen. Dieser Verstärkungsmechanismus erzeugt unter anderem die enorme Intensität von tropischen Wirbelstürmen, die essentiell an diese Energiezufuhr, und zu ihrer Aufrechterhaltung somit an Feuchtigkeitsnachlieferung von unten gebunden sind. Deshalb kommen solche Hurrikane oder Taifune auch zum Erliegen, sobald sie in ihrer Wanderung die Ozeanoberfläche verlassen und über Festland gelangen.

Der beschriebene Verstärkungsmechanismus ist auch verantwortlich für die Heftigkeit von Gewitterschauern. Da zum Ausgleich auch Luft nach unten fließen muß, sind Schauerwolken meist räumlich auf wenige Kilometer begrenzt und von klarer Luft umgeben. Das Absteigend der Luft führt zu Kompression, damit zur Erwärmung und zur Verdunstung von Wassertröpfchen, also Auflösung von Wolken und Dunst. Die Verdunstung verbraucht Wärme, führt also zu weiterer Abkühlung und daher verstärkter Absinkbewegung. Auf der globalen Skala zeigen sich diese Absinkbewegungen mit Wolken- und Niederschlagsarmut vor allem in den subtropischen Hochdruckzonen.

Oberhalb von ungefähr 8 − 17 km Höhe nimmt die Temperatur langsam wieder zu. Diese Schicht, die *Stratosphäre*, reicht bis in etwa 45 km Höhe. Der Grund für die Temperaturzunahme liegt im Vorhandensein geringer Mengen von Ozon: Dieses absorbiert die einfallende sehr kurzwellige UV-Strahlung. Die Temperaturkonstanz oder -zunahme mit der Höhe bedeutet, daß die Schichtung hier stabil ist: Es liegt immer leichtere Luft oberhalb von schwerer. Deshalb ist auch der *Austausch* von Luftmassen innerhalb der Stratosphäre und mit der Troposphäre gering, so daß auch nur sehr langlebige Substanzen wie die Fluorchlorkohlenwasserstoffe in die Stratosphäre gelangen. Der geringe Luftaustausch begründet auch die Zonierung der „Sphären": In der Troposphäre, die 90% der Atmosphärenmasse von insgesamt $5,13 \cdot 10^{18}$ kg umfaßt, spielt sich das eigentliche Wettergeschehen ab.

Einen genaueren Einblick in die Temperaturschichtung geben die über einen Zeitraum von einem Jahr durchgeführten Messungen an der norwegischen Station Alomar (Abb. 2.8). In den unteren 10 km läßt sich die oben beschriebene vertikale Temperaturabnahme von $5 - 8°C$ pro Kilometer gut über das Jahr verfolgen. Die durch Wetterschwankungen verursachten Variationen erstrecken sich weitgehend simultan durch die Troposphäre, was auf die starke vertikale Durchmischung dieser Schicht zurückzuführen ist. Minimale Temperaturen werden in der Stratosphäre im Sommer in etwa 15 km Höhe erreicht, im Winter dagegen in Höhen von 25 km. Auch zeigen sich die Temperaturschwankungen in der Stratosphäre weitgehend unabhängig von den Fluktuationen in der Troposphäre, was durch die schwache Kopplung der stratosphärischen an die troposphärische Zirkulation bedingt ist.

Die klare Druckabnahme mit der Höhe wird im meteorologischen Kontext oft dazu benutzt, statt der Höhenkoordinate in Metern den Luftdruck (z.B. in hPa) zu verwenden. In Karten wird dann, statt Luftdruck in einer festgelegten Höhe darzustellen, diejenige Höhe angegeben, in der ein festgelegter Luftdruck herrscht. Meist wird hierfür die sogenannte „geopotentielle Höhe" (kurz „Geopotential") gebraucht, die im Gegensatz zur „normalen Höhe" der vom Äquator zum Pol zunehmenden Schwerebeschleunigung (Tabelle 2.1) Rechnung trägt. Beispiele hierzu werden in Kapitel 6 gezeigt.

Um Temperaturmessungen aus verschiedenen Höhenniveaus vergleichen zu können, gibt man oft die „potentielle Temperatur" an. Das ist jene Temperatur, die ein Luftpaket annehmen würde, wenn unter Annahme des (für nicht mit Wasserdampf gesättigte Luft geltenden) vertikalen Temperaturgradienten (von ca. $10°C$ pro Kilometer) auf ein einheitliches Niveau von 1000 hPa gebracht würde.

2.2.3
Allgemeine Zirkulation

Würde die Erde nicht rotieren, läge die Absinkzone in den Polargebieten, und eine polwärts gerichtete Strömung in der Höhe stünde einer relativ gleichmäßigen Rückströmung am Boden entgegen. Dies ist jedoch nicht der Fall, durch die *Erdrotation* bedingt stellt sich ein deutlich komplizierteres Zirkulationsmuster ein. Dieses globale Strömungsmuster (Abb. 2.9) wird als *Allgemeine Zirkulation* (englisch: *general circulation*) bezeichnet.

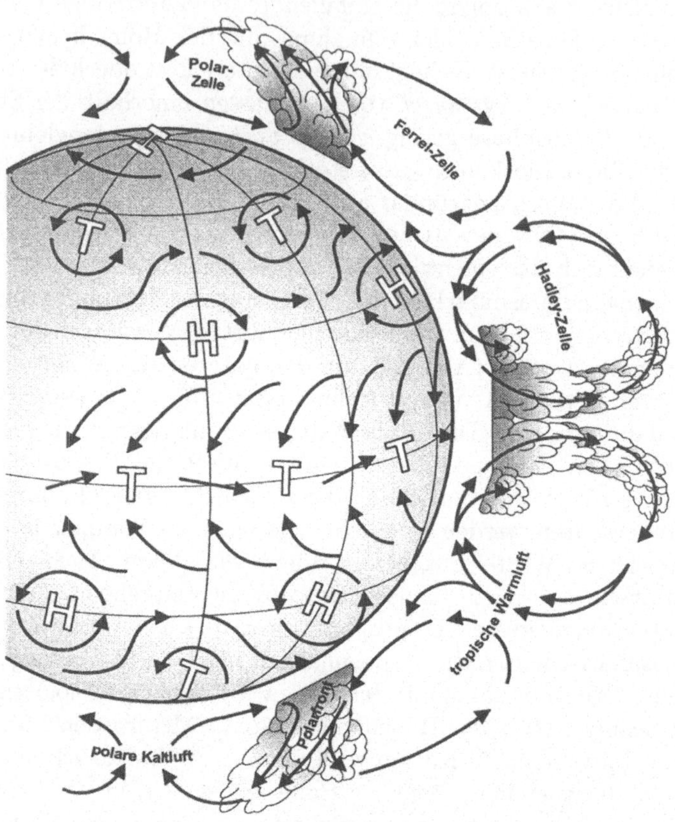

Abb. 2.9. Schema der allgemeinen atmosphärischen Zirkulation. Die Höhe der Troposphäre, in der die skizzierten Zellen liegen, ist im Maßstab der Horizontalen allerdings nur halb so dick, wie die Begrenzungslinie der gezeichneten Erdkugel.

Die Bedeutung der Erdrotation für Bewegungen auf der Erde läßt sich am besten erklären anhand des *Drehimpulses*, der eine Erhaltungsgröße ist: So wie ein sich geradeaus bewegender Körper eine Massenträgheit (*Impuls*) hat, die er beibehält, solange er nicht abgelenkt, gebremst oder beschleunigt wird, so hat auch ein rotierender Körper eine Trägheit bezüglich seiner Drehbewegung, den Drehimpuls. Der Drehimpuls eines um eine Achse rotierenden Körpers ist definiert als Masse mal Rotationsgeschwindigkeit mal dem Quadrat des Abstandes zur Rotationsachse (Es ist dabei angenommen, daß die Ausdehnung des Körpers klein im Verhältnis zum Abstand zur Rotationsachse ist, d.h. die Aussage gilt für tropische und gemäßigte Breiten, nicht aber für die Pole). Vermindert man den Abstand zur Achse, so erhöht sich die Drehgeschwindigkeit; vergrößert man den Abstand, so vermindert sich die Rotationsgeschwindigkeit (bei sonst unveränderter Masse).

Im Falle eines Luftpakets in der Atmosphäre ist die Drehachse die Erdachse. Der Effekt der Erdrotation auf die atmosphärische und ozeanische Zirkulation nimmt aber von den Tropen zu den Polen hin deutlich zu. Bewegt sich beispielsweise ein Luftpaket vom Äquator um 10 Breitengrade Richtung Norden, so ändert sich sein relevanter Abstand von der Drehachse von 6370 km auf 6270 km, also nur um 1,5%. Bei einer Wanderung von 50°N nach 60°N macht diese Abstandsänderung von 4100 km auf 3190 km schon 22% aus, und in dieser Größenordnung ist auch der Effekt auf die Geschwindigkeitsänderung.

Für einen mit der Erde mitbewegten Beobachter erscheint das Ablenken des Luftpakets als eine Beschleunigung – obwohl es für einen Beobachter auf einem Fixstern nur als eine Trägheit erschiene. Insofern muß der erdfeste Beobachter die Existenz einer *Kraft* postulieren, die für die Beschleunigung verantwortlich ist, die sogenannte *Coriolis-Kraft*, die polwärtige Bewegungen nach Osten beschleunigt, und äquatorwärtige Bewegungen nach Westen. Tatsächlich läßt sich der physikalische Prozeß konsistent mithilfe dieser *Scheinkraft* für die Beschreibung im rotierenden Koordinatensystem (d.h. die Erde steht scheinbar still) darstellen.

Daher beobachtet man in den *Tropen* auf der großen Skala eine Zirkulationszelle, wie sie oben beschrieben wurde mit Konvektion um den Äquator (Innertropische Konvergenzzone, ITC) und Absinkbewegungen in den Subtropen. Luft, die als Passatwind in Bodennähe zum Äquator hin geführt wird, erfährt eine nur mäßige Ablenkung nach Westen, während die in der Höhe polwärts fließende Luft ebenfalls nur mäßig nach Ost abgelenkt wird. Dieses Zirkulationssystem, die Hadley-Zelle, wurde nach dem englischen Wissenschaftler Hadley benannt, der schon im 17. Jahrhundert als erster den Zusammenhang zwischen Drehimpulserhaltung und der Existenz der Passatzonen formuliert hat.

In den *mittleren Breiten*, wo der Rotationseffekt und die resultierenden Bewegungsablenkungen deutlich größer sind, herrschen Westwinde vor, und vertikale Zellenbewegungen prägen sich nur noch schwach aus. Die Richtungsablenkung führt in den mittleren und hohen Breiten oft dazu, daß der Wind nicht mehr primär vom Hoch- zum Tiefdruck zeigt, sondern nahezu parallel zu den Linien gleichen Drucks ist. Eine recht gute Näherung für die Beschreibung der Strömung in der freien Atmosphäre außerhalb der Tropen ist der *geostrophische Wind* (Abb. 2.10). Auf ein ruhendes Luftpaket wirkt nur die Druckgradientkraft in Richtung des tiefen Druckes. Sobald es sich aber in diese Richtung in Bewegung gesetzt hat, kommt die Coriolis-Kraft hinzu, die senkrecht zur Bewegungsrichtung steht und auf der Nordhalbkugel nach rechts zeigt (Südhalbkugel: nach links). Schließlich bildet sich die in der Abbildung skizzierte geostrophische Gleichgewichtsströmung aus, bei der sich Druckgradient- und Coriolis-Kraft balancieren und keine Richtungs- oder Geschwindigkeitsänderung mehr erfolgt. In dieser Situation liegt der Windvektor senkrecht zum Druckgradienten, also parallel zu den Linien gleichen Drucks. Diese Näherung erweist sich in der freien Atmosphäre als re-

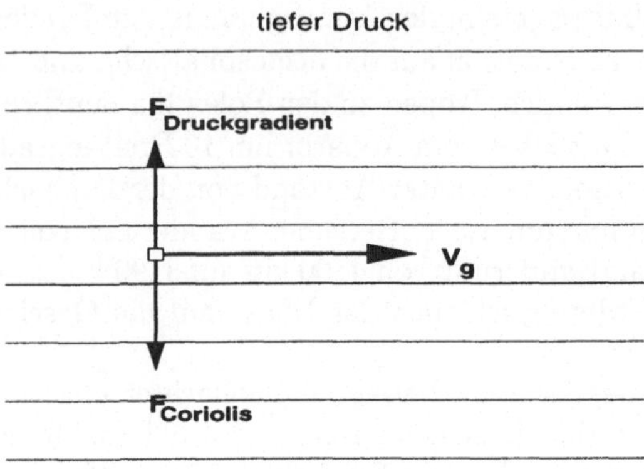

Abb. 2.10. Schema zum geostrophischen Wind auf der Nordhalbkugel. Kräfte sind mit F eingezeichnet, die Druckgradientkraft zeigt vom hohen zum tiefen Druck, die Coriolis-Kraft steht senkrecht auf dem geostrophischen Wind v_g. Die dünnen Linien markieren Werte gleichen Drucks zwischen einem Tiefdruckgebiet (*oben*) und einem Hochdruckbereich (*unten*).

lativ gut brauchbar, etwa um aus Druckkarten die grobe Windrichtung und -stärke abzulesen. Abweichungen hiervon treten auf, wenn die Isolinien gleichen Drucks gekrümmt sind, konvergieren, divergieren, oder wenn in Bodennähe Reibungskräfte mit ins Spiel kommen. Letztere bewirken, daß der Windvektor eher zum tiefen Druck hinzeigt, was schließlich die Luftbewegung vom hohen zum tiefen Druck gewährleistet.

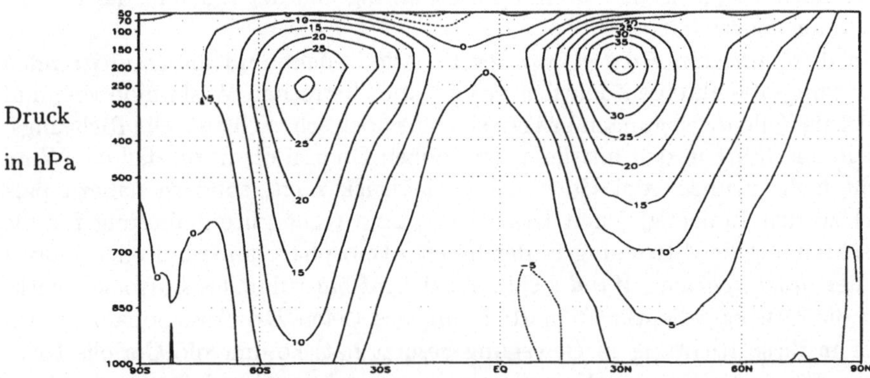

Abb. 2.11. Höhen-Breiten-Schnitt der zonal gemittelten West-Ost-Komponente des Windes in m/s. Die Höhen sind in Druckkoordinaten angegeben. Positive Werte deuten Westwind an, während negative Werte für Ostwinde stehen. Der Schnitt stellt mittlere Verhältnisse für die Monate Dezember, Januar und Februar dar. (Analysen von Beobachtungen, von Roeckner et al., 1992)

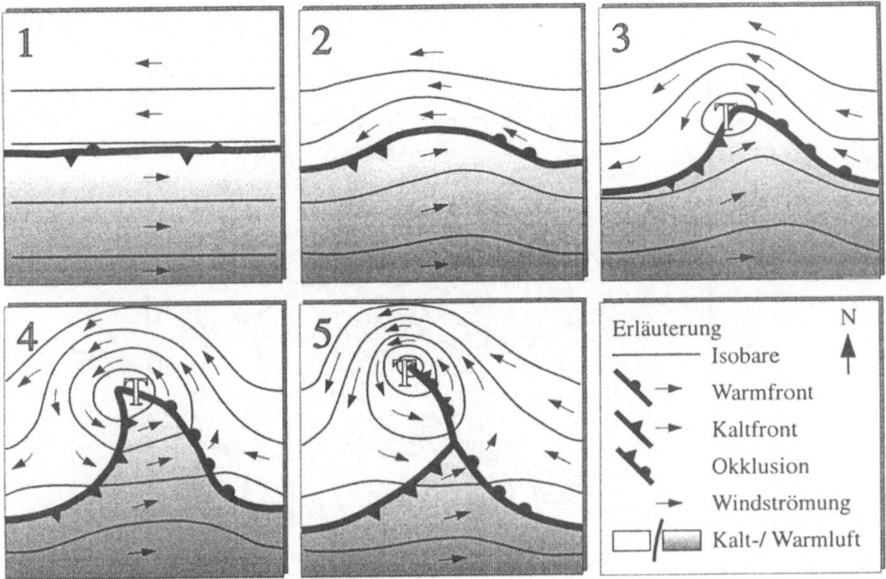

Abb. 2.12. Schema zur Entwicklung einer Zyklone an der Polarfront der Nordhalbkugel. Der durch die Isobaren angedeutete Luftdruck nimmt im Anfangsstadium (1) in Richtung zum Pol (in der Graphik nach oben) bis zur Front ab, danach wieder zu. Die Druck-, Temperatur- und Strömungsverhältnisse ändern sich mit der Höhe. Erklärung siehe Text.

Starke Westwinde dominieren in den mittleren Breiten besonders in der Höhe als sogenannte *Strahlströme* (englisch *jet stream*), wie es in einem Höhen-Breiten-Schnitt in Abb. 2.11 dargestellt ist. Deshalb ist der Temperaturausgleich zwischen warmer, tropischer Luft und kalter Polarluft nicht mehr durch eine einfache polwärtige Höhenströmung und einen Bodenwind

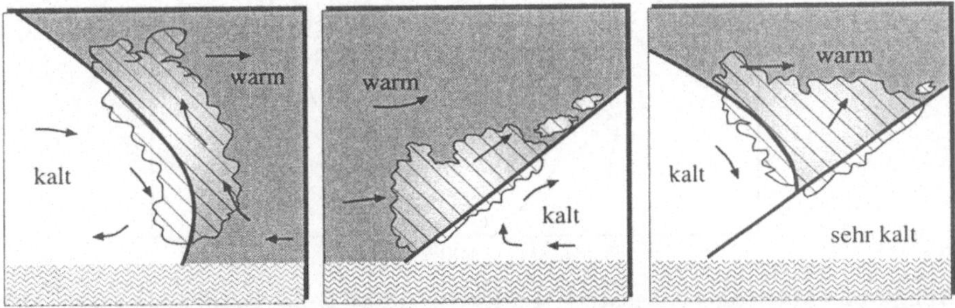

Abb. 2.13. Schematische Vertikalschnitte für eine Kaltfront (*links*), eine Warmfront (*Mitte*) und eine Okklusion (*rechts*). Kalt- und Warmfront entsprechen etwa der Situation in Abb. 2.12(4), die Okklusion der in Abb. 2.12(5).

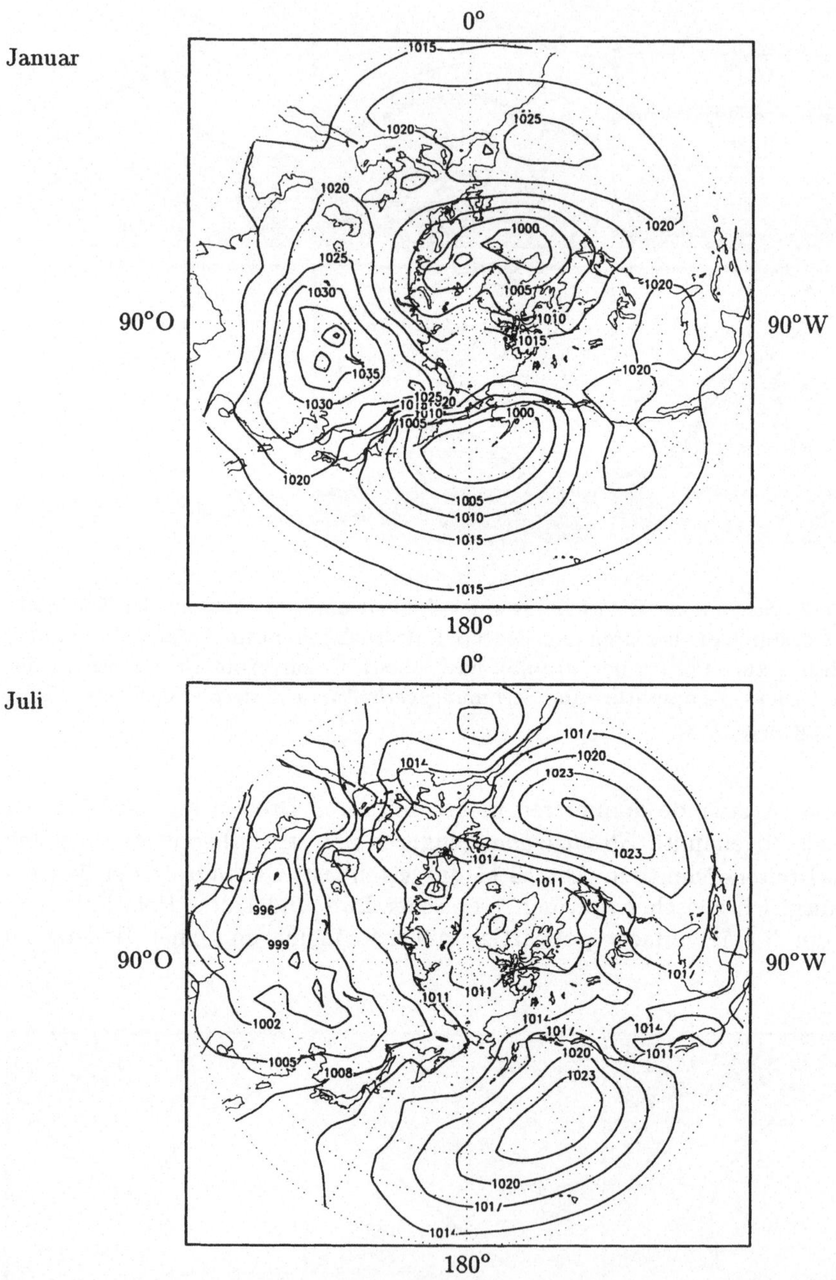

Abb. 2.14. Mittlerer beobachteter Luftdruck (in hPa) der Nordhalbkugel im Meeresniveau im Januar (*oben*) und im Juli (*unten*). Der Nordpol liegt in Bildmitte.

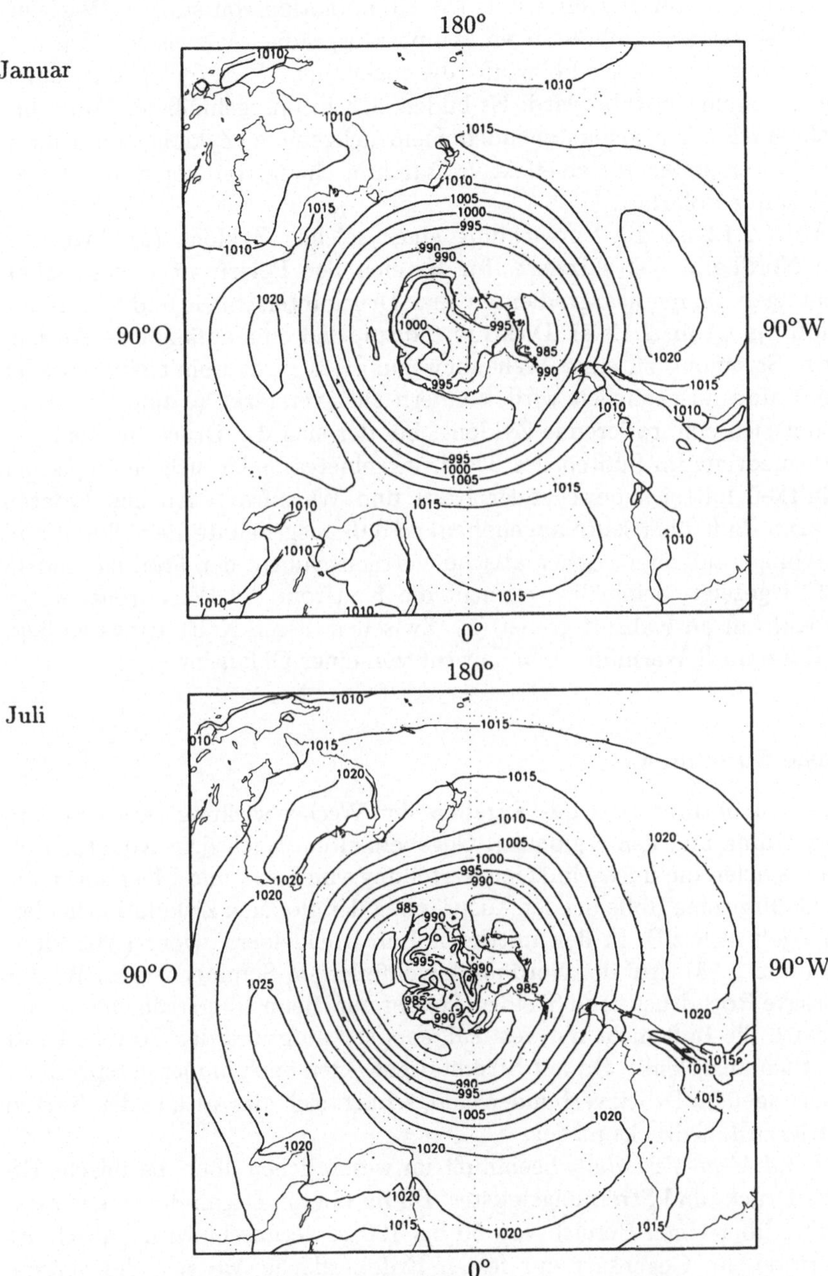

Abb. 2.15. Mittlerer Luftdruck (in hPa) der Südhalbkugel im Meeresniveau im Januar (*oben*) und im Juli (*unten*) abgeleitet aus Analysen des ECMWF. Der Südpol liegt in Bildmitte. Die Werte über der Antarktis sind wegen der großen topographischen Höhe und der deshalb erforderlichen Korrektur auf Meeresniveau nur bedingt sinnvoll.

in Richtung Äquator gewährleistet. Die Kombination von starken Westwinden und den starken großräumigen Temperaturgradienten zwischen warmer, tropischer Luft und kalter Polarluft (die sogenannte *Polarfront*) führt dazu, daß die Strömung instabil wird: Es bilden sich in unregelmäßiger Weise horizontale *Wirbel.* Die so entstehenden Tiefdruckgebiete (Zyklonen) mit ihren Fronten bewerkstelligen eine effektive Durchmischung von tropischer Warmluft mit kalter Polarluft.

In Abb. 2.12 ist die Entwicklung einer solchen Zyklone (Zyklogenese) für die Nordhalbkugel skizziert. Im Bereich der Polarfront treten neben großräumigen Temperaturgradienten auch Druckunterschiede und Windscherung auf, vgl. Abb. 2.12(1). Dies führt dazu, daß eine anfängliche Auslenkung der Strömung zu einer Wellenbewegung (2) nicht unmittelbar wieder gedämpft und ausgeglichen wird, sondern sich verstärkt (3 und 4). Daraus bildet sich eine rotierende Zyklone, bei der sich der Druck im Zentrum weiter erniedrigt. Im Südteil des Tiefdruckgebietes bildet sich ein typischer Warmluftkeil mit sich bewegender Kalt- und Warmfront. An den Fronten wird warme Luft über kalte angehoben, so daß ausgedehnte Bewölkung und Niederschläge auftreten. Schematische Vertikalschnitte der Fronten sind in Abb. 2.13 gezeigt. Schließlich erreicht die Kaltfront die Warmfront, wobei wieder Kaltluft an Kaltluft grenzt (5). Zwischen diesen Kaltluftmassen liegt in der Höhe noch Warmluft, man spricht von einer Okklusion.

2.2.4
Regionale Strukturen

Regionale Strukturen sind das Ergebnis der Wechselwirkung zwischen dem globalen Klima und den regionalen Gegebenheiten. Nach dem Äquator-Pol-Kontrast spielen die unregelmäßige Verteilung von Land und Meer sowie die großen Gebirge eine Rolle bei der Ausprägung der globalen Zirkulationsfelder. Dies spiegelt sich z.B. in den mittleren Luftdruckfeldern wider (Abbildungen 2.14 und 2.15). Auf der Nordhalbkugel fallen im Sommer wie im Winter ausgeprägte Hochdruck- und Tiefdruckfelder auf. Beim Überströmen von Gebirgen wird die Luft nicht nur vertikal, sondern aufgrund der Coriolis-Kraft auch seitlich ausgelenkt. Da mit Strömungseffekten auch immer entsprechende Änderungen im Druck verbunden sind, schlägt sich dies auch in den Karten des mittleren Luftdrucks nieder.

Die *Land-Meer-Verteilung* beeinflußt im wesentlichen über thermische Effekte die Druck- und Strömungsmuster. Da im oberen Ozean die eingestrahlte Energie über einen Bereich von 50 bis 100 m vermischt wird (Abschnitt 2.3.1), treten im Gegensatz zur festen Erdoberfläche, wo sich die Wärme nur über wenige Meter verteilt, auch geringere jahreszeitliche Temperaturschwankungen auf. Dies bedingt u.a. das mildere maritime Klima in Meeresnähe. Es beeinflußt aber auch die Druckmuster durch die Tatsache, daß die großen Landmassen auf der Nordhalbkugel thermisch viel weniger träge als der Ozean sind, d.h. im Winter kühlt die Luft über den Kontinenten schneller ab als über See – mit der Wirkung, daß die Luft über der Landmasse absinkt und der Luftdruck dort steigt; über See ist eher Aufsteigen zu beobachten. Nach dem Mechanismus von Abbildung 2.5 stellen sich entsprechende Druckunterschiede ein (vergleiche z.B. das winterliche Kältehoch über Asien und das Tief über dem Nordpazifik). Im Sommer dagegen wird die Landoberfläche deutlich wärmer als die Ozeanoberfläche – so daß die kontinentalen Luftmassen leichter werden und der Druck fällt; über See gibt es den gegenläufigen Effekt (Hitzetief über Asien, Hoch über dem Pazifik).

Ein besonders markantes Phänomen ist der *Monsun*, der sich aus der Wechselwirkung der Zirkulationszellen mit thermischen Effekten der Land-Meer-Verteilung ergibt. Im Nordsommer entsteht durch die Aufheizung über dem asiatischen Kontinent ein Hitzetief. Dieses verbindet sich mit der innertropischen Konvergenzzone, die dann bis zu 25° nördlich des Äquators liegt. Die Passate der Südhalbkugel erstrecken sich damit als stetige Winde weit auf die Nordhemisphäre und erreichen mit Feuchtigkeit beladen den indischen Subkontinent (Sommermonsun). Im Nordwinter dagegen bildet sich ein abkühlungsbedingtes Hochdruckgebiet über Asien und ein Hitzetief über Australien. Indien liegt dann im Einflußbereich von trockenen kontinentalen Luftmassen (Wintermonsun). Der Einfluß der Monsunzirkulation reicht aber weit über Indien hinaus bis Ostafrika und den Nordosten Chinas.

Auf der Südhalbkugel ist die Land-Meer-Verteilung viel symmetrischer ausgeprägt mit großen Wasserflächen in den gemäßigten Breiten und der Land-Eis-Masse im polaren Breich. Diese größere Symmetrie läßt sich auch im mittleren Druckfeld erkennen (Abb. 2.15).

2.2.5
Turbulenz

Antrieb für atmosphärische Bewegungsvorgänge sind, wie oben dargestellt, Auftriebs-, Druckgradient- und Coriolis-Kraft. Diesen entgegen wirken *Reibungskräfte*, die ihre Bremswirkung vor allem an der Ozean- und Erdoberfläche entfalten. Zwischen der durch Reibung nahezu unbeeinflußten hohen Atmosphäre und dem Untergrund bildet sich eine 100 bis 1000 m hohe atmosphärische *Grenzschicht* aus.

Letztlich verantwortlich für die Reibungswirkung sind Stöße zwischen den Molekülen. Damit kann man etwa das Ausfließen von zähem Honig oder die langsame Strömung von Wasser in engen Röhren zutreffend beschreiben. In diesen Fällen, die als *laminare Strömung* bezeichnet werden, folgen einzelne Flüssigkeitselemente alle der Richtung des Grundstromes. Dieses Strömungsregime ist in der Atmosphäre (wie auch im Ozean) jedoch von untergeordneter Bedeutung. Die Unterschiede in den Windgeschwindigkeiten zwischen freier Atmosphäre und Unterlage sind fast immer so groß, daß Verwirbelung, *Turbulenz*, auftritt. So werden bei einer horizontalen, relativ einheitlich gerichteten Strömung in der hohen Atmosphäre in der Grenzschicht durch *Wirbel* (engl. *eddy*) Luftbewegungen in allen Richtungen erzeugt. In dieser

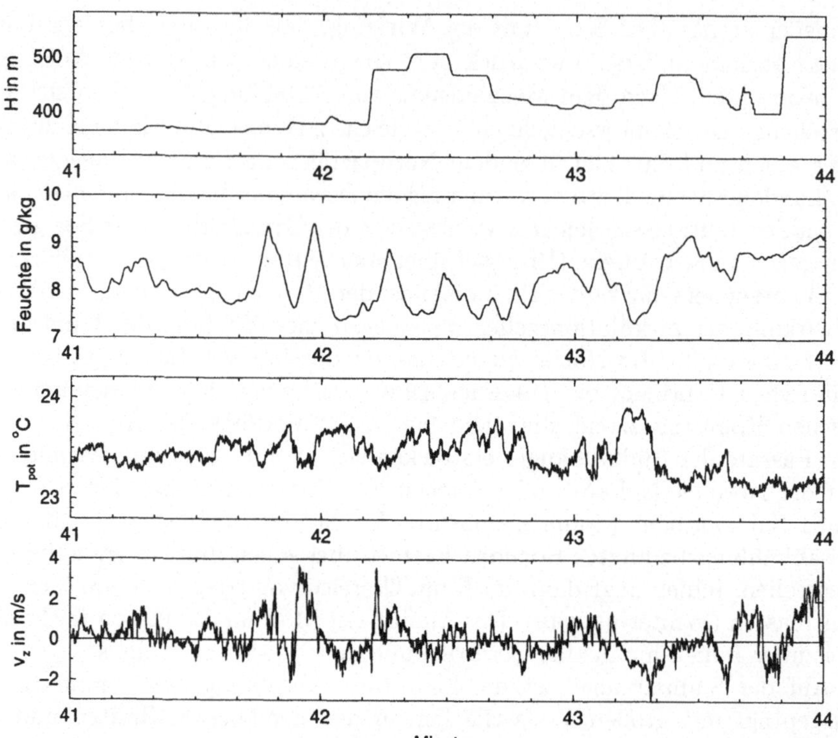

Abb. 2.16. Turbulente Fluktuationen am oberen Ende der Grenzschicht in der Schweiz. Die Daten zu Topographiehöhe, Feuchtigkeit, potentieller Temperatur und Vertikalgeschwindigkeit v_z, (von oben nach unten) stammen von einem Flug in 1065 m Meereshöhe (zwischen 350 m und 650 m über dem Erdboden) mit einer Auflösung von etwa 25 Messungen pro Sekunde. Die Messungen wurden bei einer Situation durchgeführt, in der die potentielle Temperatur von unten nach oben zunimmt, während die Feuchte nach oben hin abnimmt. Man beachte die daraus resultierenden Korrelationen von Temperatur und Feuchte mit der Vertikalgeschwindigkeit, z.B. die Spitzen vor der 42. Minute.

turbulenten Strömung kann man die Bewegung von einzelnen Luftelementen oft nur noch als zufällig auffassen, etwa wenn man die Bahn eines aufgewirbelten Blattes beobachtet.

An den Rändern von primär erzeugten großen Wirbeln treten ebenfalls hohe Geschwindigkeitsgradienten auf, so daß hier kleine Wirbel gebildet werden, und dadurch noch kleinere und so fort. Auf diese Weise wird die Bewegungsenergie aus der großskaligen Bewegung über eine Kaskade auf immer kleinere Wirbel übertragen (Mikroturbulenz), bis in den Größenordnungsbereich von Molekülbewegungen, wo die Energie dann in verstärkte Molekularbewegung – Wärme – umgesetzt wird. Man nennt diesen Prozeß Dissipation.

Nicht nur die Reibungswirkung der Turbulenz ist von Bedeutung, turbulente Bewegungen sorgen auch für eine verstärkte *Durchmischung*. Denn obwohl die mittlere Strömung rein horizontal in eine Richtung zeigt, treten in den dreidimensionalen Wirbeln Vertikalbewegungen auf (Abb. 2.16). Strömt etwa wärmere Luft turbulent über kühlen Untergrund, so wird im aufsteigenden Ast des Wirbels kühle Luft nach oben, im absteigenden Ast warme Luft nach unten befördert. Im Beispiel der Abb. 2.16 äußert sich dies in einer merklichen Korrelation zwischen der Vertikalgeschwindigkeit, der Feuchtigkeit und der Temperatur. Zwar können die einzelnen Fluktuationen nur als quasi-zufällig aufgefaßt werden, jedoch zeigen die Korrelationen einen nach unten gerichteten Nettotransport von Wärme, und einen nach oben gerichteten Feuchtigkeits-Transport. Dieser turbulente Austausch – nicht nur von Wärme, sondern auch von Feuchtigkeit, Kohlendioxid, Partikeln etc. – ist um mehrere Größenordnungen effektiver als durch molekulare Diffusion allein.

2.2.6
Aerosolpartikel

Aerosolpartikel bezeichnen feinst verteilte feste Materie, zu ihnen gehören aufgewirbelter Staub, Salzpartikel, Vulkanasche, Rauch und Pollen. Oft werden auch flüssige Teilchen, also Dunst, Nebel- und Wolkentröpfchen zu den Aerosolen gezählt; wir werden diese im nächsten Abschnitt getrennt behandeln.

Die Durchmesser der atmosphärischen Partikel betragen zwischen $0.001\ \mu$m und $100\ \mu$m. Auch ihre Anzahl pro Kubikzentimeter variiert über mehrere Größenordnungen: 20 bis 500 in Reinluftgebieten über dem Ozean, 1000 bis 20 000 über Land und bis zu einer Million in Stadtluft. In den industrialisierten Gebieten der Nordhemisphäre hat die Aerosolbelastung der Luft (u.a. erkennbar durch die zunehmende Trübung) in den letzten 200 Jahren stark zugenommen.

Die Aerosole sind in mehrfacher Hinsicht für das physikalische Klimasystem von Bedeutung: Erstens sind sie wie die Treibhausgase infrarotaktiv. Dieser Effekt, für sich allein genommen, würde bei zunehmenden Aerosolkonzentrationen zu einer bodennahen Erwärmung führen. Zweitens reflektieren die Aerosole jedoch auch das Sonnenlicht und verringern unter den meisten Bedingungen die solare Einstrahlung (z.B. Dunstglocke, aufgewirbelter Saharastaub, stratosphärisches Sulfat aus Vulkaneruptionen). Entsprechend führt dieser Effekt für sich allein zu einer Abkühlung am Erdboden. Im Gefolge des Pinatubo-Vulkanausbruches Anfang der 90er Jahre kam es zu einer deutlichen, von der Öffentlichkeit allerdings kaum wahrgenommenen Absenkung der mittleren Temperatur für ungefähr ein Jahr. Drittens sind Aerosole einer gewissen Größenklasse Kondensationskeime und beeinflussen durch ihr Vorhandensein die Entstehung sowie die optischen Eigenschaften (Albedo) der Wolken. Welcher dieser sich teilweise kompensierenden Effekte im konkreten Fall den atmosphärischen Energiehaushalt dominiert, hängt von vielen Faktoren ab: Art und Größenverteilung der Aerosolpartikel, Höhe in der At-

Tabelle 2.5. Physikalische Größen von reinem Wasser.

Dichte bei $0°$C	$999{,}87$ kg/m^3
Dichte bei $4°$C	$1000{,}0$ kg/m^3
Dichte bei $10°$C	$999{,}73$ kg/m^3
Dichte bei $20°$C	$998{,}23$ kg/m^3
Dynamische Viskosität bei $0°$C und Normdruck	$1793 \cdot 10^{-6}$ kg/(m $\cdot$ s)
Dynamische Viskosität bei $25°$C und Normdruck	$903 \cdot 10^{-6}$ kg/(m $\cdot$ s)
Spezifische Wärmekapazität ($15°$C)	4187 J/(kg$\cdot$K)
Verdampfungswärme	$2{,}5 \cdot 10^6$ J/kg

mosphäre sowie Exposition solarer Strahlung (also Jahreszeit, geographische Breite).

Eine Vielzahl von Prozessen ist für die *Entstehung von Aerosolpartikeln* verantwortlich. Aerosole werden z.B. durch das Aufwirbeln von Wüstenstaub, das Verdampfen von Meerwassertröpfchen aus der Gischt sich brechender Wellen, wobei winzige Salzkristalle entstehen, oder bei Vulkanausbrüchen erzeugt. Die klimawirksamen Schwefelaerosole (insbesondere Sulfate) entstehen durch luftchemische Reaktionen aus Schwefeldioxid (SO_2), welches seinerseits bei der Verbrennung von Kohle oder durch natürliche Quellen (z.B. Vulkane und marines Plankton) freigesetzt wird. In den Tropen bilden auch Rußteilchen, die bei der Brandrodung der Regenwälder entstehen, einen nennenswerten Anteil des troposphärischen Aerosols.

Die *Lebensdauer* der *Partikel* im mittleren Durchmesserbereich (0.002 μm bis 50 μm) beträgt in der unteren Troposphäre ungefähr vier Tage. Sowohl kleinere als auch größere Aerosole besitzen kürzere Aufenthaltszeiten: große Partikel sedimentieren schnell aus, kleine Teilchen werden durch die Wärmebewegung der Luftmoleküle so schnell hin und her bewegt, daß sie bald mit anderen Partikeln zusammenstoßen und größer werden. Der wichtigste *Entfernungsprozeß für Aerosole* mittlerer Größe ist die Absorption im Wasser von Wolkentröpfchen und anschließendes Ausregnen. In der oberen Troposphäre und vor allem in der Stratosphäre ist dieser Entfernungsprozeß allerdings wesentlich weniger wirksam und entsprechend besitzen Aerosole hier eine deutlich längere Lebensdauer.

Die Bedeutung der schwefelhaltigen Aerosole liegt darin, daß ihr aus Emissionen stammender Grundstoff, das Schwefeldioxid, als Gas nicht wie die anderen Rußpartikel schnell aussedimentiert, sondern weit verteilt werden kann. Erst später entsteht durch Oxidation die wasseranziehende Schwefelsäure (in Tröpfchen) und Sulfat (in Partikelform). So haben z.B. Sulfataerosole in der Stratosphäre, die vor allem aus vulkanischem Schwefeldioxid gebildet werden, eine Lebensdauer von über einem Jahr.

Der kurzfristige Effekt von vulkanischen Aerosolen in der Stratosphäre ist relativ gut bekannt, hingegen sind längerfristige Schwankungen des strato-

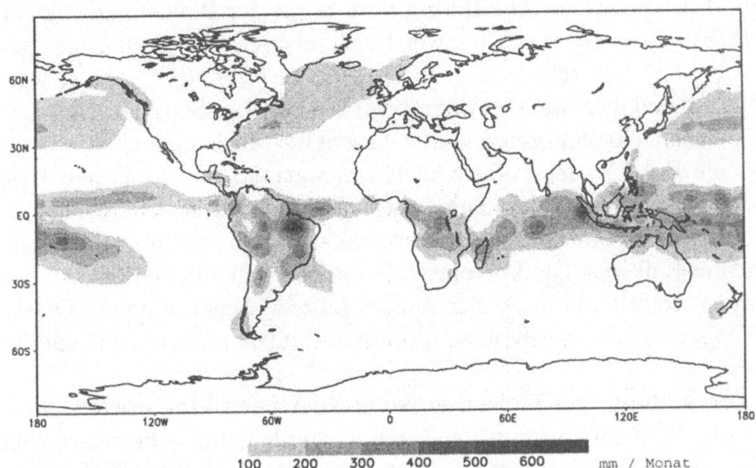

Abb. 2.17. Niederschlagsverteilungen im Januar nach Analysen des ECMWF. (Von Susanne Waszkewitz)

sphärischen Hintergrundaerosols schwierig abzuschätzen. Zusammenfassend läßt sich sagen, daß zwar die wesentlichen Prozesse der Aerosolbildung und deren Effekte im physikalischen Klimasystem erkannt sind, daß sich diese jedoch zur Zeit quantitativ nur ungenau (innerhalb eines Faktors fünf) festlegen lassen.

2.2.7
Wolken und Niederschlag

Wolken haben einen entscheidenden Einfluß sowohl auf die kurzwelligen wie auch auf die langwelligen Strahlungsprozesse. Sie besitzen in Abhängigkeit von ihrer Höhe und dem Wolkentyp sehr unterschiedliche Eigenschaften in Bezug auf Reflexion und Absorption von Strahlung. Eine Abschätzung zeigt, daß hohe Wolken (z.B. dünne Cirrus-Wolken in den obersten Schichten der Troposphäre) die kurzwellige Einstrahlung relativ gut passieren lassen (geringe Albedo). Auch weisen sie wegen ihrer niedrigen Temperatur aufgrund ihrer Lage in Höhen von 5 – 13 km (vgl. Temperaturschichtung in Abb. 2.6) nur geringe langwellige Rückstrahlung zur Erde auf. Aufgrund dieser beiden Effekte fördern sie eher eine Erwärmung. Tiefe dicke Wolken besitzen dagegen eine hohe Albedo, zeigen auch höhere langwellige Ausstrahlung aufgrund höherer Temperatur und begünstigen deshalb eher eine Abkühlung.

Kleinste Wassertröpfchen entstehen, wenn Luft sich abkühlt, das Sättigungsniveau für Wasserdampf überschritten wird, und wasseranziehende Aerosole als Kondensationskeime vorhanden sind. Eine solche Abkühlung kann eintreten, wenn der Boden sich, z.B. über Nacht, abkühlt, was zur Entstehung von Nebel führt.

Grund für eine solche Abkühlung und damit der Wolkenbildung sind aber meist *Hebungsvorgänge*, wofür zwei Mechanismen von Bedeutung sind. Erstens ist es die oben schon beschriebene *Konvektion*, die eintritt, wenn Luft vom Untergrund her stark erwärmt wird, etwa bei Sommergewittern, oder den tropischen Konvektionszellen. Der zweite Mechanismus ist die Hebung an *Fronten*: Entlang der Polarfront liegen warme Luft tropischen Ursprungs und kalte Polarluft eng nebeneinander. Hat sich an der Polarfront eine Zyklone gebildet, so bilden sich an dieser auch wieder Fronten zwischen kalter und warmer Luft aus. Die Luftmassen bewegen sich aufeinander zu, wobei die leichtere Warmluft oberhalb der kalten Luft zu liegen kommt. Diese Anheben der Warmluft ist von Wolkenbildung und meist intensiven Niederschlägen begleitet.

Mit der Bildung von Wolken entsteht aber noch kein *Niederschlag*. Dazu müssen die Wolkentröpfchen groß genug werden, um eine ausreichend hohe Fallgeschwindigkeit zu entwickeln. Die Bewegung von Wolkentröpfchen wird von den auf sie wirkenden Kräften bestimmt: von der Schwerkraft, die proportional mit dem Volumen wächst, und von der Reibungskraft, die mit der Oberfläche wächst. Deshalb dominieren bei kleinen Tröpfchen Reibungskräfte, bei großen Tropfen die Schwerkraft. Ein Wolkentröpfchen von 10 μm Durchmesser fällt so nur etwa einen Zentimeter pro Sekunde, ein Regentropfen von zwei Millimeter eine Strecke von neun Meter. Große Tropfen entstehen nicht durch Kondensieren allein, sondern erst durch das Zusammenprallen von kleineren Tröpfchen. Aufgrund des Zusammenwirkens so vieler dynamischer Prozesse und Untergrundeigenschaften (Topographie, Strahlungsregime) weist der Niederschlag eine extrem kleinräumige Variabilität auf. Die wichtigsten physikalischen Konstanten von Wasser sind in Tabelle 2.5 aufgeführt.

Die großräumige Niederschlagsverteilung ist in Abb. 2.17 wiedergegeben. Neben den charakteristischen Effekten der Hadley-Zelle und der planetarischen Frontalzone (vgl. Abb. 2.9) erkennt man in den inneren Tropen und den gemäßigten Breiten auch noch eine klare Differenzierung zwischen ozeanischen und kontinentalen Gebieten.

2.3
Zirkulation des Ozeans

Der Ozean ist aus mehreren Günden für das Klima von Bedeutung. Da 70,8% der Erdoberfläche von Meer bedeckt sind, findet die primäre Umwandlung von Strahlungs- in Wärmeenergie hauptsächlich in der obersten Schicht des Ozeans statt. Der obere Ozean ist somit wichtigster Antriebsbereich für die Atmosphäre. Ein Teil der Wärmeenergie verbleibt erst einmal im Wasser und wird mit den Meeresströmungen polwärts transportiert. Schließlich ist der Weltozean mit seiner großen Wassermasse auch langfristiger Speicher für Wärme und Inhaltsstoffe wie Kohlendioxid.

Tabelle 2.6. Physikalische Größen von Salzwasser (zur Druck- und Temperaturabhängigkeit der Dichte siehe auch Abb. 5.4).

Dichte bei 4°C und 1 Promille	$1000{,}85$ kg/m^3
Dichte bei 4°C und 10 Promille	$1008{,}18$ kg/m^3
Dichte bei 4°C und 35 Promille	$1028{,}22$ kg/m^3
Dynamische Viskosität bei 0°C und 35 Promille	$1900 \cdot 10^{-6}$ kg/(m $\cdot$ s)
Dynamische Viskosität bei 25°C und 35 Promille	$960 \cdot 10^{-6}$ kg/(m $\cdot$ s)
Spezifische Wärmekapazität bei 10 Promille (15°C)	4123 J/(kg$\cdot$K)
Spezifische Wärmekapazität bei 35 Promille (15°C)	4983 J/(kg$\cdot$K)

Die Zirkulation des Ozeans wird im wesentlichen durch zwei Mechanismen angetrieben: mechanische Energie aus dem Windschub treibt die Meeresströmungen an der Oberfläche an, und vertikale Konvektion infolge von Dichteunterschieden setzt die Tiefenströmung in Gang. Einen Überblick über die physikalischen Eigenschaften von Salzwasser gibt Tabelle 2.6.

2.3.1
Meeresoberflächenströmungen

Wind setzt durch Reibungskräfte, dem sogenannten *Windschub*, die obersten Meeresschichten in Bewegung. Diese Bewegung wird durch innere Reibung im Wasser auch an tiefere Schichten weitergegeben. Dies geschieht wie in der

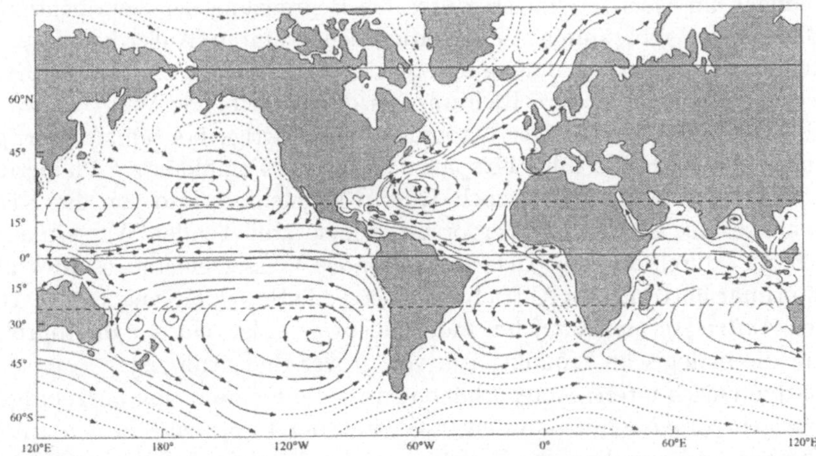

Abb. 2.18. Mittlere Strömungen an der Ozeanoberfläche (schematisch). Eher warme Strömungen sind durchgezogen, eher kalte sind gestrichelt gezeichnet. (In Anlehnung an Tolmazin, 1985)

Tabelle 2.7. Physikalische Größen von Eis.

Dichte bei $0°C$	$918{,}6$ kg/m^3
Spezifische Wärmekapazität $(0°C)$	2040 J/(kg·K)
Schmelzwärme	$0{,}334 \cdot 10^6$ J/kg

atmosphärischen Grenzschicht durch Turbulenz: die Geschwindigkeitsunterschiede zwischen langsamem Wasser in der Tiefe und den schnell bewegten Oberflächenschichten erzeugen auch hier ungeordnete Wirbel mit Vertikalbewegungen. So entwickelt sich in den oberen 10 bis 100 m eine stark durchmischte Grenzschicht, die meist auch als *Deckschicht* bezeichnet wird.

Besonders im Sommer ist diese Deckschicht deutlich wärmer und damit auch leichter als die tieferen Wassermassen. Unterhalb der Deckschicht nimmt die Temperatur in weiten Bereichen des Ozeans kontinuierlich oder auch in Sprüngen ab. Die Schicht des stärksten Temperaturgradienten wird dabei als *Thermokline* bezeichnet. Da mit der Temperaturabnahme i.d.R. eine Zunahme der Dichte mit der Tiefe verbunden ist, verleiht dies der Schichtung eine höhere Stabilität, die Austausch von Substanzen und Energie zwischen der Deckschicht und dem Tiefenwasser vermindert. Durch die Meeresoberfläche hindurch findet zwischen den beiden Grenzschichten neben dem Austausch von Bewegungsenergie auch ein intensiver Austausch von Wärmeenergie, Wasser und anderen Substanzen statt.

In Abb. 2.18 sind die mittleren Meeresoberflächenströmungen skizziert. Hier spiegeln sich die atmosphärischen Bodenwinde wider, allerdings sind die Strömungen im Meer modifiziert durch die Begrenzung der Kontinente, die zur Bildung von großräumigen Zirkulationszellen führen. Außerdem zeigt die durch Wind induzierte Strömung im Meer – bedingt durch die Coriolis-Kraft – auch in eine etwas andere Richtung als der antreibende Wind: ostwärtige Ablenkung bei polwärtiger Strömung, westwärtige bei äquatorwärtiger Strömung. Dieser Effekt führt beispielsweise an der Pazifikküste Südamerikas dazu, daß ein Nordwind eine nach Westen abgelenkte, also von der Küste abgewandte Meeresströmung hervorruft. Die so abfließenden Wassermassen werden z.T. durch aus der Tiefe aufsteigendes Wasser ersetzt, es wird also durch primär horizontalen Antrieb auch vertikale Bewegung angeregt. Das in solchen *Auftriebsgebieten* aufsteigende Tiefenwasser ist relativ nährstoffreich, was für die biologische Produktivität von großer Bedeutung ist.

Ein dynamisch interessantes Phänomen ist die Existenz von ausgeprägten polwärtigen *Strahlströmen* an den Ostküsten der Kontinente in den mittleren Breiten, insbesondere der Golfstrom längs der amerikanischen Ostküste und der Kuroshio vor Ostasien. In diesen treten die großräumig stärksten Strömungsgeschwindigkeiten von etwa 2 m/s auf. Sie werden verstanden als Resultat des Zusammenspiels von Ostwinden in den Subtropen, Westwinden

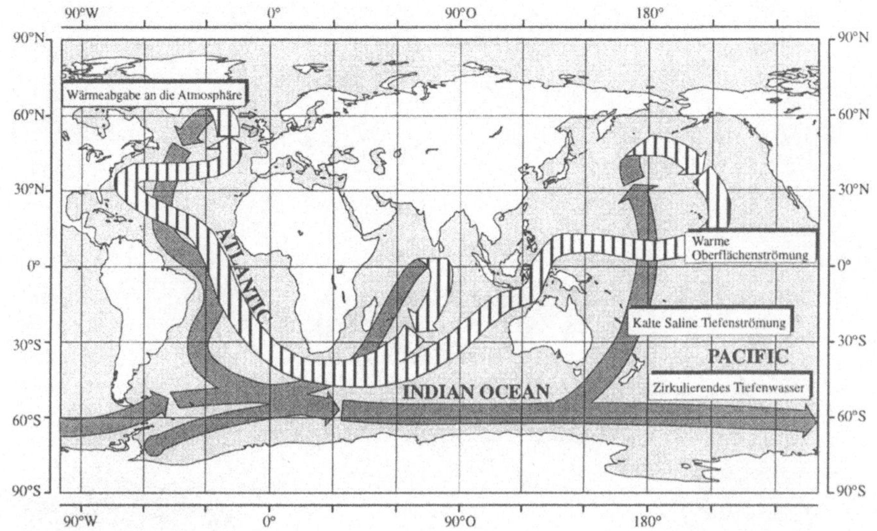

Abb. 2.19. Schema der thermohalinen Tiefenzirkulation (*conveyor belt*, dunkles Band) mit der Andeutung ihrer Rückströmung in den oberen Schichten (helle Schraffur).

in gemäßigten Breiten und Reibungsprozessen. Ihnen kommt Bedeutung zu für den polwärtigen Wärmetransport und das vergleichsweise milde Klima in Westeuropa. Der Somali-Strom im westlichen Indischen Ozean folgt dem Monsun und dreht seine Strömungsrichtung zwei mal im Jahr von nordwestlich nach südöstlich.

2.3.2
Tiefenzirkulation

Ein wichtiger Antriebsmechanismus für Vertikalbewegungen und damit Strömungen in tieferen Schichten besteht darin, daß Wassermassen an der Wasseroberfläche eine größere Dichte annehmen und der Schwerkraft folgend absinken (*Konvektion*). Diese Absinkströmung wird irgendwo anders durch Aufwärtsbewegungen kompensiert. Verdunstung und die damit einhergehende Salzanreicherung verursacht eine solche Dichtezunahme, z.B. in den strahlungsreichen, bewölkungs- und niederschlagsarmen Subtropen.

Daneben ist die Abkühlung von Oberflächenwasser der wichtigste Prozeß, der zu einer solchen Dichtezunahme führt. Besonders wirksam ist die Abkühlung in den Subpolargebieten, wo sie mit *Eisbildung* verbunden ist. Salz wird nicht in Eiskristalle eingebaut und auch nur in geringem Maße zwischen diesen eingeschlossen. Es wird stattdessen im verbleibenden flüssigen Wasser aufkonzentriert und erhöht dessen Dichte merklich, so daß die-

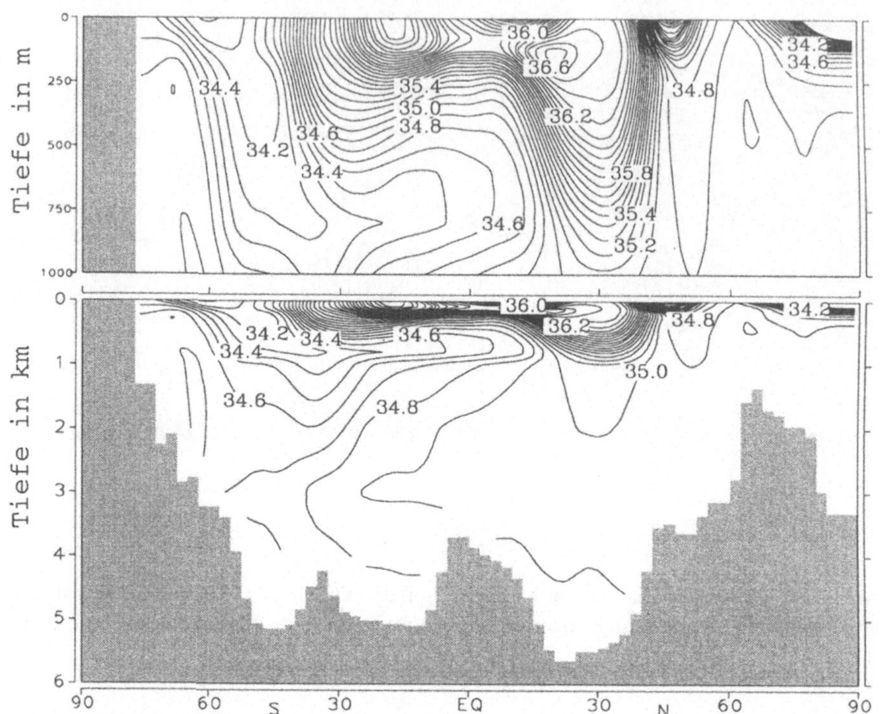

Abb. 2.20. Salinität (in Promille) im West-Atlantik als Schnitt von Süd nach
Nord. Die untere Graphik zeigt die gesamte Tiefe, darüber sind die oberen 1000 m
in höherer Auflösung dargstellt. Die Graphik ist aus einer Interpolation von vielen
verschiedenen Profilmessungen erstellt.

ses mit beachtlichen Vertikalgeschwindigkeiten absinkt. Eine auf diese Weise
durch Zusammenwirken von Temperatur- und Salzgehaltseffekten erzeugte
Zirkulation nennt man thermohalin. (Physikalische Größen von Eis sind in
Tabelle 2.7 aufgeführt.)

Das wichtigste thermohaline Zirkulationssystem ist der *conveyor belt*
(Abb. 2.19 zeigt eine idealisierte Darstellung). Seine salzreiche Tiefenströmung wird von Konvektion in einem relativ eng begrenzten Gebiet des
subpolaren Nordatlantiks angetrieben. Diese Tiefenströmung führt durch den
Atlantik südwärts, läuft durch den Indischen Ozean und reicht bis in den Pazifik. Strömungen in den höheren Schichten des Ozeans kompensieren den
Tiefenstrom. Tiefenkonvektion tritt daneben auch im Südlichen Ozean auf.
Es muß allerdings betont werden, daß dieses Schema stark vereinfacht ist
und noch erhebliche Unsicherheiten bestehen, v.a. da wegen der schwierigen
Beprobung in großen Tiefen und wegen der Langsamkeit der Prozesse nur
eine geringe Datenbasis zur Verfügung steht.

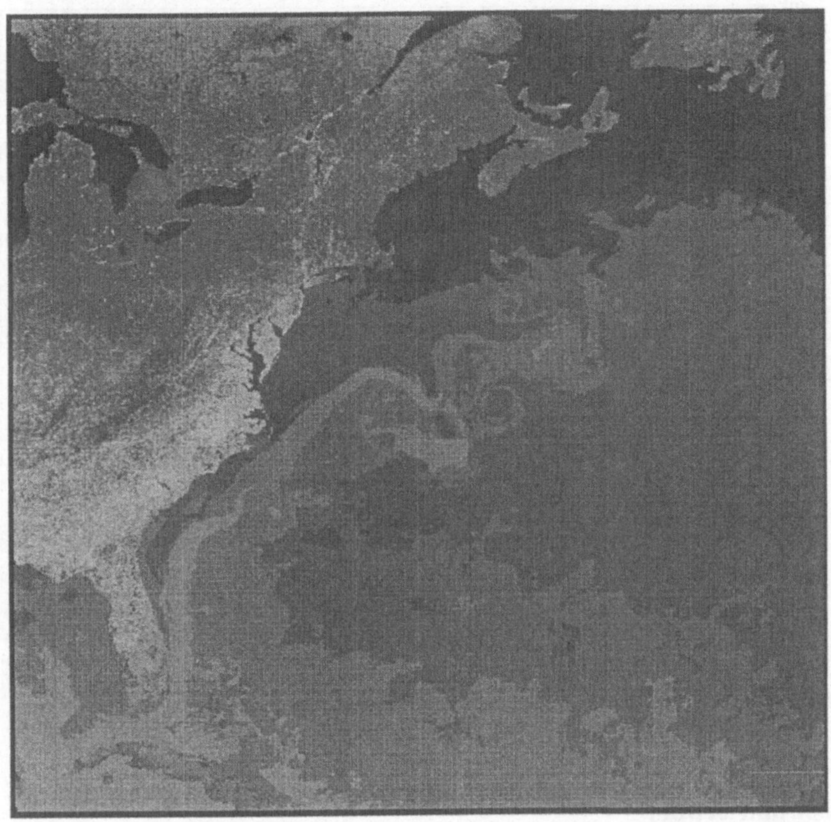

Abb. 2.21. Infrarot-Satellitenbild des Golfstroms vor der Ostküste Amerikas in Grautondarstellung. Niedrigere Meeresoberflächentemperaturen sind dunkler, höhere Temperaturen heller dargestellt. Dieses Bild eines Satelliten der National Oceanic and Atmospheric Administration (USA) wurde freundlicherweise von P. Cornillon, University of Rhode Island, zur Verfügung gestellt.

Die vertikale Schichtung ist in Abb. 2.20 anhand des Salzgehalts für einen Süd-Nord-Schnitt durch den Atlantik dargestellt. Auffälligste Strukturen sind die Salinitätsmaxima in der Deckschicht der Randtropen, wo geringer Niederschlag und hohe Verdunstung zu Salzanreicherung führt. In den inneren Tropen wie in den gemäßigten Breiten verursachen höhere Niederschläge geringere Salzgehaltswerte. Das besonders ausgeprägte, auch in die Tiefe reichende Salinitätsmaximum bei etwa 30°N wird durch den Ausstrom von salzreichem Wasser aus dem Mittelmeer hervorgerufen. Im Mittelmeer verdunsten große Mengen an Wasser, so daß relativ salzreiches Wasser zurückbleibt. Dieses fließt am Boden durch die Meerenge von Gibraltar in den Atlantik. Gut zu sehen ist auch eine Zunge von salzreicherem Wasser der Tiefenströmung, die sich in etwa 3000 m Tiefe von 60° Nord nach Süd erstreckt.

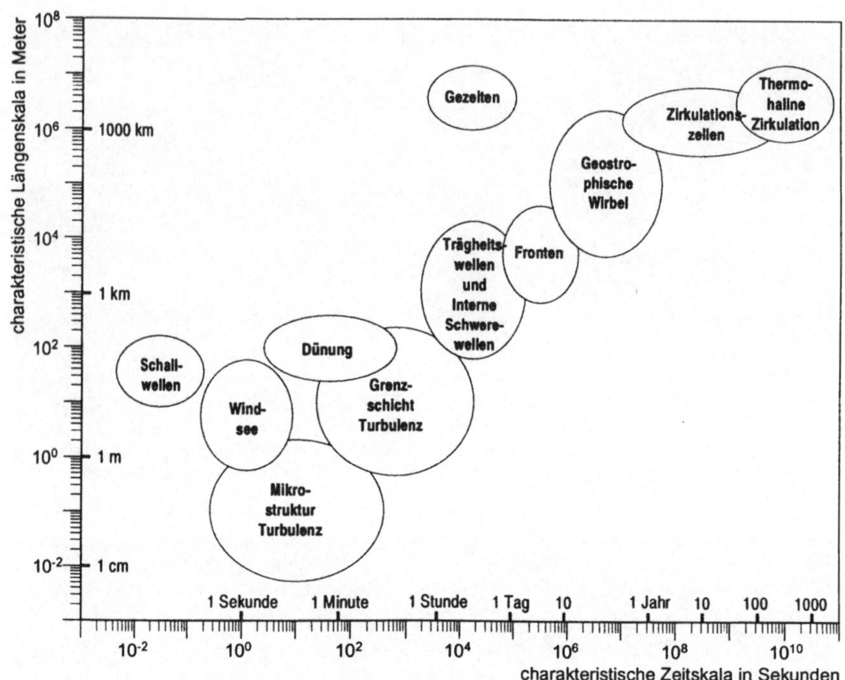

Abb. 2.22. Raum- und Zeitskalen von Phänomenen der Ozeanzirkulation.

2.3.3
Wellen und Wirbel

Auch im Ozean treten wie in der Atmosphäre *Fronten* auf zwischen warmen und kälteren Strömungen, etwa zwischen Golfstrom und Labradorstrom (Satellitenbild 2.21). An diesen Grenzflächen bilden sich aufgrund der Geschwindigkeitsdifferenzen und thermischen Dichteunterschiede immer Störungen und – analog zu den atmosphärischen Zyklonen und Antizyklonen – *Wirbel* aus. Deren Durchmesser sind jedoch, da Dichte und Zähigkeit von Wasser gegenüber Luft um einen Faktor 10^3 bzw. $2 \cdot 10^4$ größer sind, mit 10 bis 100 km deutlich kleiner.

Das gleiche gilt für die Wirbel der *Turbulenz*, die in Folge von Geschwindigkeitsgradienten (Abschnitt 2.2) am Rande der großen Wirbel, in der Deckschicht und in der Grenzschicht am Boden entstehen. Generell sind deshalb die meisten Vorgänge im Ozean langsamer als die vergleichbaren Prozesse in der Atmosphäre, wie im Skalendiagramm Abb. 2.22 auch zu sehen ist: Die Diagonale liegt um mindestens eine Größenordnung weiter rechts als in Abb. 2.4.

Eine Ausnahme – neben den Gezeiten – ist der *Seegang*, d.h. Windsee (am Ort der Entstehung) und Dünung (sich ausbreitende, „alte" Wellen). Dies erklärt sich aus seiner Entstehung: Als Grenzflächenphänomen entwickelt er sich aus der Interaktion von Atmosphäre und Ozean und kann von seiner Größenskala teilweise auch dem atmosphärischen Phänomen, Abb. 2.4, zugeordnet werden.

2.4
Spurenstoffkreisläufe

Für das Klima von großer Relevanz sind Stoffe, die schon in geringen Konzentrationen durch ihre Strahlungseigenschaften erheblich in energetische und damit dynamische Prozesse der Atmosphäre eingreifen (Abschnitt 2.1). Viele dieser Stoffe werden durch chemische und biologische Vorgänge erzeugt oder umgewandelt. Fluorchlorkohlenwasserstoffe (FCKW) und das Ozon sind darüberhinaus mit anderen atmosphärischen Problembereichen verknüpft.

Die Treibhauswirksamkeit eines Stoffes wird zum einen von seiner *Konzentration* bestimmt, zum anderen durch seine spezifischen *Absorptionseigenschaften* bezüglich der langwelligen, terrestrischen und kurzwelligen, solaren Strahlung.

Die Biosphäre beeinflußt den Zustand des Klimasystems nicht nur über die bereits beschriebenen Einwirkungen auf Treibhausgaskonzentrationen, Albedo, und damit auf den Strahlungshaushalt der Atmosphäre. Insbesondere die Vegetation der Landoberfläche beeinflußt mit ihrer Rauhigkeit die Reibungskräfte, und damit Winde und Turbulenz, durch ihr Wasserspeicher- und Wasserleitvermögen den Wasser- und Energiehaushalt.

Im folgenden wird das *Umweltverhalten* der wichtigsten Spurenstoffe skizziert, soweit es der gegenwärtige Kenntnisstand erlaubt, der trotz intensiver Forschungstätigkeit noch große Lücken aufweist. Fundamental für das Verständnis der Dynamik dieser Stoffe in der Umwelt ist das Konzept von Quellen, Ausbreitung und Senken.

Betrachtet man ein Umweltkompartiment wie die Atmosphäre, so können *Quellen* und *Senken* sowohl außerhalb des Kompartiments (Transport durch die Ränder) als auch innerhalb liegen (Umwandlungsreaktionen). So stellt beispielsweise die Aufnahme von Kohlendioxid durch den Ozean für die Atmosphäre eine externe Senke und für den Ozean eine externe Quelle dar. Interne Quellen/Senken sind in der Regel chemische Reaktionen. Zum Beispiel ist der Abbau von Methan zu CO_2 und Wasser durch Oxidation eine Senke für Methan und eine Quelle für Kohlendioxid (und Wasserdampf).

Den *Transport* zwischen Quellen und Senken eines Spurenstoffes bewerkstelligen Ausbreitungsmechanismen, u.a. Strömung und Turbulenz, die durch die physikalische Dynamik bestimmt sind. Nur in völlig ruhenden Medien (Bodenwasser, Meeressedimente) und in unmittelbarer Nähe von Phasengrenzen (Meeresoberfläche, Wolkentröpfchen) spielt molekulare Diffusion eine Rolle. Die Atmosphäre funktioniert dabei als schnelles Transportmedium zur weltweiten Verteilung der Gase.

Tabelle 2.8. Aufenthaltszeiten, Konzentrationen und Beitrag zum natürlichen Treibhauseffekt für die wichtigsten Spurengase in der Troposphäre. Die Aufenthaltszeit ist im Text genauer definiert. Die Konzentration ist angegeben in parts per million per volume (ppmv), das heißt in Anzahl Gasteilchen pro Million Luftteilchen. Die letzte Spalte gibt an, welchen Anteil das jeweilige Gas zum natürlichen Treibhauseffekt beiträgt.

Gas	Aufenthaltszeit	Konzentration in ppmv	Anteil am natürlichen Treibhauseffekt
Wasserdampf	Wenige Tage	bis 70000	12,8°C
Kohlendioxid	4–5 Jahre	360	4,4°C
Ozon	Variabel	0,03	1,5°C
Methan	8–12 Jahre	1,7	0,5°C
FCKW (F11, F12)	50–150 Jahre	< 0,0005	–
Lachgas	100–200 Jahre	0,3	0,8°C

Ein wichtiger Indikator für das Umweltverhalten einer Substanz in der Atmosphäre ist ihre *Aufenthaltszeit* (oder *Verweilzeit*). Sie gibt an, wie lange ein Molekül im Mittel in der Atmosphäre verbleibt, bevor es abgebaut oder in ein anderes Kompartiment (z.B. Ozean oder Biosphäre) überführt wird. Daneben spiegelt die Aufenthaltszeit die räumliche Heterogenität wider: Bei Stoffen mit Aufenthaltszeiten von mehreren Jahren haben die Durchmischungsprozesse genügend Zeit, um die Substanz relativ gleichmäßig in der gesamten Troposphäre zu verteilen, bei Aufenthaltszeiten von Tagen bis Wochen lassen sich an der heterogenen Verteilung noch klar die Orte der Quellen und Senken erkennen. Die wichtigsten Spurengase sind in Tabelle 2.8 zusammengestellt. Zum Vergleich: Sauerstoff, der 21% des Atmosphärenvolumens ausmacht, hat eine Aufenthaltszeit von mehr als 10000 Jahren, aber kein Treibhauspotential.

Die so definierte Aufenthaltszeit darf jedoch nicht verwechselt werden mit der sogenannten *Relaxationszeit* eines Spurenstoffes, das heißt der Zeit, innerhalb welcher eine Störung der Konzentration des Spurenstoffs (etwa durch einen Vulkanausbruch) durch die Senkenprozesse wieder weitgehend abgebaut wird. Je nach Spurenstoff kann die Relaxationszeit ein Vielfaches der Aufenthaltszeit betragen (so z.B. beim CO_2).

2.4.1
Wasserdampf

Wasserdampf ist das wichtigste infrarotaktive Gas im atmosphärischen Strahlungshaushalt. Im Gegensatz zu fast allen anderen Treibhausgasen ist seine Konzentration jedoch räumlich und zeitlich sehr variabel, da seine Quellen und Senken wesentlich von dynamischen und biologischen Prozessen abhängen.

Die *Verdunstung* von Meeres- oder auch Seeoberflächen wird gesteuert von der Temperatur, Wind und Turbulenz. An der Landoberfläche wird Wasser in Pflanzen, im Boden und Grundwasser gespeichert. Aus diesen Reservoiren geht Wasser zum Großteil durch Verdunstung zurück in die Atmosphäre. Pflanzen können Bodenwasser auch aus tieferen Bodenschichten aufnehmen, in ihren Leitbahnen nach oben befördern und durch die Spaltöffnungen an die Atmosphäre abgeben (Transpiration). Die Abgabe von Wasserdampf in die Atmosphäre von einem Stück Boden ist oft höher, wenn Vegetation transpiriert, als wenn der Boden unbewachsen ist und nur Verdunstung stattfindet. Bei hoher Vegetation, wie etwa im Falle von Wald, kann die Transpiration sogar größer sein als die Verdunstung über See.

Jener Anteil von Wasser, der das Speichervermögen der Kompartimente (unter anderem Atmosphäre, Boden, auf Blättern von Pflanzen, Seen) übersteigt, geht als Abfluß in die Flüsse und von dort zurück zum Ozean.

Die Kondensation als Senke von Wasserdampf, und der Entzug von flüssigem Wasser aus der Atmosphäre durch Niederschlagsbildung, werden ebenfalls entscheidend von der Temperatur und dynamischen Faktoren (Wind, Turbulenz, Vertikalgeschwindigkeiten bei Konvektion) gesteuert (siehe Abschnitt 2.2).

Ein Wassermolekül verweilt in der Troposphäre im Mittel nur etwa vier bis zehn Tage, in der Stratosphäre bei nur minimalen Wassergehalten etwa 100 bis 500 Tage. Die bodennahen Konzentrationen von Wasserdampf betragen in den Polargebieten um die 4 g Wasserdampf pro kg trockener Luft, in den gemäßigten Breiten um 10 g/kg und in den inneren Tropen über 20 g/kg, jeweils mit großen zeitlichen und räumlichen Schwankungen um die angegeben Mittelwerte.

2.4.2
Kohlendioxid

Das neben dem Wasserdampf wichtigste Treibhausgas, das *Kohlendioxid*, ist Teil des globalen Kohlenstoffkreislaufs. Atmosphärisches CO_2 wird beständig mit dem Ozean und der terrestrischen Biosphäre ausgetauscht. Der *Austausch* mit dem Ozean wird durch physikalische Prozesse bestimmt: die molekulare Diffusion durch die Meeresoberfläche (über sehr kurze Strecken, vgl. Abb. 2.22), die Turbulenz in den Grenzschichten und der großräumige Transport von im Wasser gelöstem Kohlenstoff durch die Ozeanzirkulation.

Abbildung 2.23 zeigt schematisch den globalen *Kohlenstoffkreislauf*. Die Kohlenstoffmengen sind in Gigatonnen Kohlenstoff (GtC), d.h. 10^9 t, angegeben. Die bedeutendste natürliche *Senke* ist die Photosynthese von terrestrischen Pflanzen und marinen Algen (Phytoplankton), wobei Kohlenstoff in Form von CO_2 aufgenommen und in Biomasse umgewandelt wird. Der Kohlenstoff geht dann teilweise in höhere Ebenen des Nahrungsnetzes und auch

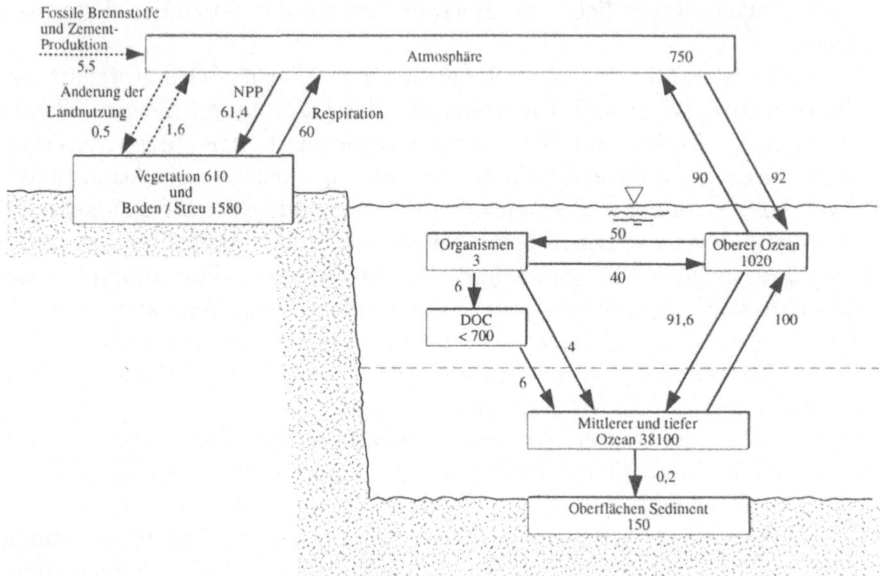

Abb. 2.23. Schematische Darstellung des Kohlenstoffkreislaufes. Die Zahlen in den Kompartimenten geben globale Mengen in Gigatonnen Kohlenstoff (GtC) an, die Zahlen an den Pfeilen sind Flüsse in GtC pro Jahr. NPP = Nettoprimärproduktion, DOC = gelöster organischer Kohlenstoff (dissolved organic carbon). Der nicht dargestellte Eintrag von Kohlenstoff durch Flüsse von der Landoberfläche in den Ozean beträgt zwischen 0,5 und 1,0 GtC. (Nach Schimel et al., 1995)

totes organisches Material über. Ein großer Teil wird aber auf allen Stufen der Nahrungskette schnell wieder unter Sauerstoffverbrauch veratmet oder ausgeschieden, durch Mikroorganismen abgebaut und als CO_2 an die Umgebung abgegeben. Der Biomasseabbau ist somit bedeutende CO_2-*Quelle*. Ein Teil der toten organischen Materie ist jedoch auch für Mikroorganismen schwer verwertbar und hat damit lange Aufenthaltszeiten: im terrestrischen Bereich ist es u.a. der Humus. Der langlebige Teil toter organischer Materie im marinen Bereich ist das Kerogen, das, in Sedimenten abgelagert, u.U. die Vorstufe für Erdgas und Erdöl ist.

Zum zweiten sind die geochemischen und biochemischen *Umwandlungsreaktionen* als Senken von Bedeutung. Aus dem im oberen Ozean gelösten CO_2 bildet sich mit Wasser über eine Gleichgewichtsreaktion Kohlensäure H_2CO_3, die über eine Dissoziationsreaktion mit Hydrogencarbonat HCO_3^- und Carbonat CO_3^{2-} im chemischen Gleichgewicht steht:

$$CO_2 + H_2O \; \rightleftharpoons \; H_2CO_3 \; \rightleftharpoons \; HCO_3^- + H^+ \; \rightleftharpoons \; CO_3^{2-} + 2H^+ \qquad (2.1)$$

Zusammen mit Calciumionen Ca^{2+} aus der Verwitterung von Gestein kann das Carbonat ausfallen und festen Kalk (Calciumcarbonat $CaCO_3$) bilden:

$$CO_3^{2-} + Ca^{2+} \;\rightleftharpoons\; CaCO_3 \tag{2.2}$$

Dieser letzte Prozeß wird von manchen Algen und anderen einzelligen Organismen (besonders Foraminiferen), die in der Deckschicht des Ozeans leben, forciert: Sie bilden feste Schalen aus Kalk oder auch Silikat. Diese Schalen sinken nach dem Absterben der Algen zusammen mit weiterem toten organischen Material in die Tiefe (*Sedimentation*). Hier werden die meisten dieser Partikel wieder durch Mikroorganismen abgebaut, bzw. chemisch gelöst, und die in dem Material enthaltenen Stoffe (Kohlenstoff, Silicium, Stickstoff und Phosphor u.a.) in anorganische Formen überführt. Nur ein Bruchteil von einigen Prozent der absinkenden Partikel erreicht den Meeresboden und wird im Sediment für lange Zeit gespeichert.

Dieser Mechanimus ist deshalb von so großer Bedeutung, weil dies einen schnellen, von der Konvektion unabhängigen, vertikalen Fluß aus der Deckschicht in die Tiefe bedeutet, der damit nicht auf die sehr langsame Tiefenströmung (Abb. 2.22) beschränkt bleibt. Wird dem oberen Ozean CO_2 auf diese Weise entzogen, so kann dieser wieder vermehrt Kohlendioxid aus der Atmosphäre aufnehmen. Die Sedimentbildung (wie auch Kohlenstoffeinträge durch Vulkane und Verwitterung von Gesteinen) sind für Änderungen der atmosphärischen CO_2-Konzentration nur über sehr lange Zeiträume, d.h. tausend und mehr Jahre, von Bedeutung. Auf die in solchem Silikat- und Kalksediment gespeicherte Information werden wir in Kapitel 3 noch zurückgreifen.

Änderungen des Klimas (Temperatur, Niederschlag, Oberflächenwind etc.) können die Kohlenstoffflüsse zwischen den einzelnen Speichern beeinflussen. Zum Beispiel führt eine Zunahme der Meeresoberflächentemperatur zu einer Verringerung der Löslichkeit von CO_2 in Meerwasser und damit zu einem Nettotransfer von Kohlenstoff vom Ozean in die Atmosphäre. Eine länger anhaltende Dürreperiode bewirkt eine Reduktion der Photosynthese und damit, bei unverändertem mikrobiellen Abbau des Bodenkohlenstoffs, ebenfalls eine Zunahme der atmosphärischen CO_2-Konzentration. Diese Rückkopplungseffekte des physikalischen Klimasystems auf den Kohlenstoffkreislauf sind noch weitgehend ungeklärt und bisher nicht quantifizierbar.

Die wichtigsten *anthropogenen* CO_2-*Quellen* sind die Emissionen aus der Verbrennung von Kohle, Erdöl und Erdgas, sowie aus Änderungen der Landnutzung (v.a. Brandrodungen in den Tropen). Hauptgrund für alle Befürchtungen einer anthropogen verursachten Erwärmung ist der unzweifelhafte Anstieg der atmosphärischen Kohlendioxidkonzentration, wie er etwa am Observatorium auf dem hawaiianischen Vulkan Mauna Loa aufgenommen wurde (Abb. 2.24). Diese zusätzlichen Quellen führen zu einer direkten Erhöhung der atmosphärischen CO_2-Konzentration und über die oben angesprochenen Austauschprozesse zu einer Zunahme des Kohlenstoffgehalts in Ozean und Landbiosphäre. Die genaue Bestimmung der relativen Anteile der verschiedenen Kohlenstoffspeicher an der Aufnahme des CO_2 ist bisher nicht gelungen

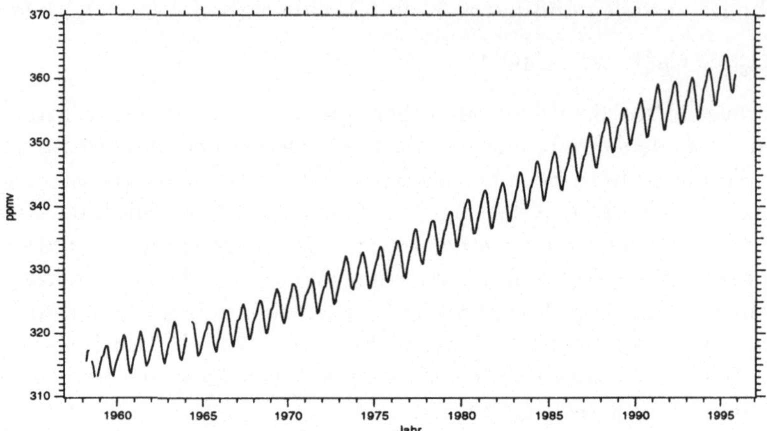

Abb. 2.24.   Die Meßreihe der Kohlendioxidkonzentrationen des Mauna Loa-Observatoriums auf Hawaii. Klar sichtbar ist der Anstieg der Konzentration von etwa 1,6 – 1,8 ppmv pro Jahr. Das zweite sichtbare Signal ist der Jahresgang.

und wird heutzutage intensiv untersucht.

Durch welche Prozesse CO_2 in der terrestrischen Biosphäre abgespeichert wird, ist noch nicht genau verstanden. In Gewächshäusern ist festgestellt worden, daß die Photosynthese von Pflanzen unter höherem CO_2-Gehalt verstärkt abläuft. Ob dieser "CO_2-Düngungseffekt" weltweit in allen Ökosystemen greift und eine wesentliche Kohlenstoffsenke darstellt, ist jedoch umstritten.

Die Dynamik des Kohlenstoffkreislaufs wird entscheidend durch die Verweilzeiten des Kohlenstoffs in den verschiedenen Kompartimenten geprägt. Wie schon aus Abb. 2.4 und Abb. 2.22 zu entnehmen war, geht der Transport im Ozean langsamer vonstatten als in der Atmosphäre. Eine Abschätzung zeigt beispielsweise, daß der Ozean, wenn ihm genügend Zeit zur Verfügung stehen würde (500 Jahre), mehr als 85% der anthropogenen CO_2-Emissionen in tiefen und mittleren Schichten aufnehmen könnte. Dagegen beträgt sein Anteil heute vermutlich weniger als 30%, da auf der Zeitskala der anthropogenen Störung (etwa 30 Jahre) nur die oberen Wasserschichten (ca. 500 m) wesentlich am Austausch mit der Atmosphäre beteiligt sind.

2.4.3
Methan

Neben dem Kohlendioxid ist das Methan CH_4 ein weiteres wichtiges Treibhausgas. Im Vergleich zum CO_2 ist die Kenntnis über die Prozesse, die die atmosphärische Konzentration des CH_4 kontrollieren, wesentlich geringer. Methan wird bei einer Vielzahl von biotischen Prozessen freigesetzt, vor allem beim mikrobiellen Abbau von organischem Material unter sauerstofffreien (anaeroben) Bedingungen, z.B. bei Tierhaltung, Reisanbau, in Feuchtgebieten und Mülldeponien. Außerdem entsteht es bei der unvollständigen Verbrennung von Biomasse und fossilen Treibstoffen. Eine weitere Methanquelle ist Erdgas, das bei der Förderung von Kohle und aus Lecks von Erdgasleitungen entweicht. Die relativen Anteile der Methanquellen an den gesamten Emissionen sind nur ungenau bekannt. Im Gegensatz zum CO_2 ist das Methan in der Atmosphäre nicht chemisch inert, sondern wird zu Kohlenmonoxid und dann weiter zu CO_2 oxidiert. Dieser chemische Abbau bildet die wesentliche Senke des atmosphärischen Methans. Er geht dabei relativ rasch vonstatten: Im Mittel bleibt ein Methanmolekül nur etwa 8 Jahre in der Atmosphäre.

Der beobachtete Anstieg der atmosphärischen Methankonzentration seit Beginn der industriellen Revolution um mehr als 100% spiegelt eine kontinuierliche Zunahme der Methanemissionen aus anthropogenen Quellen wider. Da der chemische Abbau von Methan proportional zu dessen Konzentration ist, hat dieser Abbau ebenfalls zugenommen. Zur Zeit überwiegen die Methanquellen die Senken um etwa 15%. Eine Stabilisierung der Emissionen auf dem heutigen Niveau würde wegen der kurzen Lebensdauer von Methan genügen, die atmosphärische Konzentration innerhalb von etwa 8 Jahren ebenfalls zu stabilisieren.

2.4.4
Stickstoffverbindungen

Auch Komponenten des Stickstoffkreislaufs sind strahlungsaktiv, wie das Lachgas (N_2O), welches in der Atmosphäre in den letzten 200 Jahren um mehr als zehn Prozent zugenommen hat. Die wesentlichen Prozesse des Stickstoffkreislaufs sind eng mit der Produktion von Biomasse – und damit mit dem Kohlenstoffkreislauf – verknüpft, da Stickstoff für alle Organismen essentieller Bestandteil ist.

Verbindungen der Stoffkreisläufe von Kohlenstoff und Stickstoff, aber auch Schwefel bestehen u.a. bei der „anaeroben Atmung": In Bereichen, wo kein Sauerstoff zur Atmung zur Verfügung steht wie Sümpfen, Sedimenten oder manchen Böden, können viele Mikroorganismen anstelle von Sauerstoff andere Substanzen zum Abbau von Biomasse nutzen: Lachgas entsteht dabei aus Nitrat.

2.5
Kryosphäre

Eis und Schnee werden zusammenfassend als Kryosphäre bezeichnet. Schnee, Meereis, Schelfeis, Festlandeis und Permafrost speichern Wasser über sehr unterschiedliche Zeiträume. Die Abbildungen 2.25a-d zeigen die im Jahresgang flächenmäßig variable Verteilung der Schneedecke, des Meereises und von Permafrost, d.h. ganzjährig gefrorener Erdboden.

a)

b)

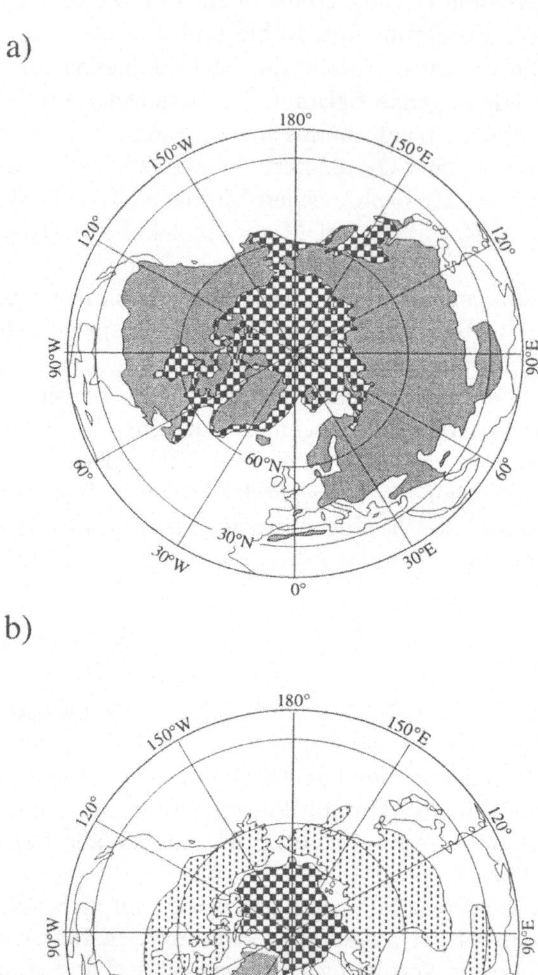

Abb. 2.25. Verteilung von Eis, Schnee und Permafrost auf der Nordhemisphäre:
a) Maximalausdehnung im Winter, b) Minimalausdehnung im Sommer. Meereis ist
als Karomuster, Schnee/Eis im Grauton und Permafrostboden (nur im Sommer
gezeigt) gepunktet dargestellt. (In Anlehnung an Peixotot und Oort, 1992, Untersteiner, 1984)

c)

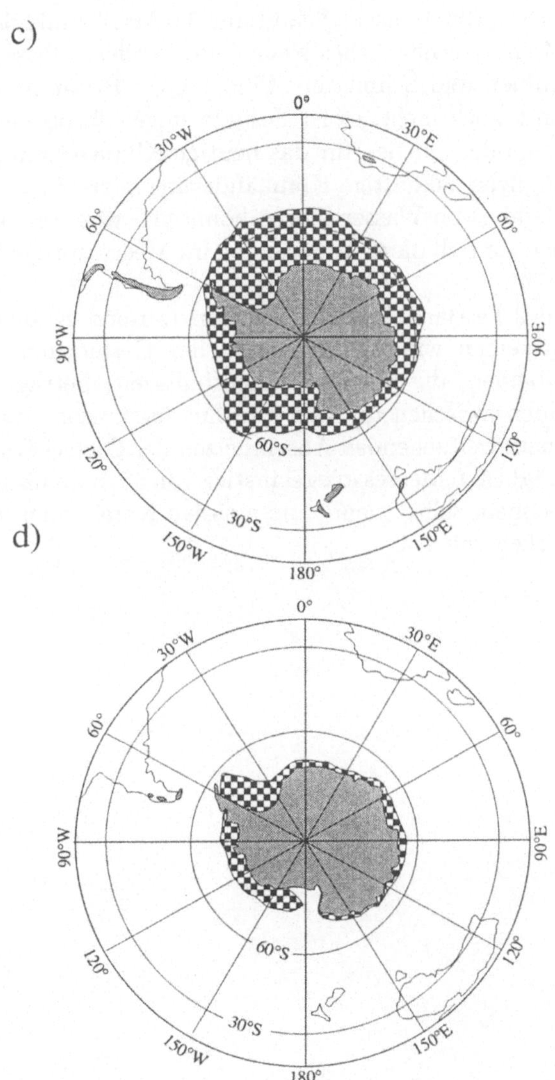

d)

Fortsetzung Abb. 2.25. Verteilung von Eis und Schnee und auf der Südhemisphäre:
c) Maximalausdehnung im Süd-Winter, d) Minimalausdehnung im Süd-Sommer

Der antarktische *Eisschild*, in dem 30 Mio Kubikkilometer Wasser festgelegt sind, gewinnt Eis durch Schneeakkumulation (einige Zentimeter bis wenige Dezimeter Schnee pro Jahr) auf einer Oberfläche von 14 Mio km². Er verliert Eis zum ganz überwiegenden Teil durch Abgabe von Eisbergen ins Meer (Kalben). Der grönländische Schild mit 2,6 Mio Kubikkilometer bildet jährlich etwa 34 cm oberflächliches Neueis und verliert Masse zu je etwa der Hälfte durch Kalben und Schmelzen. Eine genaue Bestimmung der Zu- und Abflüsse existiert noch nicht, es ist deshalb ungewiß, ob die Antarktis und Grönland Senken oder Quellen für das heutige Klimasystem sind. Auch ist nicht klar, ob mögliche zukünftige Klimaänderungen zu einer vermehrten Ablagerung oder Abgabe von Wasser führen könnten – was von großer praktischer Bedeutung ist, da sich diese Änderungen im Meeresspiegel bemerkbar machen würden.

Die Verlustrate des Festlandeises von wenigen tausend Kubikkilometern pro Jahr macht nur einen winzigen Bruchteil der Gesamtmasse aus. Der Quotient zwischen beiden, die mittlere Aufenthaltszeit, beträgt daher bei den großen Eisschilden zwischen tausend und hunderttausend Jahren. Deshalb ist auch mit einem weitgehenden Abschmelzen der Gletschermassen und einem theoretisch möglichen Meeresspiegelanstieg von 50 m im nächsten Jahrhundert nicht zu rechnen, selbst wenn eine massive Klimaänderung die Abschmelzraten verstärken würden.

3 Natürliche Klimavariabilität

Klimaparameter wie Temperatur, Windstärke und -richtung sind weder im Raum noch in der Zeit konstant. Vielmehr ist es gerade ein Charakteristikum dieser Größen, daß sie *variieren*. Dabei sind verschiedene Arten von Variationen zu unterscheiden, einerseits periodische Schwankungen, insbesondere den Tages- und Jahresgang (siehe Abschnitt 3.1), die im Allgemeinen von außen erzwungen werden, sowie andererseits nicht-periodische Variationen, die entweder durch interne Vorgänge erzeugt oder durch nicht-periodische *externe* Einflußgrößen angeregt werden. In die Kategorie der externen Anregung gehören etwa atmosphärische Aerosole aus Vulkanausbrüchen oder Veränderungen der Zusammensetzung der Atmosphäre durch den anthropogenen Eintrag von Treibhausgasen.

Den Begriff *Wetter* verwendet man zur Beschreibung des aktuellen bzw. über wenige Stunden anhaltenden Zustandes der Atmosphäre. Etwas abweichend wird der Terminus *Witterung* für Zustände von mehreren Tagen bis Wochen gebraucht: Dürreperioden sind ein Beispiel hierfür. Mit *Klima* bezeichnet man die möglichen Erscheinungsformen, ihre Charakteristika, Häufigkeiten und Abfolgen – die „Statistik des Wetters" – jeweils bezogen auf ein bestimmtes Gebiet und einen bestimmten Zeitraum. Der Begriff Klima wurde ursprünglich in der Meteorologie (als Abgrenzung zu „Wetter") und in der Geographie (als primär räumliche Betrachtung: Klimazonen, Abschnitt 4.1) geprägt.

Mit den Begriffen *Klimavariabilität* oder *Klimaschwankungen* sind in erster Linie Variationen von Monats- oder Jahres-*Statistiken* gemeint. Dazu gehören Mittelwerte, aber auch weitere statistische Größen wie z.B. mittlere Schwankungsbreiten der Klimavariablen oder Informationen über die Häufigkeit von Extremereignissen (Spitzenhochwasser, Starkregen, längere Trockenperioden).

Im folgenden Abschnitt wird zunächst ein Überblick über die kürzerfristigen Variationen, Jahres- und Tagesgang (Abschnitt 3.1) und Wetter (Abschnitt 3.2) gegeben. In den folgenden Abschnitten werden längerfristige Klimaschwankungen skizziert (Abschnitt 3.3) und die für die Beurteilung des Datenmaterials essentielle Homogenitätsproblematik erläutert (Abschnitt 3.4). Wie man auch zu weiter zurückliegenden Klimaschwankungen, die nicht durch instrumentelle Messungen dokumentiert sind, Information auf indirektem Wege erhalten kann, ist Thema der letzten beiden Abschnitte 3.5 und 3.6. Dabei gehen wir auch auf das Phänomen der Eiszeiten und Zwischeneiszeiten – oder allgemeiner: das Klima und seine Veränderung in geologischen Zeiträumen (Paläoklima) ein. Dieses Thema fasziniert die Öffentlichkeit seit seiner Entdeckung, und auch heute ist noch nicht verstanden, wie der Übergang zwischen Kalt- und Warmzeiten vonstatten geht. Die Klimaforschung befaßt sich mit dem Paläoklima hauptsächlich, um mehr über die Dynamik der natürlichen Klimaschwankungen und möglicher Verstärkungsmechanismen im Klimasystem zu lernen. Für das aktuelle Problem der Feststellung und Beurteilung des anthropogenen Klimawandels ergeben sich wichtige Einsichten über den Zusammenhang zwischen atmosphärischen Spurengaskonzentrationen und Temperatur.

An weitergehender Literatur kann die Monographie zu Klimaschwankungen von Schönwiese (1995) empfohlen werden. Die Paläoklimatologie ist ausführlich und verständlich bei Crowley und North (1991) aus eher klimatologischer Sicht, bei Schwarzbach (1993) und van Andel (1994) eher geologisch orientiert dargestellt. Eine Einführung zum Wettergeschehen aus meteorologischer Sicht geben Liljequist und Cehak (1979).

3.1
Jahres- und Tagesgang

Die augenfälligsten Schwankungsmuster in der Atmosphäre, im oberen Ozean und auch der Biosphäre sind der Jahres- und der Tagesgang. Ihre strenge Regelmäßigkeit bereitet keine Erklärungsschwierigkeiten: sie wird durch externe Faktoren, die solare Strahlung, bestimmt. Wegen der eindeutigen Zuordnung meist nur einer einzigen Ursache mit einer scharf definierten Periodendauer werden solche Zyklen auch *deterministisch* genannt. Sie gehören damit zu den wenigen Erscheinungen, die für praktisch unbegrenzte Zeit vorhergesagt werden können.

Das einfachste Beispiel für den *Jahresgang* ist die saisonale Temperaturvariation in den gemäßigten Breiten: kalter Winter und warmer Sommer. Die jahreszeitlichen Änderungen sind aber nicht uniform mit der Höhe, wie es die Sondierungen an der norwegischen Station Alomar demonstrieren (Abb. 2.8).

Auch die Niederschlagsverhältnisse in den Tropen folgen keinem einfachen Muster. In Abb. 3.1 ist solch ein Jahresgang der Station Entebbe in Uganda zu sehen. In dieser Klimazone treten maximale Niederschläge auf, wenn die innertropische Konvergenzzone (ITC, Abschnitt 2.2.3) mit ihren Gewittern über der Station liegt. Zwei Maxima entstehen, da das Einstrahlungsmaximum nicht immer am Äquator liegt, sondern kontinuierlich zwischen dem nördlichen Wendekreis (Ende Juni) und dem südlichen Wendekreis (Ende Dezember) hin und her wandert. Die ITC folgt dieser Zone des Sonnenhöchststandes, allerdings verzögert, räumlich etwas verschmiert und auch mit deutlichen Unterschieden zwischen Land und Meer. In ihrer Jahreswanderung passiert die ITC die Station so zweimal. Die Verzögerung ergibt sich durch die Zeit, die der Untergrund braucht, sich zu erwärmen.

Aus Abb. 3.1 wird aber auch deutlich, daß der mittlere Jahresgang zur Charakterisierung der klimatischen Situation nicht ausreicht: Vergleicht man z.B. den mittleren Monatsniederschlag von 76 mm für den Monat April mit den dargestellten einzelnen Messwerten aus den Jahren 1900 bis 1976, so zeigt

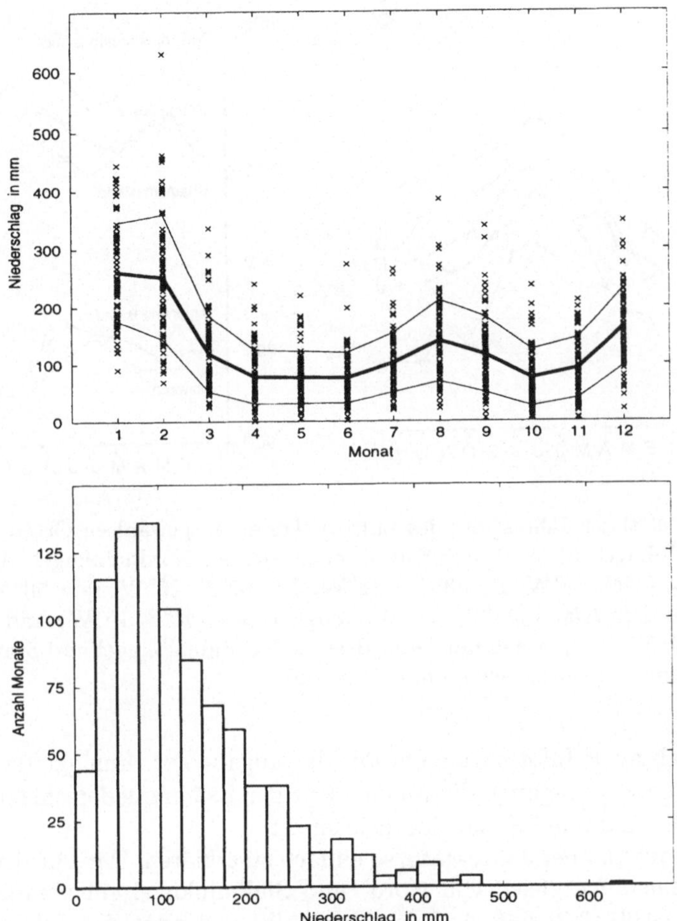

Abb. 3.1. Monatsmittelwerte des Niederschlags im tropischen Entebbe (Uganda, 0,1°N, 32,5°O) von 1900 bis 1976. *Oben*: Jahresgang. Die kleinen × zeigen die einzelnen Monatswerte, die dicke Linie ist der mittlere Jahresgang, die dünnen Linien jeweils der Mittelwert plus bzw. minus der Standardabweichung. *Unten*: Häufigkeitsverteilung aller Niederschlags-Monatswerte.

sich eine hohe Variabiliät. So kann es vorkommen, daß den ganzen Monat gar kein Regen fällt.

Neben dem Mittelwert ist die Streuung entscheidend, beispielsweise für die Landwirtschaft, wo das Überschreiten von Toleranzgrenzen (längere Trockenzeiten, Überschwemmungen) zu großen Ernteverlusten führen kann. Als Streuugsmaß kann z.B. die Standardabweichung angegeben werden. Am Beispiel der Station Entebbe (Abb. 3.1) ist darüberhinaus zu sehen, daß auch die Schwankungsbreite einen Jahresgang aufweisen kann: die Monate mit höheren Mittelwerten zeigen auch eine höhere Standardabweichung. In den gemäßigten Breiten zeigt die Temperatur im Winter eine besonders große Variations-

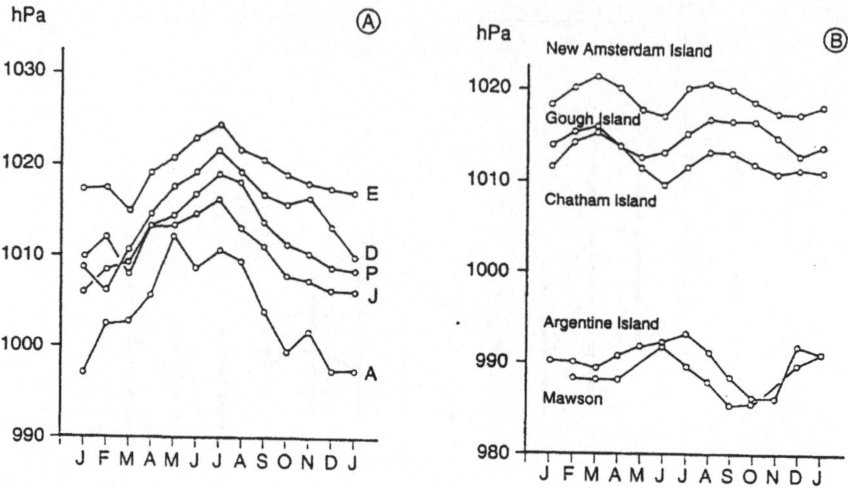

Abb. 3.2. Mittlerer Jahresgang des Luftdruckes an ausgewählten Orten der Nord-
und Südhalbkugel. a) Wetterschiffspositionen auf der Nordhalbkugel: A = 62°N,
33°W; D = 44°N, 41°W; E = 35°N, 48°W, J = 52°N, 25°W, P = 50°N, 145°W.
New Amsterdam Island (37°S, 78°O), *Gough Island* (41°S, 10°W) und *Chatham
Island* (44°S,176°W), in den mittleren Breiten der Südhalbkugel und Stationen am
Antarktisrand (*Argentine Island* und *Mawson*).

breite. Noch mehr Information enthält die Angabe der Häufigkeitsverteilung
(Abb. 3.1 unten), die auch die Möglichkeit der Extremniederschläge und die
Häufung um 100 mm/Monat deutlich macht.

Nicht immer ist der Jahresgang so einfach zu erklären: Der Luftdruck weist
etwa bei einem Vergleich von Nord- und Südhalbkugel ein komplizierteres
Verhalten (Abb. 3.2) auf. Auf der Nordhalbkugel zeigt der Jahresgang im
wesentlichen eine Jahreswelle mit über See maximalen Druckwerten im Sommer und minimalen Werten im Winter (siehe Abschnitt 2.2.4).

Auf der Südhalbkugel, auf der es in mittleren Breiten ja fast keine Landmassen gibt, findet man eine andere Situation vor: Dort wird der Jahresgang
im Luftdruck an vielen Orten im Mittel von einer Halbjahreswelle dominiert.
Dabei ist in den mittleren Breiten maximaler Druck zu Zeiten der Tag-und-
Nacht-Gleiche zu beobachten und minimaler Druck im Winter und im Sommer. In den polaren Breiten ist der Druck am höchsten im Sommer und im
Winter, während geringe Druckwerte im Frühjahr und Herbst gefunden werden. Diese bemerkenswerte Halbjahreswelle zeigt, daß nicht alle Prozesse auf
ein einfaches Schema zurückgeführt werden können, in dem ein äußerer An-
trieb (der Jahresgang der solaren Einstrahlung) zu einer zeitlich synchronen
Wirkung führt. Die südliche Halbjahreswelle beruht auf einer komplizierten
Wechselwirkung zwischen dem von einer Jahreswelle beschriebenen Jahresgang in der Temperatur, der Polarnacht und den verschiedenen thermischen
Eigenschaften von Ozean und Meereis.

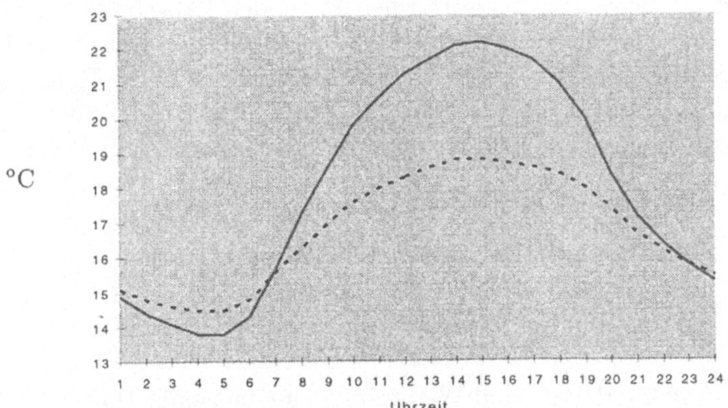

Abb. 3.3. Mittlerer Tagesgang der Lufttemperatur in Potsdam (durchgezogen) und Warnemünde (gestrichelt) für den Monat Juli.

Diese beiden Beispiele zeigen, daß ein Antrieb mit bestimmter scharf definierter Periode (die Jahreswelle der Einstrahlung) unter Umständen einen Effekt mit anderer zeitlicher Struktur (z.B. eine Halbjahreswelle) hervorrufen kann.

Deterministische Zyklen lassen sich bequem mit Hilfe von Mittelwerten darstellen, die über die verschiedenen Phasen des Zyklus gebildet werden. Im Beispiel von Abb. 3.2 wird der Luftdruck an einigen Orten betrachtet und der Mittelwert über viele Januare, viele Februare usw. gebildet. Auf diese Weise werden die stets gegenwärtigen nicht-periodischen, vom externen periodischen Antrieb unabhängigen Faktoren herausgefiltert und man erhält für jeden der betrachteten Orte jeweils einen charakteristischen Durchschnittswert für den Januar, einen für den Februar usw. In Abb. 3.2 sind diese Werte als eine vom Kalendermonat abhängige Kurve, dem Jahresgang, gezeigt. Die Unregelmäßigkeiten, die insbesondere in der Kurve der Wetterschiffsposition A gut zu sehen sind, deuten an, daß die Menge der für den Mittelungsprozeß verfügbaren Daten noch nicht ausreichend war, um die nichtperiodischen Einflüsse wegzumitteln.

Das zweite deterministische Variationsmuster ist der *Tagesgang*. Ein Beispiel für den sommerlichen Tagesgang der Lufttemperatur an zwei Stationen ist in Abb. 3.3 gezeigt. Typische Merkmale sind hierbei das Temperaturmaximum am Nachmittag und das Minimum kurz vor Sonnenaufgang. Das Maximum der Temperatur tritt mit Verzögerung zum Einstrahlungsmaximum auf, da erst die oberen Bodenschichten erwärmt werden, bis sich eine effektive Wärmeabgabe an die Luft einstellt. Nach Sonnenuntergang erfolgt keine kurzwellige Einstrahlung, und die Luft kühlt sich nahezu linear bis zum Sonnenaufgang ab. Weiterhin ist der Unterschied der Amplitude zwischen der Küstenstation Warnemünde und Potsdam im Landesinneren deutlich. Grund hierfür ist das größere effektive Wärmespeichervermögen der oberen Meeresschichten im Vergleich zum terrestrischen Erdboden (Abschnitt 2.2.4).

Weitere Beispiele solcher deterministischer, exakt voraussagbarer Phänomene sind die *Gezeiten*. Sie spielen vor allem im Ozean eine Rolle, sind jedoch auch in der Atmosphäre vorhanden, werden dort aber aufgrund ihrer schwachen Ausprägung im Vergleich zu den durch das Wetter hervorgerufenen Fluktuationen kaum wahrgenommen.

3.2
Wetter

Dem Jahresgang überlagert sind Wetterereignisse mit einer Dauer von Tagen bis Wochen. Diese äußern sich vor allem in den gemäßigten Breiten, z.B. in Form von Kaltfrontdurchzügen mit drastischem Temperaturabfall und heftigen Schauerniederschlägen, oder stationären Hochdruckgebieten mit länger-anhaltendem Schönwetter.

Abb. 3.4 zeigt die Energieflüsse und andere Variablen an der Oberfläche eines Sees in Norddeutschland in einer Aufzeichnung über ein Jahr. In dieser Darstellung wird ersichtlich, daß die einzelnen Variablen sehr unterschiedlicher Beeinflussung durch Jahresgang und Wetterfluktuationen unterworfen sind. In der kurzwelligen Einstrahlung sind besonders starke Fluktuationen zu sehen, die v.a. durch Schwankungen der Bewölkung bedingt sind. Deshalb ist auch die Schwankungsbreite im Sommer größer als im Winter. Daneben illustriert die Darstellung die Bedeutung der Denkweise in *Bilanzen*, die hier für die Wassermasse des Sees als lokale Energiebilanz an dessen Oberfläche aufgestellt ist.

Die obige Darstellung des gesamten Jahres gibt einen groben Eindruck über die auftretenden Wetterfluktuationen. Um die Zusammenhänge zwischen den einzelnen Variablen näher zu beleuchten, gibt Abb. 3.5 ein zeitlich besser aufgelöstes Bild mit einem Ausschnitt von einer Woche für die oben diskutierten Variablen. Die ersten beiden Tage sind relativ kühl. Die kühle Luft über dem noch warmen Untergrund bietet Anlaß zu leichter Konvektion. Dadurch entsteht Cumulus-Bewölkung bei sonst klarem Sonnenschein, sichtbar an den Fluktuationen in der solaren Einstrahlung. Die kühle, relativ klare Atmosphäre zeigt auch eine geringe langwellige Einstrahlung. Die thermische Ausstrahlung des Sees variiert kaum aufgrund der vergleichsweise konstanten Temperatur. Auch der sensible Wärmefluß und die Verdunstung sind bei der vergleichsweise warmen Seeoberfläche für den See negativ. Die Gesamtenergiebilanz des Sees ist in dieser Zeit (bis auf Spitzen am Tage) insgesamt negativ, der See kühlt sich ab.

Am Ende des 12. November kündigt sich dann ein Wetterumschwung an: Die Zunahme der langwelligen Einstrahlung deutet auf das Vorhandensein von hohen Wolken hin. Am 13. zeigt sich die Bewölkung an den drasti-

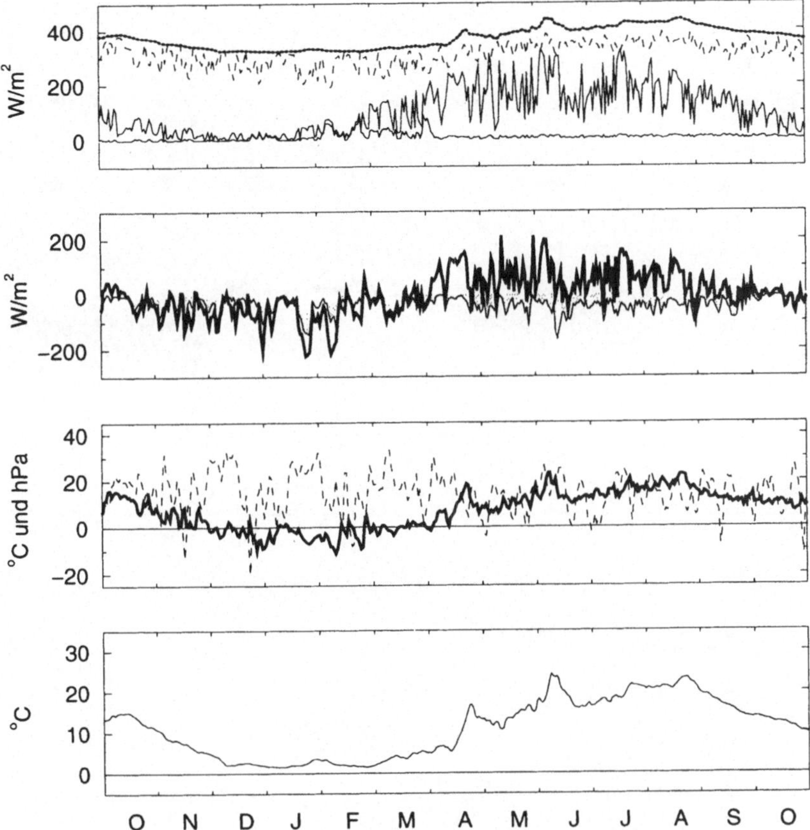

Abb. 3.4. Energieflüsse (in Watt pro Quadratmeter) an der Oberfläche eines Sees in Norddeutschland von Oktober 1995 bis Oktober 1996 (Tages-Mittelwerte). *1. Graphik*: solare, kurzwellige Einstrahlung (durchgezogene Linie), kurzwellige Reflexion (ausgefüllte Fläche), langwellige Einstrahlung der Atmosphäre (gestrichelt), langwellige thermische Ausstrahlung der Seeoberfläche (gepunktet, ganz oben). *2. Graphik*: aus der Änderung des Wärmeinhalts des Sees errechnete Bilanz aller Energieflüsse (dicke Linie); positive Werte sind als Gewinn für den See zu rechnen, negative Werte als Verlust. Die dünne Linie (graue Fläche) gibt die Differenz zwischen der Bilanz und den Strahlungstermen an, d.h. die Summe aus sensiblem Wärmefluß und Wärmefluß durch Verdunstung/Kondensation sowie Meßungenauigkeiten (Vorzeichen wie Bilanz). *3. Graphik*: Lufttemperatur (durchgezogene Linie), Luftdruck (gestrichelt, in hPa minus 1000 hPa). *4. Graphik*: Wassertemperatur in 70 cm Tiefe.

schen Einbrüchen der solaren Einstrahlung. Erst am 14. zieht dann die – auch am Boden mit einem deutlichen Temperatursprung sichtbare – Warmfront vorüber. Die Seeoberfläche und die untere Atmosphäre haben nun nahezu die gleiche Temperatur, damit sind die thermische Ein- und Ausstrahlung etwa gleich, und auch die Wärmeflüsse sind vernachlässigbar. Dadurch

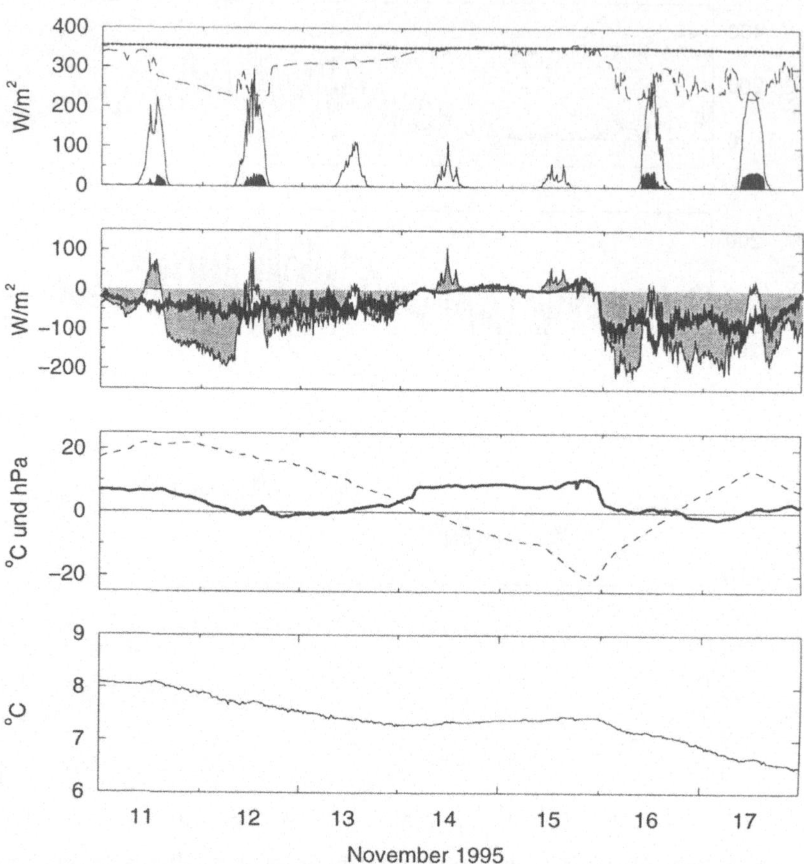

Abb. 3.5. Energieflüsse über eine Woche (in 10-Minuten-Mittelwerten) an der Ober-
fläche eines Sees in Norddeutschland, in Watt pro Quadratmeter. *1. Graphik*: solare,
kurzwellige Einstrahlung (durchgezogene Linie), kurzwellige Reflexion (ausgefüllte
Fläche), langwellige Einstrahlung der Atmosphäre (gestrichelt), langwellige thermische Ausstrahlung der Seeoberfläche (gepunktet, ganz oben). *2. Graphik*: aus der
Änderung des Wärmeinhalts des Sees errechnete Bilanz aller Energieflüsse (dicke
Linie); positive Werte sind als Gewinn für den See zu rechnen, negative Werte als
Verlust. Die dünne Linie (graue Fläche) gibt die Differenz zwischen der Bilanz und
den Strahlungstermen an, d.h. die Summe aus sensiblem Wärmefluß und Wärme-
fluß durch Verdunstung/Kondensation sowie Meßungenauigkeiten (Vorzeichen wie
Bilanz). *3. Graphik*: Lufttemperatur (durchgezogene Linie), Luftdruck (gestrichelt,
in hPa minus 1000 hPa). *4. Graphik*: Temperatur in der Deckschicht des Sees.

ändert sich die Temperatur im See bei den recht kleinen Energieflüssen kaum,
nimmt sogar (entgegen dem Jahresgang) leicht zu. Erst am 16. November –
nach dem Durchzug eines Tiefdruckgebietes – bringt Kaltluft wieder höhere
Abkühlungsraten, größere Unterschiede zwischen Tag und Nacht und stärkere
Fluktuationen.

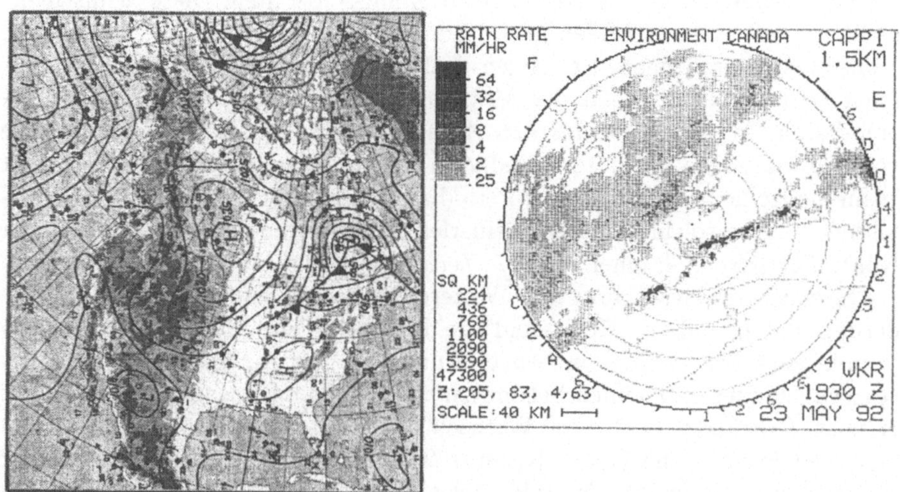

Abb. 3.6. Wetter in Nordamerika am 23. Mai 1992 *Links*: Wetterkarte mit Isobaren für Nordamerika, 12:00 UTC (aus dem Europäischen Wetterbericht 17, Band 144; Nachdruck mit Erlaubnis des Deutschen Wetterdienstes). *Rechts*: Bild des Wetterradars, wie es auf dem Radarschirm im Flughafentower von Toronto erscheint. Die Aufnahme von 19:30 des gleichen Tages zeigt den südlichen Teil von Ontario und Teile der USA, der Flughafen von Toronto liegt in der Bildmitte (Längenskala unten links: 40 km). Im unteren Viertel ist der Lake Erie, rechts von der Mitte der Lake Ontario angedeutet. Die Intensitätsskala der Regenrate (in mm/Stunde) ist links oben angegeben. Die schraffierten Gebiete sind Niederschlagsbänder: ein ausgedehntes, und im Südosten davon ein enger begrenztes, das aber höhere Niederschlagsintensitäten aufweist. (Das Bild wurde freundlicherweise von Paul Joe Atmospheric Environment Service Canada, zur Verfügung gestellt.)

Die klassische räumliche Darstellung des aktuellen Zustands der Atmosphäre (Wetterlage) sind Wetterkarten, auf denen als wichtigste Variable der Luftdruck, daneben Windmessungen und Fronten dargestellt sind. Solche Wetterkarten eignen sich zur Wiedergabe der bis zu einigen tausend Kilometern großen Tief- und Hochdruckgebiete (Abb. 3.6). In die großräumigen Strukturen, die in den Karten noch dargestellt werden könnnen, sind jedoch kleinere Strukturen wie Regenbänder eingebettet. Für manche Anwendungen, wie z.B. den Flugverkehr, ist die Kenntnis solcher Kleinstrukturen sehr wichtig. Diese können z.B. mittels Wetterradar erfaßt werden (rechte Seite in Abb. 3.6).

Wie sind solche Wetterentwicklungen nun zu verstehen? Noch weit ins 20. Jahrhundert hinein war die Vorstellung verbreitet, daß auch diese Wettererscheinungen von diversen periodischen Vorgängen gesteuert würden, und daß eine Entdeckung dieser Perioden eine langfristige Wettervorhersage erlauben würde. In Sir N. Shaws angesehenen „Manual of Meteorology" aus dem Jahre 1936 werden auf mehreren Seiten die verschiedensten Perioden aufgelistet, die alle zusammen den Wetterablauf beeinflussen sollten. Diese Wunschvorstellung, daß externe Zyklen grundsätzlich Reaktionen gleicher Periode im Klimasystem erzwingen, ist wissenschaftlich nicht mehr haltbar. Das Problem ist ein Mißverstehen der Mathematik des *Spektrums* einer Zeitreihe von Daten: In der *„harmonischen Analyse"* wird eine Zeitreihe als Summe von Schwingungen mit unterschiedlicher Periodendauer aufgegliedert. Selbst wenn die Reihe überhaupt keine Periodizitäten enthält, errechnet die harmonische Analyse solche, die aber keinerlei Signifikanz besitzen (und bei einer Kontrollanalyse über einen anderen Zeitraum auch nicht wieder auftauchen).

Die zeitliche Entwicklung von Wetterphänomenen wie Entwicklung, Wanderung und Zerfall von Hoch- und Tiefdruckgebilden unterscheidet sich nun grundlegend von der der extern erzwungenen Zyklen: Sie haben keine feste Zyklusdauer und keinen bekannten äußeren Antrieb, sondern sind *intern* erzeugt. Begründet liegt diese Wechselhaftigkeit in der Dynamik der planetarischen Frontalzone (vgl. Abschnitt 2.2), in der die Unbeständigkeit der Atmosphäre typisch ist. Die (als „normal" geltende) mittlere Verteilung ist tatsächlich gänzlich unnormal, denn die Wahrscheinlichkeit, jemals den mittleren Zustand im Einzelfall zu beobachten, ist vernachlässigbar gering, da alle variablen Phänomene wie Zyklonen und Fronten durch die Mittelung herausgefiltert sind.

Teilweise erklärten die Fernsehmeteorologen das Wetter bisweilen in der Art eines Kampfes, in dem gewisse Standardakteure, etwa das russische Hoch oder das Islandtief, sich aktiv militärisch mit Keilen und Fronten betätigten, und die ganze Umgebung nur eine passive Arena darstellte. Diese Darstellung ist zwar amüsant, aber sachlich unangemessen. Erklärungen von der Art „Das Hoch über Manitoba führt an seiner Vorderseite polare Kaltluft in den mittleren Westen" (Abb. 3.6) sind nur halb richtig: der Zusammenhang von Druckfeld und Temperaturverteilung ist wechselseitig, das Hochdruckgebiet seinerseits eine Folge der Temperaturgradienten und seiner Umgebung. Wir haben es dabei nicht mit Aktionen von Individuen zu tun, sondern mit sich entwickelnder Dynamik, die maßgeblich vom gesamten Umfeld geprägt ist.

Die in den mittleren Breiten dominierenden Hoch- und Tiefdruckgebiete sind daher nur im Zeitraum ihrer ungefähren Lebensdauer von einigen Tagen vorhersagbar. Die Wechselhaftigkeit ist dort besonders groß (und die Vorhersagbarkeit damit umso geringer), wo Instabilitäten auftreten, also v.a. in der planetarischen Frontalzone (Abschnitt 2.2). Über diese Zeiträume hinaus ist eine detaillierte Vorhersage prinzipiell unmöglich (Abschnitt 6.1). Aus diesem Grund werden solche Phänomene im Gegensatz zur deterministischen Variabilität als zufällige (oder stochastische) Klimavariabilität bezeichnet.

Für kleinere Gebilde wie Regenbänder oder Gewitterschauer gilt prinzipiell das gleiche: Ihre Vorhersage ist ebenfalls nur im Zeitrahmen ihrer Lebensdauer, wenige Stunden, möglich (vgl. Abb. 2.4). Auch eine Vorhersage für ozeanische Strömungen unterliegt, da sie den gleichen fluiddynamischen Gesetzen gehorcht, den gleichen Beschränkungen (vgl. Abb. 2.22).

Wir werden später noch illustrieren, daß diese Unmöglichkeit der Vorhersage von raum/zeitlichen Details durchaus nicht im Widerspruch steht zur Möglichkeit, Änderungen der Statistik von Wetterparametern, also des Klimas, vorherzusagen (Kapitel 6). Hier sind zeitliche Mittelwerte von besonderem Interesse, aber auch Schwankungsbreiten, also statistische Größen für die Verteilungen von Temperatur, Wind etc. und andere charakteristische Größen wie Korrelationen, Verweildauern und so weiter.

Da das Verständnis und die Vorausberechnung von Jahresgangeffekten keinerlei Probleme mehr aufwirft, werden meteorologische Zustände oft als „*Anomalie*" dargestellt. Damit wird die *Abweichung* des aktuellen Wetters vom langfristig gemittelten Jahresgang bezeichnet. Ein kühler Julitag hat demnach eine negative Temperatur-Anomalie, ein besonders regenreicher August eine positive Niederschlags-Anomalie. Dieser Fachausdruck entspricht auch dem Allgemeinverständnis von „Wetter": Die Bemerkung im Juli „Kalt heute !" bedeutet nicht $-10°C$.

3.3
Interannuale Klimaschwankungen

Schwankungen treten nicht nur auf Zeitskalen von Wochen und Monaten auf, sondern auch auf interannualen, interdekadischen und noch längeren Zeitskalen. Interannuale *Anomalien* existieren für mindestens ein Jahr aber höchstens einige Jahre. Interdekadische Schwankungen spielen sich über Jahrzehnte von Jahren ab.

3.3.1
ENSO-Phänomen

Das prominenteste Beispiel für solche interannuale Variabilität ist das *El-Niño - Southern Oscillation* Phänomen (*ENSO*). Diese Erscheinung ist von überragender Bedeutung für das Klima vieler tropischer und mancher subtropischer Länder, etwa für die Niederschlagsverteilungen in Nordaustralien, für die Westküste Südamerikas, für den Indischen Monsun und für Teile der südlichen USA. Es verdeutlicht überdies, daß bei Klimaphänomenen eine Betrachtung der Atmosphäre allein oft zu kurz greift.

Im Normalzustand treiben die Passatwinde aus Südosten eine westwärts gerichtete Strömung an der Meeresoberfläche an (Abb. 3.7a). Der Windschub bewirkt im Westen ein Ansammeln von warmem Oberflächenwasser, verbunden mit einer Absenkung der Thermokline, an der südamerikanischen Küste eine Anhebung der Thermokline mit dem damit einhergehenden Auftrieb von Tiefenwasser. Dieses Tiefenwasser ist relativ nährstoffreich, weshalb sich diese Auftriebszonen durch Plankton- und Fischreichtum auszeichnen. Verbunden mit den Ostwinden sind ein Hochdruckgebiet im Osten mit absinkender Luft und ein Tiefdruckgebiet bei Indonesien, mit Konvektion und hohen Nieder-

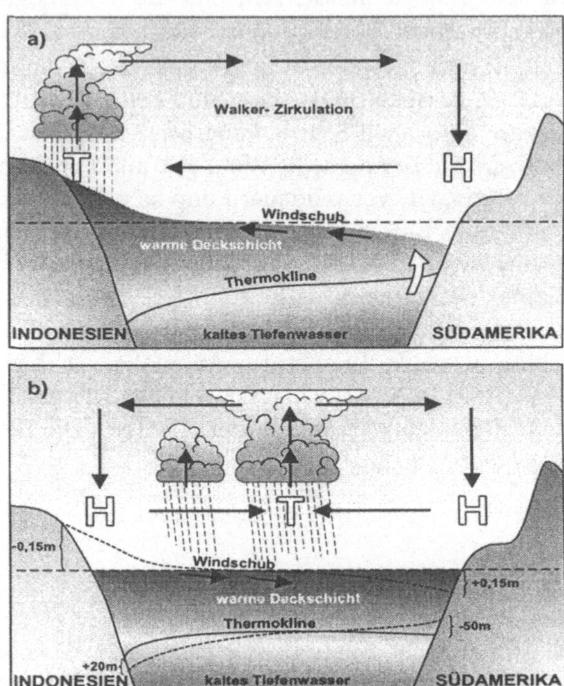

Abb. 3.7. Schema zum El-Niño-Phänomen. a) Normalzustand. b) El-Niño-Ereignis.
Die Darstellung ist nicht maßstabsgetreu und die Zahlenwerte sind grobe Schätzungen charakteristischer Werte. Das Schema sollte jedoch nicht überinterpretiert werden: Etwa in Südamerika gibt es durchaus noch Wolken und Niederschlag.

schlägen. Die Druckdifferenz zwischen Hoch- und Tiefdruckgebiet wird als
Maß für die mehr oder weniger starke Ausprägung der Zirkulation angesehen
(Southern Oscillation Index).

Etwa alle 2 – 10 Jahre tritt – meist im Nordsommer – eine niedrige Druckdifferenz mit schwachen Ostwinden auf. Durch den erniedrigten Windschub
kann das im Westen angestaute Deckschichtwasser über den Pazifik zurück-
schwappen. Etwa um die Weihnachtszeit (El Niño bezeichnet im Spanischen
das Christkind, und danach wird die so auftretende Situation auch benannt)
erreichen die warmen Wassermassen die südamerikanische Küste (Abb. 3.7b).
Hier macht sich nun eine deutliche Vertiefung der Thermokline bemerkbar,
welche den normalen Auftrieb von nährstoffreichem Tiefenwasser behindert.
Damit vermindert sich auch der Plankton- und Fischreichtum in diesen Gebieten; der Begriff „El Niño" ist in den betroffenen Gebieten eng mit den
negativen ökonomischen Konsequenzen in der Fischerei verknüpft. Auch in
der Atmosphäre verändert sich die Zirkulation: Konvektion mit starken Niederschlägen herrscht jetzt im Osten vor, während der Westen durch absin-
kende Luft mit erhöhtem Luftdruck und Trockenheit gekennzeichnet ist. Die

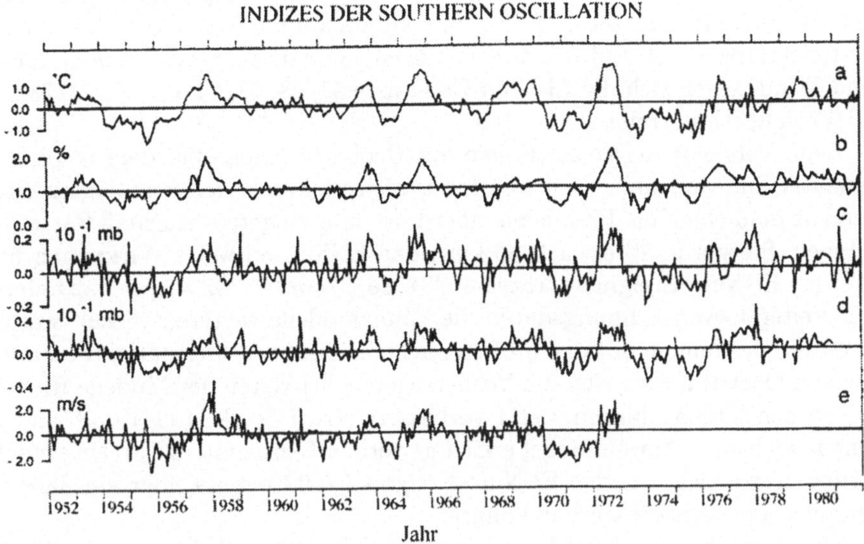

Abb. 3.8. Verschiedene, äquivalente Definitionen eines Index' der *Southern Oscillation* (nach Wright, 1985): a) Wasseroberflächentemperatur, gemittelt über einen Teil des zentralen und östlichen Äquatorialpazifik. b) Niederschlagsanomalien im Bereich des zentralen Pazifik. c) Monatlich gemittelte Anomalien des Luftdrucks in Darwin (Nordaustralien). d) Die Standarddefinition des Southern Oscillation Index, nämlich die Luftdruckdifferenz zwischen Darwin und Papeete (Tahiti). e) Anomalien des monatlich gemittelten Zonalwindes im zentralen Pazifik.

durch diese Druckverteilung entstehenden abgeschwächten Ostwinde (ggf. sogar Westwinde) verstärken den Warmwasserstau mit seinen Folgen vor der südamerikanischen Küste.

Wegen seiner Implikationen für den lokalen Fischfang an der südamerikanischen Küste ist das Teilphänomen *El Niño* seit Jahrhunderten bekannt. Lange Zeit wurde es als eine regionale ozeanographische Eigentümlichkeit angesehen. Anfang dieses Jahrhunderts wurden Meteorologen bei ihrem Versuch, Vorhersagemöglichkeiten für den indischen Monsun zu entwickeln, auf langsame gegenläufige, großräumige Druckveränderungen über dem tropischen Pazifik, etwa zwischen Djakarta in Indonesien und Santiago de Chile, aufmerksam. Dieses Teilphänomen, das schon 1897 von dem Schweden Hildebrandsson beschrieben worden ist, wurde „*Südliche Oszillation*" (*Southern Oscillation*) genannt. Ausführlicher beschrieben wurde es in den 1930er Jahren durch den Direktor des Indischen Wetterdienstes Sir Gilbert Walker, dessen Namen die atmosphärische Zirkulation nun trägt.

Erst in den 1960er Jahren erkannte u.a. der Norweger Jakob Bjerknes, daß El Niño und die Südliche Oszillation zwei Seiten der gleichen Medaille sind. Den Zusammenhängen zwischen dem ozeanischen El Niño und der atmosphärischen Südlichen Oszillation kam man durch Langfristbeobachtungen verschiedener Parameter im pazifischen Raum auf die Spur (Abb. 3.8). In den Aufzeichnungen von Luftdruck(differenzen), Ozeantemperatur, Niederschlag und Wind zeigen sich die El-Niño-Ereignisse 57/58, 63/64, 65/66, 72/73 und 76/77 deutlich korreliert.

Beim Vergleich dieser Zeitreihen mit Beobachtungen über dem tropischen Atlantik, im Monsunbereich und Innerasien und auch den gemäßigten Breiten hat man ebenfalls Parallelen, allerdings in geringerem Ausmaß feststellen können. So wurde ab etwa 1980 klar, daß ENSO weltweite Wirkungen hat. Weitere El-Niño-Ereignisse traten 80/81, 86/87 und 91/92 auf, so daß anhand der weiteren Aufzeichnungsdaten die Klimamodelle weiterentwickelt werden konnten. Zusammen mit den umfangreicheren Beobachtungsdaten (besonders für den Ozean) haben sich die Vorhersagemöglichkeiten der Modelle für EN-SO in den letzten Jahren stetig verbessert (Latif et al., 1994) und sind zu einem wichtigen Anwendungsbereich geworden (Abschnitt 6.5). Der aktuelle Erfolg zeigte sich, als das El-Niño-Ereignis 97/98 bereits über ein Jahr im voraus prognostiziert werden konnte.

Für die Jahr-zu-Jahr-Schwankungen kann eine einfache Ursache in der Regel nicht angegeben werden. Wie im obigen Erklärungsversuch für die ENSO-Erscheinung deutlich wird, kann nicht ein alleiniger Antriebsgrund – Windanomalien von Ost nach West – angegeben werden, denn diese hängen ihrerseits wieder von der Vertikalkonvektion, und damit von der Temperaturverteilung im oberen Ozean, ab. Die Zusammenhänge illustrieren, wie im Klimasystem geringe Unregelmäßigkeiten durch *positive Rückkopplungen* (feedbacks) zu großen Auswirkungen führen können.

3.3.2
Nordatlantische Oszillation

Neben der Südlichen Oszillation sind noch weitere großskalige Variationsformen im System Atmosphäre-Ozean gefunden worden, insbesondere die *Nordatlantische Oszillation (NAO)*, die großen Einfluß auf das europäische Klima hat. Sie wird üblicherweise charakterisiert durch die Luftdruckdifferenz zwischen den Azoren (oder auch Lissabon) und Island (NAO-Index). Ist diese Druckdifferenz größer als normal, dann ist der mittlere Westwind stärker, und mehr Stürme werden nach Europa geführt. Umgekehrt ist die Westwindzirkulation schwächer, wenn die Druckdifferenz kleiner als im Durchschnitt ist. Auch die Temperaturen in Europa werden hiervon beeinflußt. Mehr Westwind bedeutet für Europa stärkeren maritimen Einfluß, d.h. eher kühlere Bedingungen im Sommer, eher mildere Temperaturen im Winter; gleichzeitig treten strengere Winter in Grönland auf. Umgekehrt läßt ein kleinerer NAO-Index mit schwächeren Westwinden vermehrt kontinentale Luftmassen nach Mitteleuropa gelangen, heiße Sommer und frostige Winder sind die Folge, während Grönland mildere Winter erlebt. Erstmals beschrieben wurde dieses Phänomen durch den dänischen Missionar Hans E. Saabye in seinem Tage-

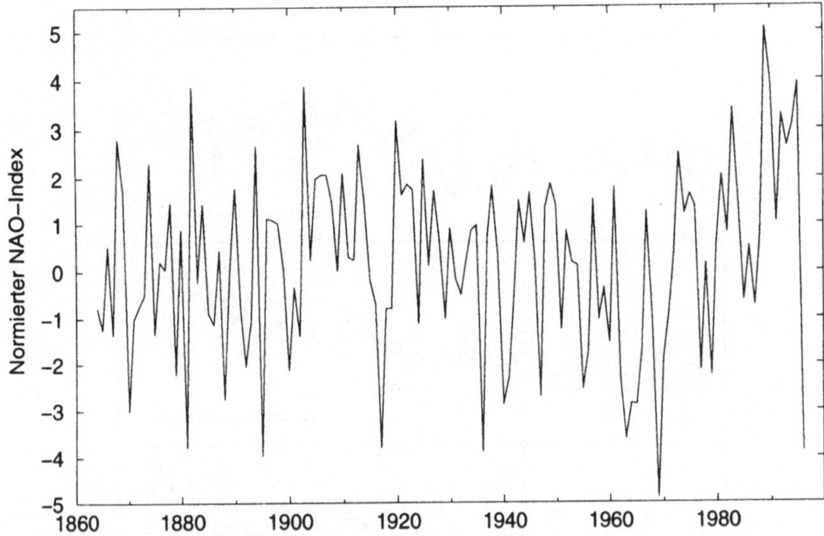

Abb. 3.9. Zeitliche Entwicklung des Nordatlantische Oszillations Index nach Hurrell (1995) gemittelt für die Wintermonate (Dezember – März). Der Index ist gegeben als die Differenz der normierten Luftdruckwerte in Lissabon (Portugal) und Stykkisholmur (Island). Die Normierung bedeutet, daß die Zahlen für beide Stationen jeweils durch die langjährige Standardabweichung (1864 bis 1983) der Luftdruckschwankungen geteilt sind.

buch der Jahre 1770 – 1778. Die zeitliche Entwicklung der Druckdifferenz ist jedoch, wie die Aufzeichnungen der Wintermonate in Abb. 3.9 zeigen, nicht so klar in Ereignisse einzuteilen wie es beim ENSO-Phänomen möglich war. Deshalb ist auch die eingebürgerte Bezeichnung „Oszillation" mit Vorsicht zu betrachten.

3.3.3
Temperaturentwicklung seit 1900

Betrachtet man die globale Mitteltemperatur des letzten Jahrhunderts (Abb. 3.10), so fallen vor allem die hohen Schwankungen von Jahr zu Jahr auf. Daneben erkennt man aber auch, besonders in der geglätteten Darstellung, längere Perioden, die deutlich wärmer (wie etwa in den 40er Jahren oder die letzten Jahre) oder kälter waren (Mitte der 70er Jahre, um etwa 1910). Solche Zeitreihen haben große Bedeutung zum einen für das Verständnis der natürlichen Schwankungsbreite, zum anderen für die Beurteilung des anthropogenen Einflusses auf das Klima (Kapitel 7).

Die Schwankungsbreite dieser Kurve von wenigen Zehntel Grad mag gering erscheinen, kann sich doch in Mitteleuropa die Temperatur innerhalb von einem Tag um mehr als 10°C ändern. Betrachtet man etwa die Temperaturaufzeichnungen von einzelnen Stationen, so findet man naturgemäß viel

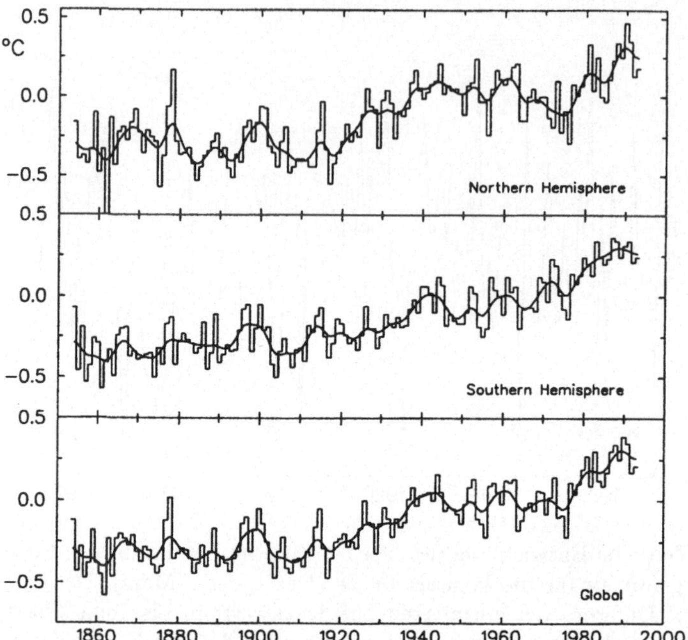

Abb. 3.10. Zeitliche Entwicklung der global gemittelten Temperatur der bodennahen Luft. Dargestellt sind jährliche Anomalien bezogen auf die Mittelungsperiode
1950 bis 1979 (eckige Kurve), sowie (mit einem 10-Jahres-Gauß-Filter) geglättete
Werte.

stärkere Signale: längere Phasen, die 2 – 3°C über/unter dem Mittel lagen,
und Temperaturänderungen mit Raten von mehreren Grad in 100 Jahren.
Abbildung 3.11 zeigt dramatische Erhöhungen der Lufttemperatur in Jakobshavn (Grönland) von durchschnittlich –17°C Ende des 19. Jahrhunderts
auf durchschnittlich –13°C Mitte des 20. Jahrhunderts. Dies entspricht einem
Anstieg von ungefähr 6°C in einem Jahrhundert. Parallel dazu beobachtete
man eine deutliche Temperaturabnahme in Oslo von ca. 4.5°C vor der Jahr-
hundertwende auf 3°C in den 20er Jahren. Die beiden gegenläufigen Signale
sind Ausdruck der Nordatlantischen Oszillation (Abschnitt 3.3.2).

3.3.4
Die Frage der Sonnenflecken

Ein noch nicht zu Ende diskutiertes Thema ist der Zyklus der *Sonnenflecken,*
die bereits seit mehr als 300 Jahren beobachtet und aufgezeichnet werden.
Die Häufung dieser Flecken schwankt mit einer Periode von 7 bis 17 Jahren, im Mittel 11 Jahren, die wiederum von einer langfristigen Variation auf
der Zeitskala von mehreren Jahrzehnten moduliert ist. Immer wieder wurden Zeitreihen von klimatischen Größen präsentiert, in denen sich Parallelen

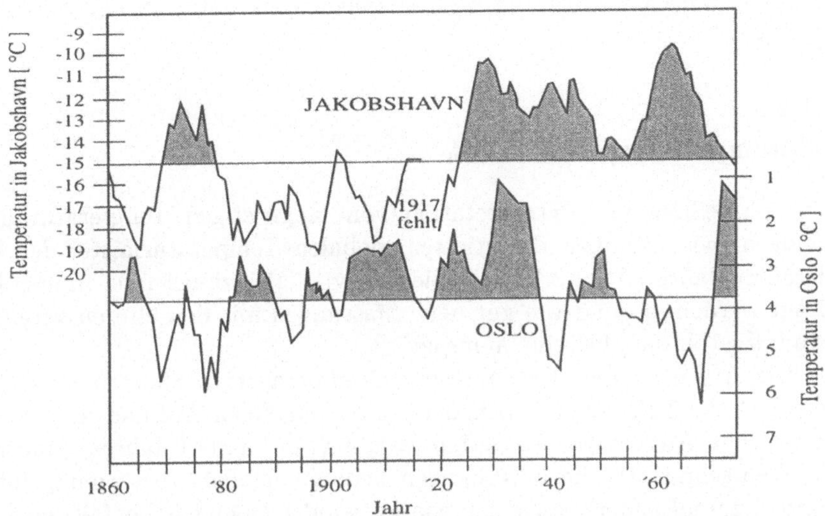

Abb. 3.11. Zeitliche Entwicklung der Lufttemperatur an den Stationen Jakobshavn (Grönland) und Oslo. Man beachte, daß die Skala für Oslo (rechte Achse) absteigend ist. Die horizontalen Linien geben die langjährigen Mittelwerte an. (Von van Loon und Rogers, 1978)

zur Abfolge der Sonnenfleckenaktivität zeigten. Solche Befunde wurden dann als Beleg für die externe Determinierung von Klima (und Wetter) durch die *Sonnenaktivität* bewertet. Allerdings zeigte sich oft, daß die Parallelen zwischen Fleckenhäufigkeit und klimatischen Parametern bei Fortschreibung der Messungen – durch Abwarten der weiteren Entwicklung – nicht bestätigt werden konnten. Insofern galt Forschung zur Beziehung von Sonnenaktivität und Klimaschwankungen seit den 1950er Jahren bis in die 1980er Jahre als diskreditiert.

Mit der Möglichkeit, den solaren Strahlungsfluß von Satelliten aus direkt zu messen, konnte belegt werden, daß die Strahlungsintensität der Sonne tatsächlich mit der Fleckenhäufigkeit in Verbindung steht; allerdings liegen die Intensitätsschwankungen nur bei etwa 0,1% der Leistung der Sonne während eines 11-jährigen Sonnenfleckenzyklus. Damit rückten sie als Erklärung für merkbare Klimabeeinflussung in den Hintergrund, und die frühere Überbetonung wich starker Skepsis.

In neuerer Zeit wurden jedoch weitere Messungen z.B. an Eisbohrkernen von Gebirgsgletschern, Untersuchungen der Meeresoberflächentemperaturen im Pazifik und Analysen der stratosphärischen Winde gemacht, die den elfjährigen Zyklus und seine Modulation widerspiegeln und dem Test neuer, unabhängiger Daten standzuhalten scheinen. Eine Beeinflussung des Klimas durch diesen solaren Zyklus wird deshalb wieder diskutiert. Allerdings existiert noch keine gesicherte Erklärung für einen positiven Rückkopplungsmechanismus, der die minimalen Fluktuationen der Einstrahlung genügend verstärkt.

3.4
Homogenitätsproblematik

Die Erstellung und Interpretation von langfristigen Temperaturaufzeichnungen, wie die oben diskutierten globalen Temperaturmittel der letzten hundert Jahre (Abb. 3.10), ist nicht trivial. Prinzipiell muß immer hinterfragt werden, ob und wie gut neue Messungen mit den älteren vergleichbar sind, d.h. ob die Meßreihe *homogen* ist.

Die Aufzeichnung der Jahresmitteltemperatur in Sherbrooke (Kanada) etwa (Abb. 3.12) zeigt neben dem unregelmäßigen Auf-und-Ab einen sehr deutlichen Anstieg von immerhin etwa 4°C in hundert Jahren. Man könnte dies vorschnell als die anthropogen bedingte globale Erwärmung interpretieren, zumal andere Stationen wie Paris oder Bologna ebenfalls eine solche Temperaturzunahme zeigen. Daß dies ein Trugschluß ist, zeigt der Vergleich mit dem nur 145 Kilometer entfernten Shawinigan. Dessen Temperaturverlauf ist anfangs nahezu identisch, zeigt dann aber nur einen kaum sichtbaren Anstieg.

Die Ursache für die Divergenz ist einfach zu finden: Shawinigan ist ein ländlicher Ort, Sherbrooke dagegen ist als Stadt in den letzten Jahrzehnten deutlich gewachsen. Die ausgeweitete versiegelte Fläche und die Struktur der höheren Häuser reduzieren Wind, Verdunstung und kurzwellige Rückstrahlung und erzeugen mit der zusätzlichen Heizungsabwärme die typischen städtischen Wärmeinseln (*„urban warming"*). Aber auch beim Niederschlag macht sich dieses Stadtklima bemerkbar: Durch die höheren bodennahen Temperaturen wird lokal Konvektion gefördert. So treten beispielsweise im Zentrum von Hamburg Starkregen nahezu doppelt so häufig auf wie im Umland.

Hier liegt eines der methodischen Probleme bei der Bestimmung der globalen Erwärmung: Früher wurde die Temperatur zumeist in den Bevölkerungszentren gemessen, so daß fast alle frühen Temperaturmessungen vom Effekt der städtischen Wärmeinseln betroffen sind. Für die Berechnung von großräumigen Mittelwerten muß man sich dann entweder ganz auf ländliche Stationen, wie Shawinigan, beschränken, wie es für die Konstruktion der hemisphärischen Mittelwerte in Abb. 3.10 gemacht wurde. Oder aber man muß versuchen, die städtischen Reihen zu korrigieren. Dabei leisten parallele Stationen wie Shawinigan und Sherbrooke gute Dienste. Anhand solcher Messungen wurden für Stadtregionen Temperaturabschläge berechnet (im Fall von Sherbrooke etwa 2 °C in den 80er Jahren), die mit der Bevölkerungszahl oder der geschätzten versiegelten Fläche korreliert sind. Mit solchen Ansätzen können dann auch Stationen korrigiert werden, in deren Umgebung keine ländliche Parallele existiert.

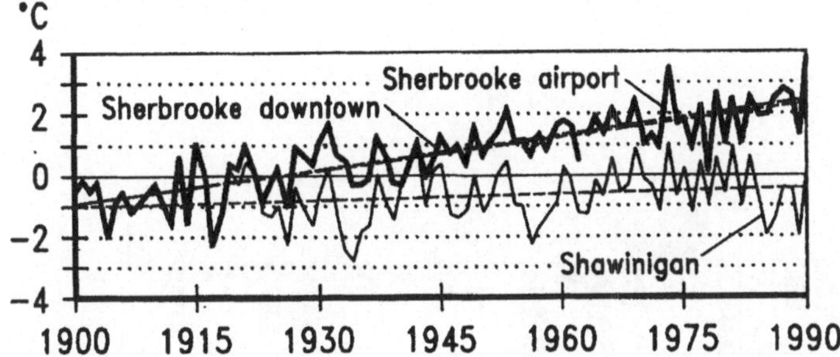

Abb. 3.12. Lufttemperaturen an den zwei benachbarten Orten Sherbrooke und Shawinigan in Kanada (Jahresmittel des Tagesminimums der Temperatur). (Von von Storch und Zwiers, 1999)

Solche Probleme der *Inhomogenität* von klimabezogenen Daten finden sich sehr häufig in der Klimaforschung, und nicht immer sind Parallelen zur Kontrolle zu finden. Oft hat man es auch nicht mit kontinuierlichen Trends zu tun, sondern mit Brüchen. Ein erster Grund hierfür kann eine veränderte Geräteexposition sein, wenn etwa ein Regensammler oder Windmesser versetzt wurde, oder wenn neben Meßgeräten langsam Bäume, Büsche oder Gebäude in die Höhe wachsen – oder beseitigt werden. Zweitens können die Ablesezeitpunkte verändert worden sein, wenn inzwischen viermal anstatt nur einmal täglich abglesen wird. Und drittens kann der Einsatz von neuen Meßgeräten und -verfahren zu Inhomogenitäten führen. Auch modernste Technik ist nicht gefeit vor solchen Problemen. So können langsame Veränderugen von Satellitenbahnen zu langsamen Inhomogenitäten führen und der Ersatz eines alten durch einen neuen Satelliten zu abrupten Inhomogenitäten.

Wegen dieser – oft auch versteckten – Inhomogenitäten ist es meist schwieriger, die längerfristige Variabilität in Atmosphäre und Ozean, vor allem aber in den anderen Komponenten des Klimasystems abzuschätzen, wie etwa in Stoffkreisläufen oder der Bio- und Kryosphäre. Der Grund hierfür ist, daß die Messung von klassischen Größen aus dem Bereich der traditionellen Meteorologie, wie Temperatur, Niederschlag und Luftdruck inzwischen sehr gut standardisiert sind, so daß eine weltweite Vergleichbarkeit der *gegenwärtigen* Messungen gewährleistet ist. Dies gilt für chemische und biologische Daten zur Beschreibung von Speicherung und Umsätzen im Kohlenstoffkreislauf nur eingeschränkt.

3.5
Historische Klimavariationen

Für die Beschreibung von Klimaschwankungen vor 1900 gibt es nur in Ausnahmefällen gute instrumentelle Daten. Ansonsten bieten sich andere histori-

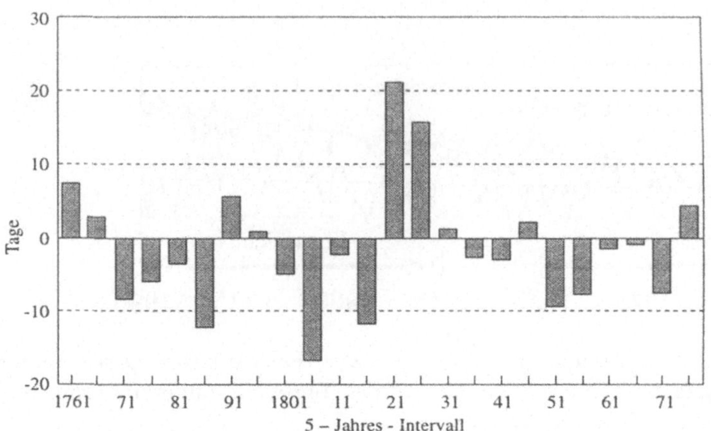

Abb. 3.13.   5-jährige Anomalien (= Abweichung der 5-jährigen Mittel vom langjährigen Mittel 1816 bis 1880) der Zahl der eisfreien Tage auf dem Fluß Newa in St. Petersburg von 1761 bis 1880. (Nach Brückner, 1890)

sche Aufzeichnungen als nützliche Klimaindikatoren an, wie z.B. die Erträge von Weinernten oder die Anzahl eisfreier Tage von Seen und Flüssen. Solche indirekten Klimaindikatoren werden oft auch als „Proxidaten" bezeichnet.

Als Beispiel dient Abb. 3.13, die die jeweils über 5 Jahre gemittelte jährliche Anzahl der eisfreien Tage der Newa bei St. Petersburg im Zeitraum von 1761 bis 1880 zeigt. Wieder sind deutliche Variationen zu erkennen, die größerskalige Klimaanomalien andeuten, für deren Details es seinerseits aber keine Begründung gibt. Die Reihe kann für Klimazwecke nicht sinnvoll bis heute fortgesetzt werden, weil sie nicht mehr *homogen* wäre. Wasserbauliche Eingriffe in das Flußregime und andere menschliche Eingriffe haben ihre Spuren in der Größe „Anzahl der eisfreien Tage auf der Newa in St. Petersburg" hinterlassen, so daß klimatisch bedingte Änderungen nicht von anderen anthropogenen Effekten unterschieden werden können.

Geht man noch weiter zurück, so fällt der Zeitraum von 1550 bis 1700 als deutlich kältere Periode auf, mit etwa 1,5°C bis 2°C kälteren Temperaturen in Mitteleuropa und ausgedehnteren Gletschern. Instrumentelle Daten fehlen hier, das Bild dieser Periode kann man sich aber wie ein Mosaik zusammensetzen aus überlieferten Berichten von Ernten, Gemälden, die die Ausdehnung von Gletschern wiedergeben, oder ähnlichen Zeugnissen. Da Gletscher nur träge reagieren, kann eine merkliche Ausdehnung oder Schrumpfung nur mit längerfristigen Änderungen des Temperatur- und Niederschlagsregimes erklärt werden. Den besonders an den Eismassen dokumentierten Veränderungen verdankt dieser Zeitraum seinen nachträglichen Beinamen „Kleine Eiszeit", wenngleich die Bedingungen weit von Zuständen der Glaziale entfernt waren. Interessanterweise wurden in der besonders kalten Zeit zu Ende des 17. Jahrhunderts deutlich weniger Sonnenflecken beobachtet (Maunder Minimum), aber auch hier ist man von einem gesicherten Zusammenhang noch entfernt.

Für weiter zurückliegende Zeiträume kann man z.B. Berichte über die Verbreitung von Kulturpflanzen oder Aufzeichnungen über den Blühbeginn bestimmter Pflanzen als weitere Proxidaten benutzen, um das historische Klimamosaik zu ergänzen. Allerdings hängt die Verteilung von Kulturpflanzen auch von der kulturellen Entwicklung der Völker ab, und diese muß daher bei der Interpretation als Klimaindikator berücksichtigt werden.

3.6
Paläoklimatologie

3.6.1
Vereisungen

Nicht nur den Historikern verdankt die Klimatologie wertvolle Informationen. Unser Wissen über das Repertoire der Klimaschwankungen wäre sehr unvollständig, wären nicht aus der Geologie so markante Ereignisse wie die Eiszeiten bekannt. Tatsächlich erscheinen die letzten 2000 Jahre klimatisch bemerkenswert stabil, verglichen mit den Variationen davor.

In den letzten 2 Millionen Jahren, dem Pleistozän, sind mindestens sechs *Kaltzeiten* (*Glaziale*) nachgewiesen (Tabelle 3.1), vermutlich waren es mehr. Der Begriff *Eiszeit* wird uneinheitlich gebraucht, z.T. für einzelne Glaziale, z.T. für das gesamte Pleistozän mit den Wechseln von Kalt- und Warmzeiten (Interglazialen).

In den Kaltphasen bedeckten große *Eisschilde* vor allem Nordeuropa, das Alpenumland und Nordamerika, daneben auch südliche Gebiete von Australien und Neuseeland, Südamerika und Südafrika. Kerngebiete für die Bildung großer Gletscher bildeten mehrheitlich Gebirge, in denen orographisch bedingt viel Niederschlag fällt, und dieser aufgrund der Kälte als Eis festgelegt wird. Sibirien war weitgehend eisfrei, da dort zu wenig Schnee fiel.

In Mitteleuropa herrschte um die 500 bis 1200 Meter dicken Gletscher herum bei im Mittel 7°C bis 10°C tieferen Temperaturen Tundrenklima, die Klimazonen waren zum Äquator hin gedrängt. Aufgrund der Wassermasse von 84 Millionen Kubikkilometern, die in den Eisschilden gebunden war (gegenüber 32 Mio. km^3 heute), davon 13 Mio. km^3 im eurasischen und 33 Mio. km^3 im nordamerikanischen Schild, lag der Meeresspiegel bis zu 120 Meter niedriger. Die Nordsee war weitgehend von Gletschern bedeckt und sonst zum Teil trocken und teilweise von einem durch die Gletscher aufgestauten Süßwasser-See bedeckt. Im Mittelmeerraum wuchs borealer Nadelwald und Mischwald, in heutigen Trockenzonen wie der Sahara fiel mehr Niederschlag, die Wüstenzonen waren eingeengt.

Tabelle 3.1. Übersicht über die Kalt- und Warmzeiten der letzten 500000 Jahre mit ihren Bezeichnungen in Europa und Nordamerika.

Jahre vor heute	warm/ kalt	Bezeichnung Alpen	Bezeichnung Nordeuropa	Bezeichnung Nordamerika
	warm	Holozän	Holozän	
12000				
	kalt	Würm	Weichsel	Wisconsin
75000				
	warm		Eem	Sangamon
125000				
	kalt	Riß	Warthe/Saale/Drenthe	Illinoian
175000				
	warm		Holstein	Yarmouth
225000				
	kalt	Mindel	Elster	Kansan
280000				
	warm		Cromer	Aftonian
320000				
	kalt	Günz	Menap	Nebrascan
390000				
	warm		Waal	
420000				
	kalt	Donau	Eburon	
470000				
	warm		Tegelen	
510000				

3.6.2
Klimarekonstruktion der Kalt- und Warmzeiten

Wie sieht nun die *Informationsbasis* aus, auf die sich unser Wissen über solch weit zurückliegende Bedingungen stützt? Die wissenschaftliche Akzeptanz der Eiszeiten ist erst etwa 150 Jahre alt. Sie stützte sich zu Beginn auf geomorphologische Formationen, als der Geologe Agassiz 1837 der Fachwelt im Schweizer Jura demonstrierte, daß dortige Ablagerungen wie große Moränen mit bunt gemischtem Geschiebe-Material und Abschürfungen an Felsen nicht mit großen Flutwellen erklärt werden können. Akzeptiert wurde die Theorie, als man bei der Erkundung Grönlands sah, daß solch enorme Eismassen wie die postulierten, tatsächlich auch heute noch existieren. Unterstützt wurden die geomorphologischen Befunde durch Pollenanalysen, mit Hilfe derer man die Vegetationsentwicklung, z.B. die Rückkehr der Wälder nach der letzten Eiszeit, rekonstruieren konnte.

Einen weiteren Hinweis lieferten *Sedimentproben* aus der Tiefsee. Dort herrschen Sedimentationsraten von ca. 1 mm in 100 Jahren; damit kann das Material eines 10 m langen Sedimentbohrkernen etwa eine Million Jahre abdecken. Solche Sedimente bestehen z.T. aus Kalkschalen von Algen, die nach ihrem Absterben aus der ozeanischen Deckschicht relativ schnell absinken („schnell" verglichen mit den hier zur Diskussion stehenden Zeiträumen, vgl. Abschnitt 2.4). Diese lange stabilen Schalenreste dokumentieren somit Schicht für Schicht die Umweltbedingungen im oberen Ozean. Damit liefern die Tiefseesedimente an sich schon Information: Anhand der artspezifischen Bauweise (Morphologie) kann man die Artenzusammensetzung der Algengemeinschaft rekonstruieren. Dies erlaubt, da die verschiedenen Algenarten unterschiedliche Temperaturoptima haben, Rückschlüsse über die jeweils herrschenden Bedingungen zu ziehen (*Klimarekonstruktion*).

Eine zweite aufschlußreiche Informationsquelle sind *Isotopenanalysen* der Sedimentschichten. Dazu macht man sich die Tatsache zunutze, daß die Sauerstoff- und Wasserstoffatome des Wassers aus unterschiedlichen Isotopen bestehen können. Die Wassermoleküle des Ozeans enthalten vor allem die häufigen Atome ^{16}O und ^{1}H, wobei die hochgestellten Zahlen die Massenzahl kennzeichnen. Die „regulären" H_2O-Moleküle sind somit als $^{1}H^{1}H^{16}O$ aufgebaut. Daneben kommen aber auch die schwereren, stabilen (also nicht radioaktiv zerfallenden) Isotope ^{18}O und ^{2}H (Deuterium) vor. So kommen auf eine Million „reguläre" H_2O-Moleküle etwa 2000 vom Typ $^{1}H^{1}H^{18}O$ und 320 von $^{2}H^{1}H^{16}O$. Diese schwereren Moleküle diffundieren geringfügig langsamer als die leichteren $^{1}H^{1}H^{16}O$ Moleküle vom Ozean in die Luft und sind deshalb im atmosphärischen Wasserdampf prozentual etwas geringer vertreten als im Ozeanwasser. Wie stark diese Abweichung ist, hängt unter anderem von der Temperatur ab. Ganz allgemein finden diese isotopischen *Fraktionierungsprozesse* bei allen Phasenübergängen (gasförmig ↔ flüssig ↔ fest) statt. Die gegenüber dem Meerwasser etwas geringere Konzentration an den isotopisch schwereren Molekülen im atmosphärischen Wasserdampf wirkt sich auch auf den *Niederschlag* aus. Dort werden zwar wieder die schwereren Moleküle angereichert, aber da der Effekt nur relativ ist, nicht so stark wie im Ozean. Schließlich zeigt sich dieses Signal auch im Eis der Gletscher.

Ist nun während der Eiszeiten eine größere Menge Süßwasser – das wegen seiner atmosphärischen Herkunft verhältnismäßig mehr leichte als schwere Moleküle enthält – in den Eisschilden festgehalten, so ist der Anteil schwererer Isotope im Ozean erhöht. Das solchermaßen veränderte *Isotopenverhältnis* des Ozeanwassers bildet sich in den *Kalkschalen* der Foraminiferen ab und wird anschließend in den Sedimentschichten des Ozeans archiviert (vergleiche hierzu die Gleichungen 2.1 und 2.2, über die ^{18}O aus Wassermolekülen in $CaC^{18}OOO$ eingebaut wird). An *Sedimentkernen* läßt sich daher der Verlauf des ozeanischen Isotopenverhältnisses in der Vergangenheit ablesen und wird als Maß für das Volumen der globalen Eismassen angesehen.

Eine zusätzliche Komplikation ergibt sich, da bei der Bildung der festen Kalkschalen ebenfalls eine temperaturabhängige Fraktionierung stattfindet.

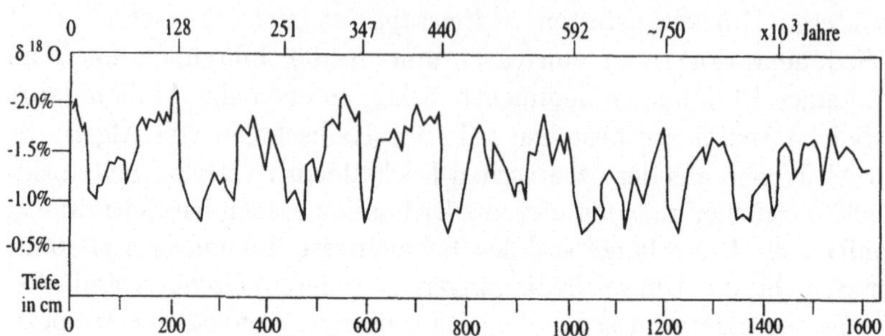

Abb. 3.14. Verlauf des Isotopenverhältnisses von ^{18}O ausgedrückt als Anteil zum
normalen ^{16}O in Promille über die letzte Million Jahre (heute entspricht 0 am
linken Rand) aus den oberen 16 m eines Tiefseesediments im tropischen Pazifik.
Weniger negative Werte entsprechen der Sedimentation von mehr schweren Isotopen
und damit größerem Eisvolumen. (In Anlehnung an Shackleton und Opdyke, 1976,
Berger, 1988)

Das *Isotopensignal* in einem Sedimentkern enthält daher sowohl Information
über die globale Eismasse als auch die lokale Ozeantemperatur. Kennt man
den globalen Beitrag der Eismassen, dann läßt sich aus der Isotopenmessung
am Sedimentkern die lokale Wassertemperatur ermitteln. Durch spezifisches
„Herauspflücken" der Kalkschalen von Foraminiferenarten, die nur an der
Oberfläche oder nur am Meeresboden leben, läßt sich auf diese Weise sogar
die vertikale Temperaturverteilung in der Vergangenheit abschätzen.

Es bleibt aber noch die Schwierigkeit der *Altersbestimmung* der Schichten:
Nur in den seltensten Fällen kann man die jährlich gebildeten Sedimentschichten abzählen. Normalerweise versucht man mit Messungen von radioaktiven
Spurenstoffen wie Thorium und Radiokarbon (^{14}C), welche nach der Ablagerung mit genau bekannten Zeitkonstanten zerfallen, das Alter einzelner Ho-
rizonte im Sedimentkern zu bestimmen. Zwischen den datierten Horizonten
wird dann angenommen, daß konstante Sedimentationsraten vorherrschten.
Hilfreich sind weitere Messungen, wie etwa der Richtung des Magnetfeldes,
welches sich aus eisenhaltigen Mineralien rekonstruieren läßt. Von großem
Wert war deshalb die Messung der letzten Umpolung des Erdmagnetfeldes
vor 700 000 Jahren. Abb. 3.14 zeigt eine ^{18}O-Zeitserie aus einer Tiefseeprobe
für die letzten 900 000 Jahre. Gut zu erkennen ist jeweils das Ende der letzten
Eiszeiten vor 12 000, 130 000, 230 000, 350 000 und 440 000 Jahren.
    Eine solche Meßreihe würde für sich allein genommen mehr Fragen aufwer-
fen als beantworten. Allgemein ist unklar, welche räumliche und zeitliche Dimension das Signal eines einzelnen Bohrkernes umfaßt. Mit der Möglichkeit,
weit entfernte Proben über das global geltende Datum der letzten Magnet-
feldumkehrung einzuordnen, fand man jedoch gute Übereinstimmung mit verschiedenen Sedimentproben aus dem Atlantik, dem Pazifik und der Karibik in
wesentlichen Merkmalen. Außerdem passen diese Meßreihen ins Mosaik der
anderen Befunde, erweitern dieses Bild aber beachtlich mit der detaillierten

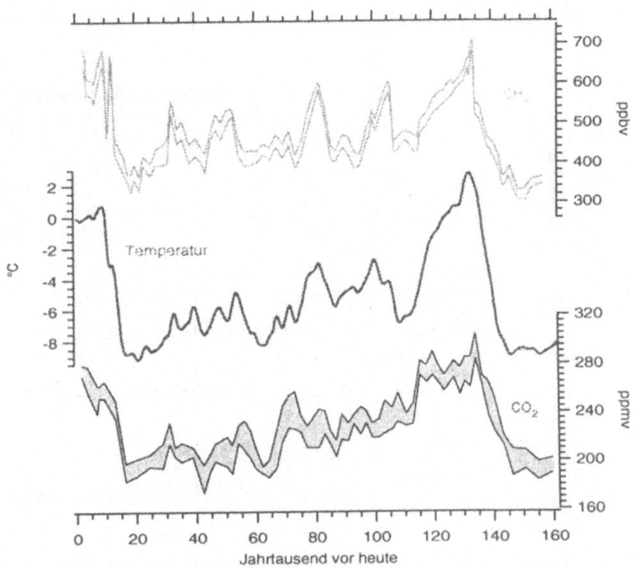

Abb. 3.15. Rekonstruierte Zeitreihen für Temperatur, Kohlendioxid- und Methankonzentration über die letzten 160 000 Jahre aus dem Vostok-Eisbohrkern (Antarktis). Man beachte dabei, daß nicht das Isotopenverhältnis sondern bereits eine
Temperaturkurve gezeigt ist.

Information über den zeitlichen Verlauf.

Ein ähnlicher Versuch der Isotopenanalyse wurde mit einer anderen Art
von „Sediment" unternommen, nämlich mit Bohrproben aus dem zentralen
Inlandeis von Grönland und der Antarktis (Abb. 3.15, die ^{18}O-Werte sind
hier schon in Temperatur umgerechnet). Bemerkenswert an solchen Meßreihen über das letzte Glazial ist erst einmal, daß diese Kurve im Vergleich mit
den Isotopenaufzeichnungen im Tiefseesediment (Abb. 3.14) einen umgekehr-
ten Velauf zeigt. Dies bestätigt jedoch die Interpretation der Isotopenwerte,
denn dieser zufolge muß das leichtere Wasser des Eises komplementär zum
schwereren Wasser des Ozeans sein.

An den *Eisbohrkernproben* wurden außerdem winzige Luftbläschen auf ihre
Gaszusammensetzung hin untersucht. Bei Gasen wie Methan und Kohlendioxid funktioniert dies inzwischen auch mit minimalen Mengen, so daß man
hierfür auch einen detaillierten Zeitverlauf ausmessen konnte. Die Ergebnisse (Abb. 3.15) zeigen einen deutlichen Zusammenhang: tiefe Temperaturen
korrespondieren mit gut einem Drittel niedrigeren Gehalten an Kohlendioxid
und Methan – beides sind Treibhausgase. Dieser Befund verdeutlicht die enge Kopplung des Kohlenstoffkreislaufs an das physikalische Klimasystem. Die
Ursachen der Konzentrationsabsenkung dieser Gase während der Kaltzeiten
sind jedoch noch umstritten. Unklar ist noch, ob diese Konzentrationsabsenkung (Mit-)Ursache oder Wirkung war, oder beides zugleich als gegensei-

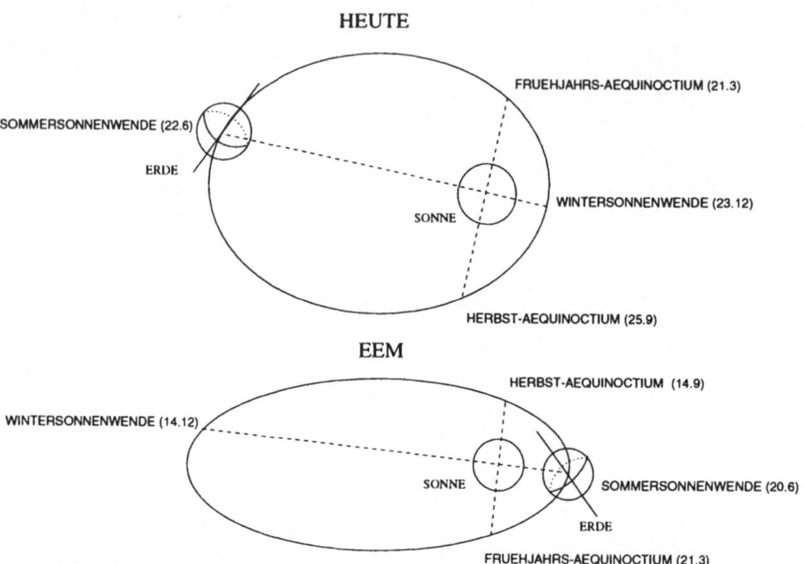

Abb. 3.16. Orbitale Konstellationen von Sonne und Erde in der Gegenwart und während des letzten Interglazials (Eem) vor ca. 125 000 Jahren. Die Exzentrizität der Erdbahn ist aus Illustrationsgründen übermäßig stark dargestellt, in der Realität weicht die Ellipsenbahn nur geringfügig von einem Kreis ab. (Von Montoya et al., 1998b)

tiger Verstärkungsmechanismus. Jedenfalls war auch die CO_2Konzentration während der letzten 10 000 Jahre bis vor der industriellen Revolution bemerkenswert konstant. Erst etwa seit 1800 ist sie durch das Verbrennen von fossilen Energiequellen (Kohle, Öl, Erdgas), aber auch durch die Brandrodungen in den Tropen um mehr als 25% angestiegen. Dieser enge Zusammenhang zwischen Temperatur und Kohlendioxid wird als *paläoklimatisches Analogon* herangezogen, um die Folgen des Anstieges an Treibhausgasen zu quantifizieren.

3.6.3
Milanković-Theorie

Von einer gesicherten Erklärung der Glaziale und Interglaziale ist man noch entfernt. Man geht heute jedoch von einer komplexen Interaktion zwischen externem Antrieb und interner Dynamik aus. Das Hauptindiz für die externe Mitbestimmung ist die Periode von etwa 100 000 Jahren, mit der Glaziale auftreten (Abb. 3.14).

Die Rotation der Erde und ihre Ellipsenbahn um die Sonne sind nur annähernd konstant. Zum ersten ähnelt die Ellipsenbahn manchmal mehr einem Kreis, manchmal mehr einer Ellipse. Diese Exzentrizitätsänderung von etwa 5% oszilliert mit einer Periode von etwa 100 000 Jahren. Durch diese Bahnvariation wird auch die Jahressumme des solaren Energieflusses auf der Erde modifiziert. Zweitens ist die Neigung der Erdachse von derzeit 23,5° (Neigung der Äquatorebene gegenüber der Bahn der Erde um die Sonne) nicht konstant. Sie variiert zwischen etwa 21,5° und knapp 24° mit einer Periodendauer von ungefähr 40 000 Jahren. Sie beeinflußt allerdings nicht die Jahressumme der Einstrahlung, sondern nur ihre saisonale Verteilung. Drittens schließlich fällt der sonnennächste Punkt der Ellipsenbahn nicht immer in die gleiche Jahreszeit, die Anziehungskräfte von Sonne und Mond sowie den anderen Planeten verursachen eine Bewegung mit Perioden von im wesentlichen ca. 23 000 Jahren und 19 000 Jahren. Auch diese wirken sich nur auf die Saisonaliät der Einstrahlung aus. Eine schematische Momentaufnahme ist in Abb. 3.16 mit der Konstellation während des letzten Interglazials (Eem) vor etwa 125 000 Jahren im Vergleich mit der heutigen gezeigt. Eine detailliertere Darstellung findet sich z.B. bei Crowley und North (1991).

Der Schotte James Croll formulierte im 19. Jahrhundert die Hypothese, daß diese *astronomischen Strahlungsschwankungen* einen Effekt auf das Klima haben. Vervollkommnet und quantifiziert wurde diese Theorie um 1920 durch den Serben Milutin Milanković. Tatsächlich kann man diese Perioden in den Isotopenzeitreihen ebenfalls sehen. Berechnet man jedoch aus den astronomischen Variationen die auf die Erde eingestrahlte Energie, so stimmen diese Zeitreihen mit den abgeschätzten Eisvolumina nicht eng überein: die Variationen im Eisvolumen sind deutlich größer als die Strahlungsänderungen erwarten lassen. Auch treten in den Klimagrößen schnelle Änderungen auf: Die Eismasse wächst nach der Isotopenaufzeichnung langsam an, der Abtauvorgang geht aber, einmal in Gang gesetzt, schnell vonstatten. Solche schnellen Vorgänge, wie etwa der Übergang von der letzten Eiszeit zur heutigen Warmzeit, sind in den astronomischen Variationen nicht zu finden.

Zu den möglichen Gründen hierfür zählt zum Beispiel die Dynamik des Festlandeises mit seinen langen Reaktionszeiten und der starken Auswirkung auf die terrestrische Albedo: Das Rückstreuvermögen eines kilometerdicken Eisschildes unterscheidet sich nur wenig von einer nur einige Dezimeter dicken Eisschicht. Erst beim vollständigen Verschwinden des Eises ändert sich die Albedo schlagartig (Eis-Albedo-Rückkopplung). Eine zweite positive Rückkopplung ergibt sich bei einem wachsenden Eisschild durch die größere Höhe, die mit tieferen Oberflächentemperaturen und höherem orographischen Niederschlag einhergeht. Auch der ozeanischen Tiefenströmung wird eine zentrale Rolle zugesprochen: Man geht davon aus, daß leichte Variationen der physikalischen Bedingungen (z.B. Temperaturregime oder Süßwasserzufluß durch Schmelzwasser) im Bereich der Konvektionszellen im Nordatlantik die Tiefenzirkulation entscheidend beeinflußen, verlagern, möglicherweise sogar abschalten, und damit auch den globalen Wärmetransport entscheidend modifizieren.

Betrachtet man noch längere Zeiträume, so lassen sich mit Hilfe von geologischen „*Klimazeugen*" auch noch Rückschlüsse auf die klimatischen Bedingungen anstellen, allerdings je weiter zurückliegend, desto unsicherer. Kann man aus den mechanischen Erosionserscheinungen von Gletschern auf kalte Klimate schließen, so deutet intensive chemische Verwitterung (mit zum Teil speziellen Mineralbildungen) auf feucht-warme Bedingungen, genauso wie die Wälder des Karbon, aus denen die Kohleschichten wurden. Salzausfällungen und Sanddünen hingegen können nur in sehr trockenen Klimaten entstehen. Der Begriff „Klimazeuge" ist allerdings passend gewählt, denn oft sind solche Aussagen nur ungenau oder auch widersprüchlich. Eine bunt zusammengewürfelte Erosionsmasse, wie man sie oft in Moränen am Ende von Gletschern findet, kann unter Umständen auch bei Rutschungen an Berghängen auftreten. In Sedimenten können die Schichten von einzelnen Epochen wegerodiert sein. Erst das Zusammentragen vieler Indizien erlaubt einigermaßen gesicherte Aussagen.

Betrachtet man die Zusammenstellung der geologischen Befunde von Mesozoikum und Paläozoikum, also bis etwa 600 Millionen Jahre in die Vergangenheit, so traten in den längsten erdgeschichtlichen Zeiträumen wohl keine Eiszeiten auf. Neben dem Pleistozän sind Vereisungen nachgewiesen vor etwa 275 Millionen Jahren und vor etwa 600 Millionen Jahren. Seit der Bildung der Erde vor ca. 4,5 Milliarden Jahren hat die *Sonnenaktivität* vermutlich um 25% bis 30% zugenommen. Daß dies nicht zu einer entsprechenden Erwärmung geführt hat, ist wohl der Kompensation durch eine deutliche Abnahme von Treibhausgasen, vor allem Kohlendioxid und Methan, zu verdanken.

4 Konzeptionelle Modelle

Die in den vorhergehenden Kapiteln beschriebene Komplexität des Klimasystems mit seiner Vielzahl von Wechselwirkungen und seine räumliche und zeitliche Variabilität machen es sehr schwierig, die Funktionsweise des Systems zu erfassen und einzelne Wirkungsketten qualitativ und quantitativ zu untersuchen. Will man dennoch zu einem Verständnis des Systems gelangen, so muß man versuchen, es vereinfachend mit Hilfe von Modellen zu beschreiben. Anders wäre die Übersicht in Kapitel 2 gar nicht möglich, man könnte keine Sätze formulieren wie „Die thermische Konvektion der inneren Tropen treibt die Zirkulation der Hadley-Zelle an".

Es gibt ein weites Spektrum von Modellansätzen, das sich zwischen den sehr einfachen, konzeptionellen Modellen und den komplexen, realitätsnahen und aufwendigen Klimamodellen einordnen läßt.

Konzeptionelle Modelle werden entwickelt, um einzelne Strukturen, Prozesse oder Wirkungsketten im Klimasystem zu veranschaulichen und zu verstehen. Bei diesem Bestreben geht es darum, das System möglichst einfach darzustellen, indem weniger wichtige Aspekte entweder vernachlässigt oder nur pauschal berücksichtigt werden.

Ein wichtiges *deskriptives Modell* zur Erfassung der groben räumlichen Strukturen sind Klimazonen (Abschnitt 4.1). Für Fragen zur zeitlichen Variabilität, Prognosen und Prozeßuntersuchungen (wie etwa die Wirkung erhöhter Treibhausgaskonzentrationen) sind physikalisch orientierte, dynamische Modelle notwendig. Solche Modelle werden in den Abschnitten 4.2 und 4.3 vorgestellt. An diesem Beispiel wollen wir auch schon exemplarisch vereinfacht illustrieren, wie physikalisch orientierte Modelle erstellt werden. Komplexe Eigenschaften des Klimasystems, wie Nichtlinearität und Chaos, lassen sich mit konzeptionellen Modellen darstellen und beispielhaft veranschaulichen (Abschnitte 4.4 bis 4.6). Diese Denkweisen bilden dann die Grundlage zur Interpretation für beobachtete Klimaschwankungen (Kapitel 3), für das Verhalten komplexer Modelle, und für die Frage, was Vorhersagbarkeit bedeutet. Die komplexen, realitätsnahen Modelle werden in den folgenden Kapiteln 5 und 6 behandelt.

4.1
Klimazonen

Um eine gedankliche Erfassung des im Raum und in der Zeit variierenden Klimas zu ermöglichen, war eine der ersten Aufgaben der Klimaforschung die Kartierung des globalen Klimas, d.h. die *Klassifikation* in Klimazonen. Ursprünglich orientierte sich die Einteilung eng am phänomenologischen Er-

Tabelle 4.1. Die Haupttypen der Klimaklassifikation nach Köppen. Die Angaben
beziehen sich auf Monatsmittelwerte.

Typ	Bezeichnung	Hauptcharakteristikum
A	Tropisches Regenklima	Temperatur des kältesten Monats über 18°C
B	Trockenklima	Verdunstung übersteigt Niederschlag
C	Warmgemäßigtes Regenklima	Temperatur des kältesten Monats zwischen -3°C und 18°C; Temperatur des wärmsten Monats über 10°C
D	Boreales Schneewaldklima	Temperatur des kältesten Monats unter -3°C; Temperatur des wärmsten Monats über 10°C
E	Polarklima	Temperatur des wärmsten Monats unter 10°C

scheinungsbild, v.a. an der Vegetation, also etwa Wüste, Steppe, tropischer
Regenwald. Bei einer mehr physikalisch ausgerichteten Einteilung kristalli-
sierten sich als Hauptindikatoren Temperatur und Niederschlag heraus, da
sie für Mensch und Vegetation die wichtigsten Umweltfaktoren darstellen.
Entscheidend ist bei Betrachtung dieser Variablen aber auch die wichtigste
zeitliche Klimavariation, der mittlere Jahresgang (Abschnitt 3.1).

Das wesentliche räumliche Muster ist somit die Äquator-Pol-Zonierung,
die dominierenden zeitlichen Strukturen sind in Äquatornähe der Wechsel
von Regen- und Trockenzeit, und sonst der Sommer-Winter-Kontrast. Die
nächstwichtigen Faktoren sind die Land-Meer-Verteilung und die Topographie. Prägend bemerkbar machen sich in der Zonierung die polwärtigen warmen und äquatorwärts kalten Meeresströmungen (Abb. 2.18), maritime (oft
mild-feucht) oder eher kontinentale Zonen (eher trocken, größere Temperaturschwankungen) und die Gebirge mit Steigungsregen in Luv und Niederschlagsarmut in Lee. Die beiden letzten Faktoren sind dabei bedingt von
der mittleren Windrichtung – Ostpassaten in den Tropen und Westwinde in
den mittleren Breiten (Abb. 2.9). Gebirgsklimate werden z.T. aufgrund ihrer
Kleinskaligkeit als separate Klasse geführt.

Große Landflächen können auch die Zirkulation beeinflussen: Festland
erwärmt sich im Sommer mehr als Meer und kühlt im Winter auch stärker
ab. Das wichtigste Phänomen dieser Art, der Monsun, wird durch die große
Fläche Eurasiens geprägt. Nach dem Mechanismus von Abb. 2.5 bildet sich
im Winter über Zentralasien ein Kältehoch, mit den innertropischen Tief-
druckzonen somit über Indien der südwärtige, trockene Wind. Im Sommer
sind die Verhältnisse entsprechend umgekehrt, das Wärmetief verbindet sich
mit den innertropischen Tiefdruckgebieten, es strömt feuchte Luft Richtung
Norden.

Pioniere in dieser Forschung waren u.a. Alexander von Humboldt, der die Darstellung der Isothermen (Linien gleicher Temperatur) erfand, oder Vladimir von Köppen, dessen Klimazonen-Klassifikation immer noch gängig ist (Tabelle 4.1). Diese werden aber bis heute weiterentwickelt, regional feiner aufgelöst, und auch für spezifische Anwendungen wie Vegetationskunde, Land- und Forstwirtschaft und Bioklimatologie erstellt. Detaillierte Übersichten geben Blüthgen und Weischet (1980) und Hupfer (1991).

4.2
Ein exemplarisches Energiebilanzmodell

Wichtiger als die klassischen deskriptiven Modelle sind die physikalisch orientierten Modelle, weil sie das System nicht nur beschreiben, sondern auch helfen, seine Funktionsweise und seine Empfindlichkeit gegenüber externen Veränderungen zu verstehen. Die einfachsten dieser Art, die „null-dimensionalen" *Energiebilanzmodelle (EBMs)*, gehen von einem global gemittelten, langfristigen Gleichgewicht der Strahlungsenergie am Erdboden aus. Sie lösen weder geographische Länge oder Breite noch die Höhe auf, deshalb hat sich der Begriff "null-dimensional" eingebürgert. Mit einem solchen Modell hat der schwedische Wissenschaftler Svante Arrhenius schon im Jahre 1896 die Theorie der durch Treibhausgase bedingten Erwärmung des Klimasystems aufgestellt.

4.2.1
Vereinfachte Bilanzgleichung für Energie

Im globalen Mittel kann man am Erdboden die Energiebilanz ansetzen, so daß die Einstrahlung $F_{KW}^{\downarrow}$, die kurzwellige Rückstreuung $F_{KW}^{\uparrow}$ und die langwellige Ausstrahlung $F_{LW}^{\uparrow}$ sich im zeitlichen Mittel ausgleichen, sofern keine Temperaturänderungen auftreten. Wenn diese Energieflüsse sich jedoch nicht ausgleichen, d.h. wenn ihre Bilanz einen Nettoenergiefluß ergibt, so bewirkt dies eine zeitliche Wärmeenergieänderung dE/dt und damit eine zeitliche Temperaturänderung dT/dt des betrachteten Klimakompartiments.

Diese Änderung hängt ab vom Wärmespeichervermögen C_w. Als Ausschnitt aus dem Klimasystem, in dem diese Temperaturänderung sich auswirkt, wird hier die untere Atmosphäre mit der ozeanischen Deckschicht des Ozeans ausgewählt, welche etwa die obersten 70 Meter umfaßt. Die Wärmespeicherkapazität der Landoberfläche wird vernachlässigt, da sie nur in den obersten Dezimetern bis Metern relevant, und damit deutlich geringer als die der ozeanischen Deckschicht ist. Da nur etwa 71 Prozent der Erde von Wasser bedeckt sind, kann man die Erdoberfläche im globalen Mittel als einen Energiespeicher mit einer effektiven Wassertiefe von 50 m beschreiben. Schematisch ist dieses System in Abb. 4.1 dargestellt. Um nicht mit zu großen Zahlen aufzuwarten, sind alle Zahlenwerte hier auf einen Quadratme-

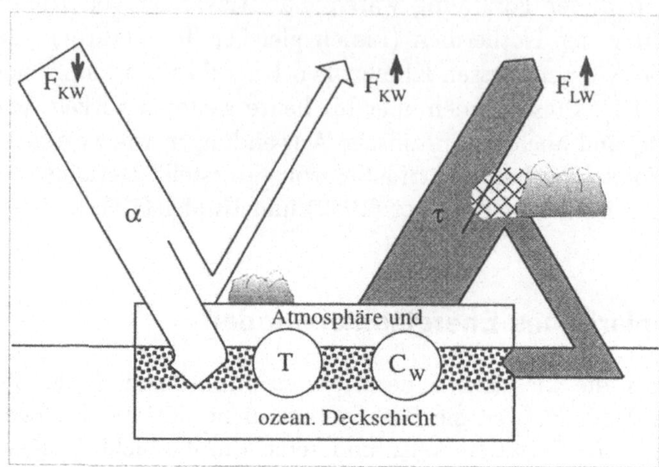

Abb. 4.1. Schematische Darstellung des einfachen Energiebilanzmodells, (siehe auch Abb. 2.2).

ter Erdoberfläche bezogen. Damit ergibt sich C_w zu $2 \cdot 10^8\,\mathrm{J}/(\mathrm{m}^2 \cdot \mathrm{K})$. Den beschriebenen Sachverhalt kann man nun als Gleichung formulieren:

$$\frac{dE}{dt} \;=\; C_w \cdot \frac{dT}{dt} \;=\; F_{KW}^{\downarrow} \;-\; F_{KW}^{\uparrow} \;-\; F_{LW}^{\uparrow} \tag{4.1}$$

In die oben angesetzte Formulierung des Modells sind schon eine Reihe von Vereinfachungen eingeflossen. So werden die Wärmeflüsse zwischen Atmosphäre und Untergrund (d.h. in den tiefen Ozean und in den Erdboden) ganz vernachlässigt.

4.2.2
Diskretisierung

Als nächstes wird die Bilanzgleichung zeitlich diskretisiert: die zeitliche Ableitung auf der linken Seite wird durch eine zeitliche Differenz mit einem diskreten Zeitschritt Δt von z.B. 10 Tagen zwischen zwei aufeinanderfolgenden Zeitpunkten i und $i + 1$ dargestellt:

$$C_w \cdot \frac{T_{i+1} - T_i}{\Delta t} \;\approx\; F_{KW}^{\downarrow} \;-\; F_{KW}^{\uparrow} \;-\; F_{LW}^{\uparrow} \tag{4.2}$$

4.2.3
Schließung der Gleichung

Nun müssen noch die Flüsse F bestimmt werden. Nur ein Teil dieser Flüsse kann explizit angegeben werden. Die verbleibenden unbekannten Energieflüsse müssen dann als Funktion der zentralen Variablen T ausgedrückt werden, um die Gleichung (4.2) schließen zu können. Einen auf diese Weise formulierten Zusammenhang nennt man *Parametrisierung*.

Für die *kurzwellige Einstrahlung* $F_{KW}^{\downarrow}$ kann man sehr gut die solare Einstrahlung am Oberrand der Atmosphäre als Konstante von 342 W/m^2 heranziehen (siehe Abb. 2.2).

Die *kurzwellige Rückstrahlung* wird angesetzt als ein fester Bruchteil α der Einstrahlung. Dieses α, die Albedo, beträgt global bei heutigen Bedingungen etwa 0,3.

$$F_{KW}^{\uparrow} = \alpha \cdot F_{KW}^{\downarrow} \tag{4.3}$$

Die Parametrisierung der *langwelligen Ausstrahlung* kann gut mit physikalischen Gesetzen motiviert werden, da sie nach dem Stefan-Boltzmann-Gesetz im wesentlichen temperaturabhängig ist:

$$F_{LW}^{\uparrow} = 0,95 \cdot \sigma \cdot T^4 \cdot \tau \tag{4.4}$$

Der Faktor 0,95 berücksichtigt die unterschiedlichen Emissionseigenschaften der gesamten Erdoberfläche, $\sigma = 5,67 \cdot 10^{-8} \mathrm{W}/(\mathrm{m}^2\mathrm{K}^4)$ ist die universelle Stefan-Boltzmann-Konstante.

Der Faktor τ ist notwendig, um dem Treibhauseffekt (Abschnitt 2.1) Rechnung zu tragen: Will man die tatsächliche global gemittelte Jahresmitteltemperatur von etwa 288 K reproduzieren, so muß man verhindern, daß die vom Erdboden ausgehende Infrarotstrahlung das System komplett verläßt. Man fügt in Gleichung (4.4) einen Faktor τ hinzu, der die Wirkung von atmosphärischen Substanzen (strahlungswirksame Gase wie CO_2 oder Wolkenwasser) auf den Durchlaß von Strahlung parametrisiert. Der Faktor τ impliziert eine Reduktion der effektiven atmosphärischen *Transmissivität*, d.h. Durchlässigkeit, für langwellige Strahlung. Die Gleichung (4.4) enthält damit implizit schon die langwellige Strahlung, die an der Erdoberfläche aus der Atmosphäre wieder eintrifft.

Das Modell (4.4) erzeugt die „gewünschte" Temperatur von 288 Kelvin bzw. +15°C, wenn $\tau = 0{,}64$ gesetzt wird, so daß 36 Prozent der abgegebenen langwelligen Strahlung zunächst im System verbleiben. Es ist wichtig zu betonen, daß der Wert 0,64 eine indirekt bestimmte Zahl ist („tuningparameter"), das heißt für obige Modellvorstellung angepaßt worden ist, um die beobachtete Temperatur zu reproduzieren.

Ob dies zurecht geschieht und inwieweit auf diese Weise mit einem mathematischen Trick die Unzulänglichkeiten des Ansatzes (etwa durch Vernachlässigung von Prozessen wie der Wärme- und Feuchteflüsse zwischen Ozean und Atmosphäre) überdeckt wird, kann man nicht mit Gewißheit entscheiden. Es ist aber möglich, mit Daten aus Meßkampagnen am Boden und vom Satelliten aus zu prüfen, ob der Ansatz konsistent (also widerspruchsfrei) mit diesen Beobachtungsdaten ist.

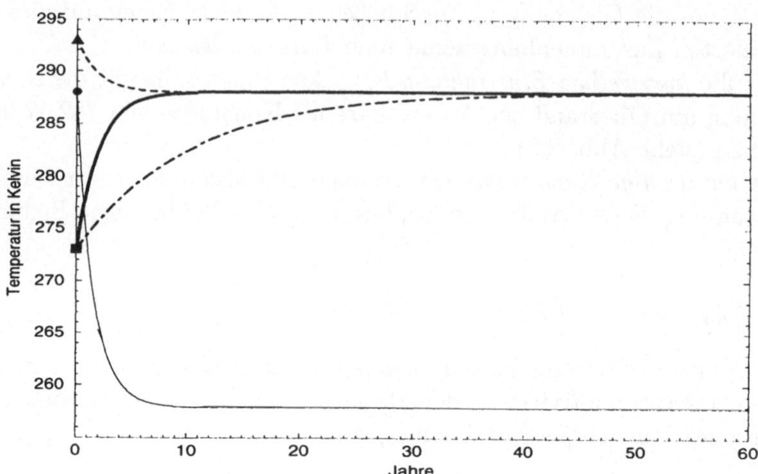

Abb. 4.2. Integration des EBMs vom Startwert $T_0 = 273$ K (Quadrat) und einem Wärmespeichervermögen von $C_w = 2 \cdot 10^8\,\mathrm{J}/(\mathrm{m}^2 \cdot \mathrm{K})$ (dicke Linie). Ein veränderter Anfangswert von 293 Kelvin ergibt die gestrichelte Linie, ein erhöhtes C_w von $10 \cdot 10^8\,\mathrm{J}/(\mathrm{m}^2 \cdot \mathrm{K})$ führt zum langsameren Anstieg (Strich-Punkt-Kurve). Komplette Durchlässigkeit der Atmosphäre für langwellige Strahlung ($\tau = 1$) führt zum Gleichgewicht von 258 Kelvin (dünne Linie).

Die parametrisierte Gleichung (4.1) enthält nun nur noch die interessierende globale Temperatur T zu den Zeitpunkten i und $i + 1$ als einzige Unbekannte:

$$T_{i+1} = T_i + \frac{\Delta t}{C_w} \cdot \left(342\,\frac{W}{m^2} - \alpha \cdot 342\,\frac{W}{m^2} - 0,95 \cdot \sigma \cdot T_i^4 \cdot \tau \right) \qquad (4.5)$$

In (4.4) hätte man auf der rechten Seite in der Flußparametrisierung für die Temperatur statt T_i^4 (explizite Zeitdiskretisierung) auch T_{i+1}^4 (implizite Zeitdiskretisierung) einsetzen können. Noch besser wäre allerdings ein Mittelwert aus beiden, da der Wert von $F_{LW}^\uparrow$ ja für den gesamten Zeitschritt gilt. Beide Alternativen erhöhen in der Regel den Rechenaufwand, haben aber bei komplizierteren Modellen oft den Vorteil besserer numerischer Stabilität.

4.2.4
Berechnungen: Integration

Gibt man nun als *Anfangsbedingung* T_0 beispielsweise 273 Kelvin vor, so kann das EBM vorwärts *integriert* werden, d.h. aus Gleichung (4.5) ergibt sich der Wert T_1, daraus T_2 und so fort. Man erhält so einen Zeitverlauf, wie es die dicke durchgezogene Linie in Abb. 4.2 zeigt: Die Temperatur steigt schnell an und nähert sich schließlich einem Gleichgewichtswert von 288 Kelvin an. Der *Gleichgewichtszustand* ist stabil, da wegen der Formulierung (4.4) eine

Temperatur oberhalb des Gleichgewichtswertes im nächsten Zeitschritt vermindert wird und eine niedrige Temperatur zu einer Temperaturerhöhung führt. Man spricht von einer *negativen Rückkopplung*, die auf Dauer jede Abweichung vom Gleichgewichtswert kompensiert. Verantwortlich für dieses Verhalten ist der Term $(-0,95 \ \sigma \ T_i^4 \ \tau)$, der sich mit der Abweichung vom Gleichgewicht ändert.

Für das einfache EBM kann man diesen Gleichgewichtszustand auch schneller finden, indem man in Gleichung (4.5) $T_{i+1} = T_i = T$ setzt (d.h. keine zeitliche Änderung mehr zuläßt),

$$0,95 \cdot \sigma \cdot T^4 \cdot \tau \ = \ 342 \frac{W}{m^2} - \alpha \cdot 342 \frac{W}{m^2} \tag{4.6}$$

und nach T_i auflöst. Damit muß der in Gleichung (4.5) in Klammern angegebene Ausdruck Null sein, und es ergibt sich für $T = 288$ K. Für komplexere Modelle ist diese einfache Methode einer Gleichgewichtsberechnung aber schon nicht mehr möglich, weshalb wir die zeitliche Integration hier besonders in den Vordergrund gestellt haben.

Wählt man einen anderen Anfangswert von z.B. 293 K, so endet man schließlich wieder bei der gleichen Endtemperatur, nämlich der besagten Gleichgewichtstemperatur von 288 K. Wie lange es dauert, bis man dem Gleichgewicht nahe gekommen ist, hängt im wesentlichen vom „Gedächtnis" im Prozeß ab, in diesem Fall dem Wärmespeichervermögen C_w. Betrachtet man den oberen Ozean bis in eine Tiefe von 360 m mit einem C_w von $10 \cdot 10^8$ J/(m^2 · K), so ist die Annäherung an das Gleichgewicht langsamer, aber dessen Wert ist der selbe (Abb. 4.2).

Der Fall ohne Treibhauseffekt mit $\tau = 1$ führt zu einer Temperatur von $-15°$C. Allerdings müßte man dazu die Atmosphäre einschließlich der Wolken entfernen, was eine erniedrigte Albedo von 15% mit sich brächte. Damit würde sich eine mittlere Erdoberflächentemperatur von nur noch etwa $-2,5°$C einstellen.

4.3
Physikalisch orientierte Modelle

Energiebilanzmodelle sind physikalisch orientierte Klimamodelle und gehören ihrer Komplexität nach meist noch zu den konzeptionellen Modellen, anhand derer Einsicht und Prozeßverständnis für klimatische Vorgänge erreicht werden können.

Bei der Erstellung des EBMs im vorigen Abschnitt war der am wenigsten befriedigende Schritt die Parametrisierung der langwelligen Netto-Ausstrahlung mit der summarischen Größe τ in Gleichung (4.4). Die von der Erdoberfläche ausgehende Infrarotstrahlung wird ja in verschiedenen Atmosphärenschichten absorbiert (Abschnitt 2.1), diese emittieren dann wieder langwellige Strahlung sowohl nach unten als auch nach oben, und zwar entsprechend ihrer Temperatur, die meist niedriger ist als in Erdbodennähe.

Es liegt daher nahe, das EBM weiterzuentwickeln, indem man mehrere übereinanderliegende *Atmosphärenschichten* betrachtet. Das Ziel ist nun, in der Troposphäre eine mit der Höhe abnehmende Temperatur wie in Abb. 2.6 zu reproduzieren. Für jede dieser Schichten (in der Horizontalen global ausgedehnte Volumina) wird dann die Energiebilanz wie in Gleichung (4.2) angesetzt, und jeder Schicht Temperatur, Wärmekapazität und auf- und abwärtsgerichtete Strahlungsflüsse zugeordnet. Dieser Ansatz erlaubt nun die Beschreibung von Streuung, Absorption und Emission von Strahlung in verschiedenen Luftschichten. Damit kann man eine eher zufriedenstellende Parametrisierung der langwelligen Strahlung in der Vertikalen erreichen.

Erste Rechnungen mit einem solchen Modell würden aber einen zu warmen Erdboden und zu niedrige Temperaturen in der oberen Atmosphäre ergeben. Der Grund hierfür liegt in der Vernachlässigung der Konvektion: Wärmeenergie wird vom Erdboden nicht allein durch Strahlung aufwärts transportiert, sondern, sobald die Dichte der unteren Luftschichten einen kritischen Wert unterschreitet, auch durch Luftbewegung, solange, bis die Instabilität der Schichtung wieder weitgehend abgebaut ist, eben Konvektion.

Solche Modelle müssen deshalb mit einem Verfahren ausgestattet werden, das diese *konvektive Anpassung* beschreiben kann. Dazu muß man zusätzliche Variablen mit aufnehmen: die Luftdichte sowie einen Ansatz, der die vertikale *Durchmischung* von Luftschichten parametrisiert. Die Dichte der Luft läßt sich noch relativ einfach aus der Temperatur ableiten, indem man einen Wert für den Luftdruck mit angibt (dies erfolgt über die Zustandsgleichung, Abschnitt 5.1). Die Parametrisierung des Mischungsprozesses erwies sich aber als relativ kompliziert, wir werden dieses Problem bei der Behandlung der dreidimensionalen Zirkulationsmodelle in Abschnitt 5.3 noch einmal aufgreifen. Diese vertikal auflösenden Modelle wurden nach ihren beiden Hauptprozessen *Strahlungs-Konvektions-Modelle* (radiative-convective models, RCMs) genannt.

Eine Weiterentwicklung der global gemittelten „null-dimensionalen" Energiebilanzmodelle stellen *eindimensionale EBMs* dar. Diese ermöglichen eine Auflösung der geographischen Breite und die Simulation eines einfachen Energietransports von den Tropen zu den polaren Breiten. Dazu werden eine Reihe von Modellvolumina angesetzt, die sich nebeneinander vom Nordpol zum Südpol aufreihen. Diesen z.B. jeweils fünf Breitengrade breiten Volumina werden individuelle Werte für Albedo, Transmissivität und gegebenenfalls weiteren Eigenschaften zugeordnet. Für jedes dieser Kompartimente wird wiederum die Energiebilanz angesetzt. Zusätzlich zu den Strahlungstermen ist jetzt noch eine horizontale Durchmischung zwischen nebeneinanderliegenden Volumenelementen für die horizontalen Energietransporte einzuführen.

Diese Parametrisierung der Energietransporte, die in der Natur dreidimensional durch großskalige Zellen und regionale Zyklonen und Antizyklonen geschieht, kann man bei einem eindimensionalen Modell durch einen Mischungsansatz beschreiben: Bei jedem Zeitschritt wird jedem Volumenelement ein

Teil seiner (als Temperatur ausgedrückten) Wärmeenergie weggenommen und auf die Nachbarkompartimente verteilt. Dies führt dazu, daß (bei ausgeglichenen Netto-Strahlungsflüssen) ein warmes Element etwas abkühlt, während sich sein kalter Nachbar etwas erwärmt. Liegen zwei Elemente mit gleicher Temperatur nebeneinander, ergibt sich demnach auch keine Änderung.

Kritisch hierbei ist, wie man den Anteil der Volumenmischung wählt. Ein möglicher Ansatz zur Parametrisierung der horizontalen Durchmischung ist, diesen „tuning-parameter" proportional zum Temperaturgradienten zu wählen. Dies kann gerechtfertigt werden durch Überlegungen, wie sie in Abb. 2.5 angedeutet sind: erhöhter Temperaturunterschied führt zu verstärktem Antrieb der Zirkulation und damit zu erhöhtem Transport.

Zweidimensionale EBMs, die Höhe und geographische Breite auflösen (aber noch zonal gemittelt sind), sind mit der Kombination der beiden obenstehenden Modellansätze die logische Konsequenz. Sie gestatten dann horizontale und vertikale Energieflüsse von den Tropen zu polaren Gebieten. Durch die zweidimensionale Auflösung kann man nun immerhin eine rudimentäre Zirkulationszelle wie die Hadley-Zelle (Abb. 2.9) beschreiben.

In Zeiten von geringer Rechenleistung der Computer waren diese ein- und zweidimensionalen Modelle die einzigen Instrumente, um quantitative Abschätzungen der Klimavariabilität und der dahinter stehenden Mechanismen zu erhalten. Neben Auflösung der Vertikalen und/oder der geographischen Breite wurde bei solchen atmosphärischen Klimamodellen dann auch eine komplette dreidimensionale Auflösung angestrebt, um z.B. die erheblichen Unterschiede von Landoberfläche und Ozean berücksichtigen zu können. Kritisches Element bei den obigen Ansätzen war immer auch der vertikale und horizontale Energietransport durch strömendes Fluid. Im dreidimensional aufgelösten, realitätsnahen Zirkulationsmodell kann man neben der Bilanz der Energie auch den Transport von Fluidmasse im Detail beschreiben (Kapitel 6). Deshalb haben mit der Weiterentwicklung der Computertechnik nun die dreidimensionalen Klimamodelle die einfacheren Modelle zumindest auf Zeitskalen von Hunderten von Jahren weitgehend verdrängt.

Nur für Zeiträume von mehreren tausend Jahren sind dreidimensionale Zirkulationsmodelle noch nicht einsetzbar. Man hat deshalb versucht, Eiszeitzyklen mittels EBMs und Strahlungs-Konvektions-Modellen nachzurechnen. Aufgrund der hochgradigen Parametrisierung sind diese Versuche noch unbefriedigend, was jedoch nicht nur an den Modellen an sich liegt: Zur Ableitung und numerischen Bestimmung dieser Parameter benötigt man qualitativ hochwertige Beobachtungen klimatischer Schwankungen über längere Zeiträume, als sie zur Zeit vorliegen.

Das Energiebilanzmodell ist ein entscheidendes Erkenntniswerkzeug im Instrumentarium der Klimaforschung. Vor allem, weil es – bestätigt durch die Resultate der aufwendigen realitätsnahen Klimamodelle – die für die Genese des globalen Klimas wesentlichen Prozesse beschreibt: es ist somit ein zulässiges *konzeptionelles Modell*, das aufgrund seiner Reduktion an Komplexität auf das Wesentliche „wissenschaftliches Verständnis" darstellt. Dieses Verständnis besagt, daß die Strahlungsbilanz am Boden und die Absorptionsmechanismen in der Atmosphäre die wesentlichen Faktoren zur Bestimmung der bodennahen Temperatur sind, und daß eine Veränderung dieser Absorptionsmechanismen notwendigerweise mit einer Veränderung dieser Temperatur einhergeht. Dieses Verständnis besagt weiter, daß gegenüber den die Strahlungsbilanz bestimmenden Prozessen andere für die räumliche Verteilung entscheidende Vorgänge – wie horizontale Transportprozesse – erst an zweiter Stelle für die global gemittelte Temperatur von Bedeutung sind.

Interessierte finden Übersichtsartikel zu EBMs z.B. bei North et al. (1981) und zu den Strahlungs-Konvektions-Modellen bei Ramanathan und Coakley (1978).

4.4
Nichtlinearität und Chaos

Mit Hilfe der Energiebilanzgleichung hatten wir im Abschnitt 4.2 demonstriert, wie man für die Temperatur von einem gegebenen Anfangswert für die folgenden Zeitpunkte „Vorausberechnungen" erstellen kann. Im folgenden Kapitel 5 werden dem weitere Variablen (Strömungsgeschwindigkeiten- und -richtungen etc.) mit einer räumlichen Auflösung und weitere Gleichungen hinzugefügt, so daß man z.B. den Zustand der Atmosphäre genauer charakterisieren kann. Damit kann man die Vorausberechnungen als Vorhersagen verwenden, wie es in der Wettervorhersage auch geschieht. Warum gibt es aber in den mittleren Breiten keine brauchbare Wettervorhersage für vier Wochen?

Der Grund hierfür liegt in der Eigenschaft der Gleichungen, entscheidende nichtlineare Terme zu beinhalten. Der Nachvollziehbarkeit halber wollen wir anhand einer sehr einfachen Gleichung zeigen, daß solche nichtlinearen Prozesse scheinbar regellose Lösungen haben können, die empfindlich von Anfangswerten und Parametern in den Gleichungen abhängen. Hierfür wurde der Begriff *Chaos* geprägt.

Diesen Sachverhalt kann man anhand eines diskreten, formal einfachen nichtlinearen Prozesses, einem inzwischen schon klassischen Beispiel von May, konkretisieren. In diesem Modell wird aus dem aktuellen Wert der Variablen Y_i iterativ der Wert des folgenden Zeitschrittes Y_{i+1} berechnet:

$$Y_{i+1} = r \cdot Y_i \cdot (1 - Y_i) \tag{4.7}$$

r ist dabei ein Parameter zwischen zwei und vier. Der Anfangswert Y_0 sei 0,5. Wählt man r gleich 2,8, so pendelt sich die Variable sehr schnell auf einem konstanten Gleichgewichtswert ein (Abb. 4.3). Auch wenn ein deutlich verschiedener Anfangswert eingesetzt wird, findet der Prozeß zum selben Endwert. Dieses Verhalten ist gut bekannt von gedämpften Prozessen. Wird der Parameter r vergrößert, so beginnt der Prozeß zu alternieren (im mittleren Bild z.B. für $r = 3,3$). Aber auch hier erreicht man von einem deutlich unterschiedlichen Anfangswert die gleiche Schwankung. Bei weiterer Vergrößerung

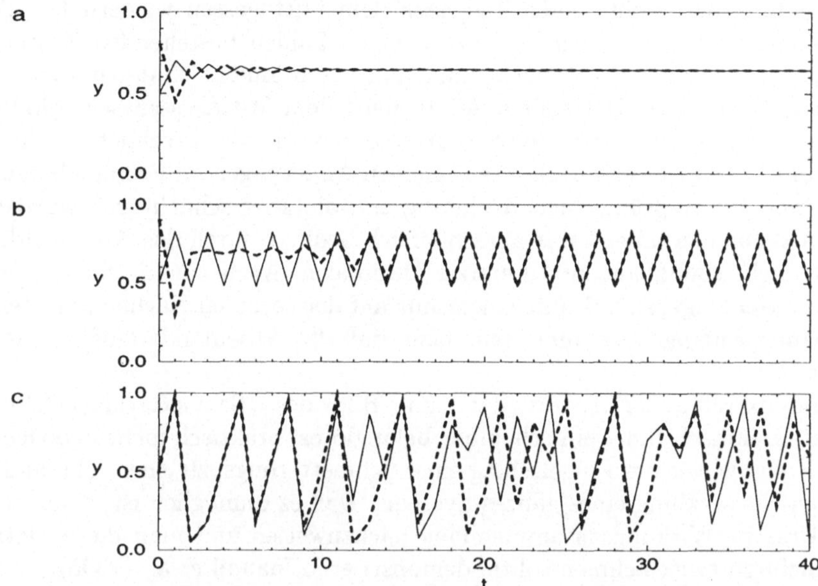

Abb. 4.3. Beispiel für einen nichtlinearen iterativen Prozeß entsprechend der Gleichung $Y_{i+1} = r \cdot Y_i \cdot (1 - Y_i)$. Bei der durchgezogenen Linie wurde der Anfangswert Y_0 auf 0,5 gesetzt. Die gestrichelte Linie gibt den Verlauf wieder, wenn ein alternativer Anfangswert gewählt wurde. a: $r = 2{,}8$; alternativer Anfangswert 0,8; b: $r = 3{,}3$; alternativer Anfangswert 0,8; c: $r = 3{,}95$; alternativer Anfangswert 0,495.

von r treten Schwankungen im Viererrhythmus auf, dann im Achterrhythmus (dies ist in Abb. 4.3 nicht mehr gezeigt, es kann nach obiger Gleichung jedoch sehr einfach nachvollzogen werden).

Überschreitet r einen gewissen Schwellenwert, so setzt völlige Regellosigkeit ein, es sind keine definierten Perioden mehr zu erkennen, auch keine wiederkehrenden Abfolgen auch nur ähnlicher Sequenzen, und ein großer Bereich von möglichen Y-Werten wird erreicht.

Eine weitere Besonderheit prägt dieses Verhalten: Verändert man den Anfangswert Y_0 nur geringfügig von 0,5 auf 0,495, so bewegt sich die Kurve schon nach wenigen Zeitschritten vom ursprünglichen Verlauf weg, und hat mit diesem später keinerlei Ähnlichkeit mehr. Diese extreme Abhängigkeit – *Sensitivität* – von der Anfangsbedingung haftet auch den fluiddynamischen Gleichungen an. Wegen dieser Eigenschaft werden solche nichtlinearen Prozesse als *Chaos* – oder genauer: *deterministisches Chaos* – bezeichnet. Der Zusatz 'deterministisch' betont die Tatsache, daß ja die zugrundeliegende Regel bekannt und präzise ist.

Dieses „chaotische" Verhalten wurde zuerst von dem Meteorologen Edward Lorenz in den sechziger Jahren explizit beschrieben. Er hatte mit einem vereinfachten, aber immer noch nichtlinearen Modell eine längere Rechnung durchgeführt und wollte einen Teil nach dem Mittagessen wiederholen. Zu dem Zwecke schrieb er sich den aus wenigen Zahlen bestehenden Zustand des Systems zu einem Rechenzeitpunkt auf, beschränkte sich dabei aber auf die wesentlichen drei Dezimalen. Als er nach dem Mittagessen sein Modell mit den derart gerundeten Anfangswerten erneut vorwärts rechnete, stellten sich zunächst nur die erwarteten sehr kleinen Änderungen im Promillebereich gegenüber der ursprünglichen Rechnung ein, die aber schnell groß wurden. Das „Auseinanderlaufen" war ausschließlich bedingt durch das Abschneiden der als nicht signifikant angenommen Dezimalen. Auch eine Rechnung mit größerer Genauigkeit, z.B. mit einem nur auf der sechsten Nachkommastelle ungenauen Anfangswert, führt nur dazu, daß das Auseinanderlaufen später erfolgt.

Diese extreme Sensitivität hat zum Bild des „Schmetterlingseffekts" geführt. Demnach führt ein scheinbar belangloses, praktisch nicht beobachtbares Ereignis, wie der Flügelschlag eines Schmetterlings, zu einer vollständig anderen Entwicklung eines ganzes Systems. Daß es unmöglich ist, einen solchen Ursache-Wirkungszusammenhang nachzuweisen und man diese Metapher nicht zu ernst nehmen sollte, demonstrieren Inaudil et al. (1995).

Genauere Untersuchungen von chaotischen Systemen haben gezeigt, daß solche nichtlinearen Prozesse tatsächlich sehr verschiedene Lösungen haben können, wenn Parameter variiert werden, und daß Lösungen bei geringsten Veränderungen der Anfangswerte auseinanderlaufen können. Das heißt aber nicht, daß die Werte unrealistisch groß werden, sie bleiben wie in Abb. 4.3 innerhalb einer beschränkten Schwankungsbreite, zeigen aber eben ganz andere Sequenzen. Die verschiedenen Lösungen unterscheiden sich in ihren Details, aber die *Statistik* über längere Zeiträume, also etwa der Mittelwerte oder die Häufigkeit von Extremereignissen, sind nicht nennenswert verändert (Abb. 4.3, Fall $r = 3,95$). Im Fall des Klimasystems entsprechen die Detailentwicklungen dem Wetter, während die Statistik das Klima beschreibt. Die Unmöglichkeit der Vorhersage des Wetters widerspricht darum nicht der Möglichkeit, *Klimaprognosen* anzustellen.

Entscheidend ist auch die Qualität des nichtlinearen Mechanismus. Der Term $\sigma \cdot T^4$ in Gleichung (4.4) ist zwar nicht linear, führt aber nicht zu instabilem Verhalten wie in Abb. 4.3b und 4.3c nach Überschreiten eines bestimmten Schwellenwertes, sondern lediglich zur Dämpfung von Abweichungen vom Gleichgewicht. Ob und wie stark chaotisch sich ein Gleichungssystem verhält, ist nicht immer einfach aus der Gleichung zu ersehen.

4.5
Fluktuationen als stochastische Vorgänge

Man sollte sich vergegenwärtigen, daß im Klimasystem nicht nur ein einzelner nichtlinearer Prozeß abläuft, sondern gleichzeitig sehr viele. Die durch Rei-

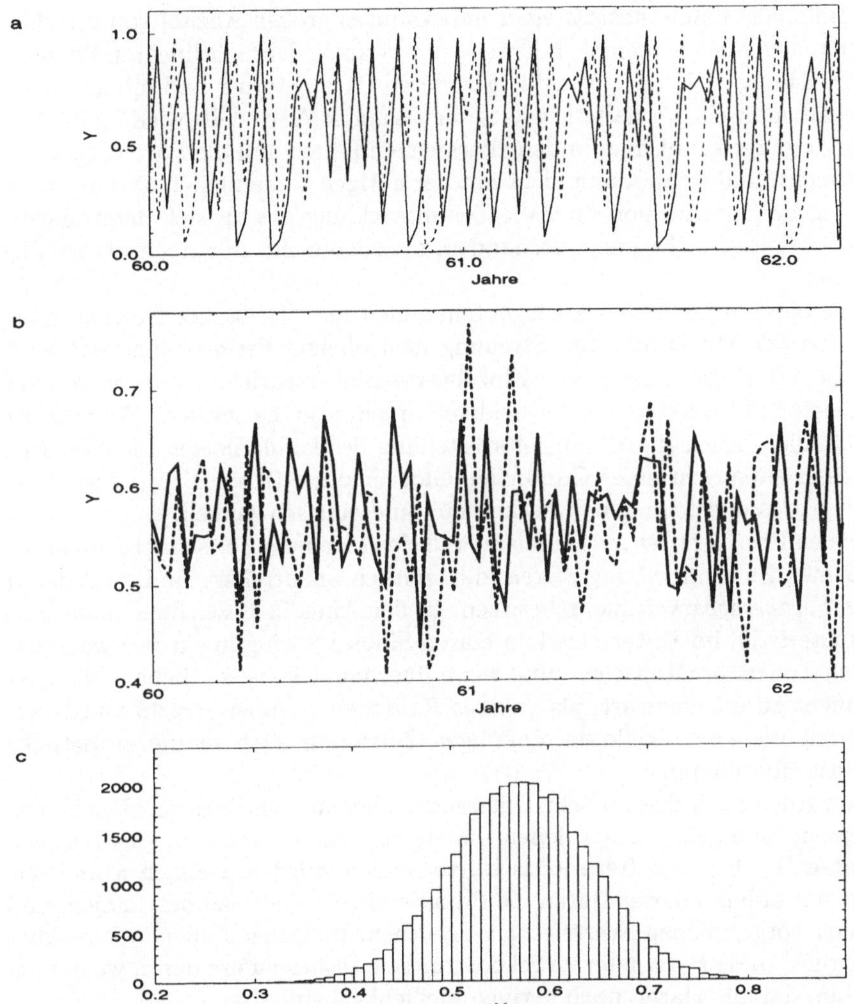

Abb. 4.4. a: Zwei Beispiele für den Chaosprozess aus Gleichung (4.7), der Zeitschritt beträgt 10 Tage. Der Ausschnitt zeigt den Verlauf ab dem 2190ten Zeitschritt. b: Mittelwert von zwanzig solchen nichtlinearen Prozessen (r zwischen (zwischen 3,9 und 3,995, mit immer gleichen Startwerten 0,5) (durchgezogene Linie) und Serie von Zufallswerten mit angepaßter Standardabweichung von 0,071 und Mittelwert 0,571 (gestrichelte Linie). c: Häufigkeitsverteilung der Werte aus den zwanzig gemittelten Chaosprozessen.

bung bedingte turbulente Wirbelbildung erstreckt sich von einer Größe von hundert Metern bis in den Millimeterbereich. Auch die Bildung der Zyklonen in der planetarischen Frontalzone ist durch nichtlineare Instabilitäten verursacht. Jedes dieser turbulenten Systeme hat das Potential zu chaotischem Verhalten.

Kombiniert man – anstatt einer unbekannten großen Anzahl von verschiedenen realen Mechanismen – hilfsweise nur zwanzig der nichtlinearen Prozesse aus Gleichung (4.7) mit geringfügig anderen Parametern r und mittelt diese, so erhält man ein Verhalten, wie es die Graphik Abb. 4.4b wiedergibt. Für reale Vorgänge kennt man in den allermeisten Fällen nun die Parameter auch nicht mehr, und wenn, dann nicht mit der nötigen Genauigkeit. Damit ist ein Großteil der Information über die Zeitentwicklung des an sich deterministischen Vorgangs nicht mehr vorhanden, man kann ihn nur noch als zufällig auffassen.

Eine entsprechende Serie aus Zufallszahlen mit Gaußscher Normalverteilung, bei der Mittelwert und Streuung dem obigem Prozess angepaßt wurden, ist mit eingezeichnet. Die Einzelwerte sind natürlich verschieden, aber die generelle Charakteristik der beiden Kurven, also die zeitliche *Statistik*, ist sehr ähnlich. Auch die Häufigkeitsverteilung des kombinierten nichtlinearen Prozesses entspricht einer Gaußschen Glockenkurve (Abb. 4.4c), obwohl die Einzelprozesse gleichmäßig zwischen null und eins schwanken.

Beiden Prozessen ist auch gemein, daß sie von einem Zeitschritt zum anderen keinen Zusammenhang zeigen, d.h. zeitlich unkorreliert sind, und damit *keine Vorhersagbarkeit* mehr besitzen. In der Akustik bezeichnet man diese Charakteristik, im Unterschied zu klaren Sinus-Schwingungen von wohlklingenden Tönen, als Rauschen, und wenn überhaupt keine zeitliche Abhängigkeit mehr zu erkennen ist, als „weißes Rauschen". Dieser Begriff wurde zur Beschreibung von regellosen, zufälligen Zeitserien auch in die statistische Analytik übernommen.

Es wurden auch theoretische Untersuchungen an nichtlinearen Gleichungssystemen durchgeführt, bei denen mit definierten *Parametern* (im Beispiel: r) Daten (Y_i) für viele Iterationsschritte erzeugt wurden. Danach wurde versucht, nur anhand dieser Daten die Parameter (r) wieder zu bestimmen, und mit den vorgegebenen Werten zu vergleichen. In vielen Fällen war es aber unmöglich, diese Parameter zu rekonstruieren, insbesondere dann, wenn man annahm, daß die Daten noch geringe Meßfehler beinhalten.

Um vieles schwieriger als bei diesen künstlichen Rechenmodellen ist es deshalb, anhand von meteorologischen, ozeanographischen oder biologischen Beobachtungen auf elementare Prozesse und deren Parameter im realen Umweltsystem zu schließen. Es stellt sich also die Frage, was als Denkmodell für solche Prozesse übrigbleibt.

Der erste Teil der Antwort heißt natürlich: der Mittelwert. Aber auch die Schwankungen sind in ihrem summarischen Informationsgehalt nicht zu ignorieren, auch wenn jede einzelne nur noch als zufällig aufgefaßt wird. Daß diese Schwankungen für die Interpetation von zeitlichen Variationen im Klimasystem durchaus von Bedeutung sind, kann schon am einfachen Energiebilanzmodell aus Gleichung (4.5) in unterschiedlichen Konstellationen gezeigt werden (Abschnitt 4.6). Zentrale Größen zur Charakterisierung sind dabei die Schwankungsbreite und inwiefern ein zeitlicher Zusammenhang besteht.

Abschließend sei noch darauf hingewiesen, daß für Rechnungen im folgenden Abschnitt natürlich nur *Pseudo-Zufallszahlen* verwendet wurden. Solche Pseudo-Zufallszahlen werden numerisch durch iterative Prozesse erzeugt, die sehr ähnlich dem in Gleichung 4.7 beschriebenen sind, nur daß die nichtlineare Charakteristik noch gesteigert ist (vgl. beispielsweise Press et al., 1992 oder Knuth, 1997). Auch ein Würfelwurf ist streng genommen ein deterministischer Vorgang. Hier spielen Nichtlinearitäten bei den Kippbewegungen des Würfels über seine Ecken und Kanten die entscheidende Rolle, so daß eine minimal unterschiedliche Wurfbewegung (= Anfangsbedingung) ein kaum mehr vorherbestimmbares Resultat erzeugt. Prinzipiell ähnlich sind die Bewegungen der Wirbel bei turbulenten Vorgängen in der Grenzschicht (Abschnitt 2.2.5) oder Konvektionszellen (Abschnitte 2.2.7 und 2.3).

4.6
Wechselwirkungen verschiedener Prozesse

In der Beispielrechung in Abb. 4.2 bewegt sich das Modell zielstrebig zu einem Gleichgewichtszustand hin, und wenn dieser erreicht ist, so verbleibt das System in diesem Gleichgewicht (*Dämpfung*). In diesem Sinne verhält sich das EBM-Klima grundsätzlich anders als die Realität, die ja gerade durch fortwährende Schwankungen auf allen Zeitskalen gekennzeichnet ist. Wir wollen im Folgenden demonstrieren, wie sich die Kombination von nichtlinearen, bzw. als zufällig angesetzten Prozessen im gedämpften Energiebilanzmodell auswirkt, und was zusätzliche positive Rückkopplungen zur Folge haben.

4.6.1
Gedämpftes System mit Störungen

Im gewöhnlichen EBM ist die Wirkung der strahlungsaktiven Materie in der Atmosphäre (Wasserdampf, Wolken, Aerosole, CO_2) dadurch parametrisiert, daß ein Anteil von $1 - \tau$ der langwelligen Strahlung im System verbleibt. Alle Werte waren bisher langfristig konstante Mittelwerte, was beispielsweise für die kurzwellige Einstrahlung auch sehr gut zu rechtfertigen ist. Für die atmosphärische langwellige Transmissivität kann man aber davon ausgehen, daß sie mit der Entwicklung des Wetters auch fluktuiert, da sie von Wolkenbildung, Art der Wolken, Wasserdampfgehalt etc. abhängt.

Bei solchen atmosphärischen Wetterfluktuationen kann man davon ausgehen, daß sie relativ kurzfristig anhalten (wenige Tage), und man meist keine näheren Informationen über ihre Dynamik zur Verfügung hat. Ein erster Ansatz, um *Fluktuationen* in das Modell einzubringen, ist nun, sie als vollkommen zufällig und zeitlich unabhängig anzunehmen. Dazu wird hier in jedem Zeitschritt die langwellige Transmissivität τ von einem normalverteilten Zufallszahlengenerator mit Mittelwert 0,64 und Standardabweichung von drei Prozent = 0,0192 „ausgewürfelt". Die Wahl der Normalverteilung motiviert sich aus dem Gesetz der großen Zahlen, da man annimmt, daß

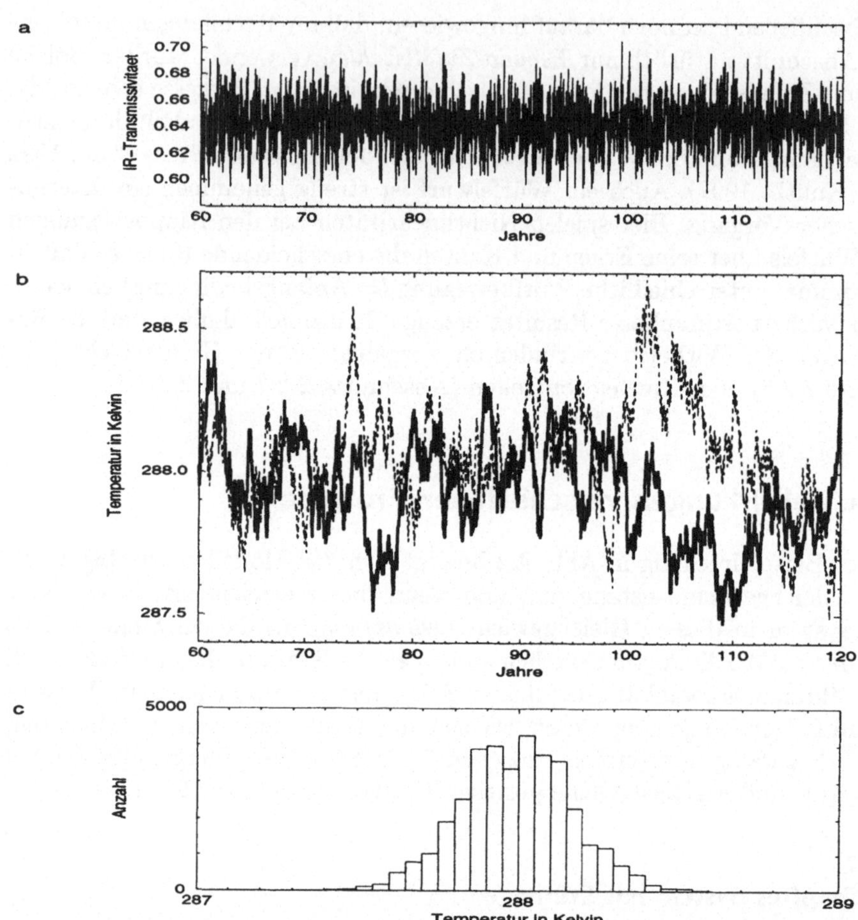

Abb. 4.5. a: Kurzfristige, zufällige langwellige Transmissivitätswerte τ_i (normal-
verteilt) mit Standardabweichung von 3% um den Mittelwert von $\tau = 0{,}64$. b: Reaktion des EBMs aus Abschnitt 4.2 auf die zufälligen Variationen der Transmissivität
(dicke Linie) und die Reaktion auf Fluktuationen, die mit zwanzig nichtlinearen
Prozessen (Gleichung (4.7)) wie in Abb. 4.4 erzeugt wurden. Mittelwert und Standardabweichung wurde dem Zufallsprozess angepaßt. c: Häufigkeitsverteilung der
Temperaturwerte bei zufälligen Transmissivitätsfluktuationen.

die zufälligen Fluktuationen sich aus vielen nichtlinearen Prozessen zusammensetzen (vergleiche die Häufigkeitsverteilung in Abb. 4.4). Die Wahl der
Standardabweichung ist hier willkürlich.

Das Ergebnis dieser Fluktuationen ist in Abb. 4.5b dargestellt. Obwohl
die Fluktuationen der Transmissivität als zeitlich unzusammenhängend angesetzt wurden (Abb. 4.5a), zeigt die vom Modell errechnete Temperatur deutliche langfristige „Klimaschwankungen". Das einfache Gleichgewichtsmodell
ist somit zu einem stochastischen System geworden, das in gewissem Maß

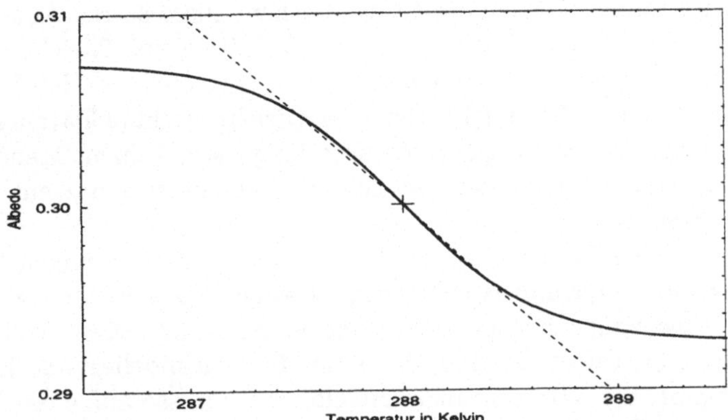

Abb. 4.6. Temperaturabhängige Albedo $\alpha(T_i)$ (durchgezogene Linie) mit den möglichen Gleichgewichtswerten des EBMs aus Gleichung (4.6) (gestrichelt) und ursprünglicher Gleichgewichtszustand (+).

ermöglicht, die charakteristischen Zeitskalen des Systems abzuschätzen. Ohne Störungen erscheint das Zeitverhalten nach Abklingen der anfänglichen Gleichgewichtsfindung vollständig uninteressant (Abb. 4.2). Formuliert man den Prozeß mit seinen Störungen, treten unregelmäßige, signifikante Variationen über längere Zeiten auf.

Die Störungen sind also in diesem Falle kein Ärgernis, wie im Falle einer ungenauen Messung, sondern eine wesentliche dynamische Zutat, um die Variabilität des Systems zu erzeugen. Interessant ist auch die *Vorhersagbarkeit* des Modells. Die verursachenden Störungen der Transmissivität haben keinen zeitlichen Zusammenhang, und damit über einen einzelnen Zeitschritt von 10 Tagen hinaus (vom Mittelwert abgesehen) keine Vorhersagbarkeit. Für die Temperaturzeitreihe könnte man jedoch einfache Vorhersagen erstellen: Bei einem gegebenen Wert 287.63 K zum Zeitpunkt 110 kann man für die folgenden Zeitschritte Temperaturen deutlich unter dem Mittelwert von 288 K „prognostizieren", und aufgrund der langfristigen Schwankungen auch recht gute Resultate damit erzielen. Die Amplitude der Ausschläge, und wie lange diese andauern, hängt neben der Standardabweichung der Störungen auch vom „Gedächtnis" des Prozesses ab, das im EBM maßgeblich vom Wärmespeichervermögen bestimmt ist.

Funktionieren kann ein solches Modell allerdings nur, wenn das System einen oder mehrere *Dämpfungsmechanismen* enthält, wie es beim EBM der Fall ist. Wenn nicht besonders starke Abweichungen immer wieder durch „rücktreibende Kräfte" dem Gleichgewicht nahe gebracht werden, könnte die Temperatur immer weiter zu- oder abnehmen, was für die Realität ja langfristig nicht zutrifft.

Anhand dieses Beispiels wollen wir noch kurz auf die Vorstellung von *Gleichgewicht* eingehen, da darüber auch unterschiedliche Begrifflichkeiten vorhanden sind. In den Abbildungen 4.3a und 4.2 kann man den Prozessen intuitiv das Prädikat Gleichgewicht zusprechen. Diese starke Anziehung zu einem *konstanten* Wert ist auch strengste Definition von Gleichgewicht, nämlich zeitkonstante Werte. Daneben kann man aber auch bei den Prozessen in den Abbildungen 4.3c und 4.5 von einer Gleichgewichts-Charakteristik sprechen, denn der Verlauf zeigt zumindest langfristig keinen Trend und bleibt immer in einem begrenzten Bereich. Es handelt sich um ein *dynamisches Gleichgewicht*.

Als Alternative zum Zufall sollen die Fluktuationen der langwelligen Transmissivität hier rein deterministisch erzeugt werden. Dazu wählen wir den Mittelwert von zwanzig Chaosprozessen wie in Abb. 4.4. Diese Wahl hat im wesentlichen illustrative Gründe, da es für die zugrundeliegende Physik keinen Grund gibt, die Wirkung nichtaufgelöster Prozesse auf diese Weise zu parametrisieren. Das Resultat ist eine erratische Zeitreihe, die der durch Zufallszahlen erzeugten durchaus gleichkommt (Abb. 4.5b).

4.6.2
Wirkung von positiven Rückkopplungen

Um den Effekt von positiven Rückkopplungen zu zeigen, bringen wir in das EBM noch die Eis-Albedo-Wechselwirkung ein. Dazu parametrisieren wir die Albedo als (nichtlineare) Funktion der Temperatur (siehe Abb. 4.6):

$$\alpha(T_i) \;=\; 0,3 \cdot (1 - 0,025 \cdot tanh(1,548 \cdot (T_i - 288K))) \tag{4.8}$$

Diese rudimentäre Beschreibung der Wirkung von Eis und Schneedecke auf die kurzwellige Reflektion ergibt bei tiefen Temperaturen eine höhere Albedo, was weitere Abkühlung fördert, bei wärmeren Bedingungen unterstützt die geringere Albedo weitere Erwärmung.

In Abb. 4.7 sind Integrationen mit vier verschiedenen Anfangswerten für das System ohne interne Fluktuationen dargestellt. Das entscheidend Andere an diesem System ist, daß es nun zwei stabile Gleichgewichtszustände besitzt, d.h. es neigt dazu, sich zum jeweils nächstliegenden Gleichgewichtszustand zu bewegen.

Sobald in der langwelligen Transmissivität zufällige Fluktuationen eingebracht werden (wie in Abb. 4.5), weist das Modell eine deutlich andere zeitliche Struktur auf (Abb. 4.8) als im Lauf mit konstant parametrisierter Albedo. Nicht allein größere Amplituden sind die Folge, sondern auch die Häufigkeitsverteilung der angenommenen Werte und die Zeitskala der Reaktion haben sich verändert. Der Zeitverlauf wie auch die Verteilung deuten die Existenz von zwei bevorzugten Zuständen an (287,5 K und 288,4 K, Kreuzungspunkte der Albedo-Kurve und der gestrichelten Linie in Abb. 4.6).

Da die Störungen meistens nicht groß sind, wird dies in der Regel der gleiche Gleichgewichtszustand sein und ein Übergang nur selten erfolgen. Erst eine größere Störung (oder viele kleine gleichgerichtete) veranlassen das System, in das andere Niveau zu wechseln, wo es bis zur nächsten größeren (entgegengerichteten) Störung bleibt. Dies zeigt sich besonders deut-

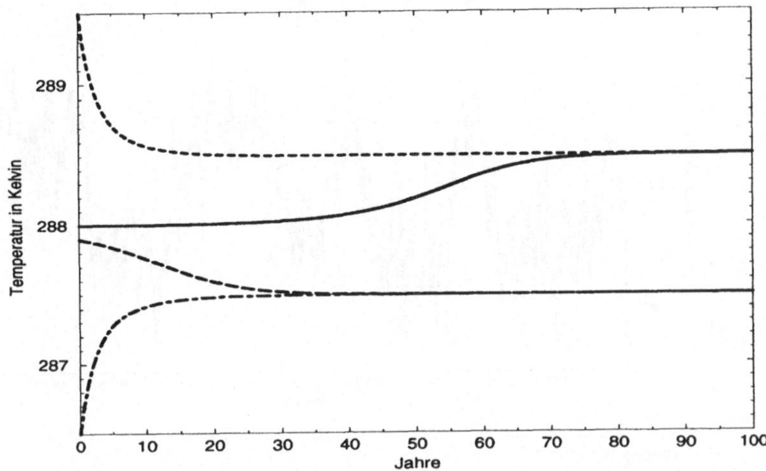

Abb. 4.7. Integration des EBMs mit Albedo-Temperatur-Rückkopplung (Gleichung 4.8) von verschiedenen Startwerten.

lich in der Häufigkeitsverteilung der Temperaturwerte: Konnte man ohne die Temperatur-Albedo-Wechselwirkung noch gut eine normal verteilte Temperatur sehen, so weist die Verteilung nun zwei ausgeprägte Maxima auf (Bimodalität). Das Modellsystem bewerkstelligt so also eine Transformation der antreibenden Fluktuationen hinsichtlich der Amplitude, der Verteilung und der zeitlichen Struktur.

Wird der Zufallsprozeß abgeschaltet, dann bewegt sich das System zum nächstgelegenen Gleichgewicht – der Ansatz für die Albedo selbst bewirkt keine Variabilität in dem System. Wieder sind es die ungeregelten Störterme, die diese Facette in der Dynamik des Systems zum Leben erwecken.

Die Schwankungsbreite der langwelligen Transmissivität und die Temperaturfunktion der Albedo wurden hier nicht an der Realität geeicht, sondern so bestimmt, daß die Phänomene klar zum Vorschein kommen. In den im folgenden Kapitel 6 besprochenen realitätsnahen Zirkulationsmodellen stehen viele solcher Prozesse in Wechselwirkung, und in der Regel ist das Verfolgen von Wirkungsketten nicht möglich. Insofern sind Zirkulationsmodelle nicht geeignet, Diskussionen wie in diesem Kapitel zu führen. Auch Beobachtungsdaten sind in dieser Hinsicht nicht unmittelbar hilfreich, da beobachtete Zeitreihen oft ein Erscheinungsbild haben, das den oben gezeigten Zeitreihen ähnelt – und wir haben in diesem Kapitel gesehen, daß solche Verhaltensweisen verschiedene Gründe haben können. Um Verständnis für Vorgänge in der Realität und in realitätsnahen Zirkulationsmodellen zu gewinnen, bietet es sich an, das dort zu beobachtende Verhalten mit konzeptionellen Modellen, und dazu gehören EBMs, darzustellen und zu diskutieren.

Eine Bimodalität wie in diesem einfachen Modell kann nur in nichtlinearen Systemen auftreten, und daher gibt es Bemühungen, in Klima- und Wetter-

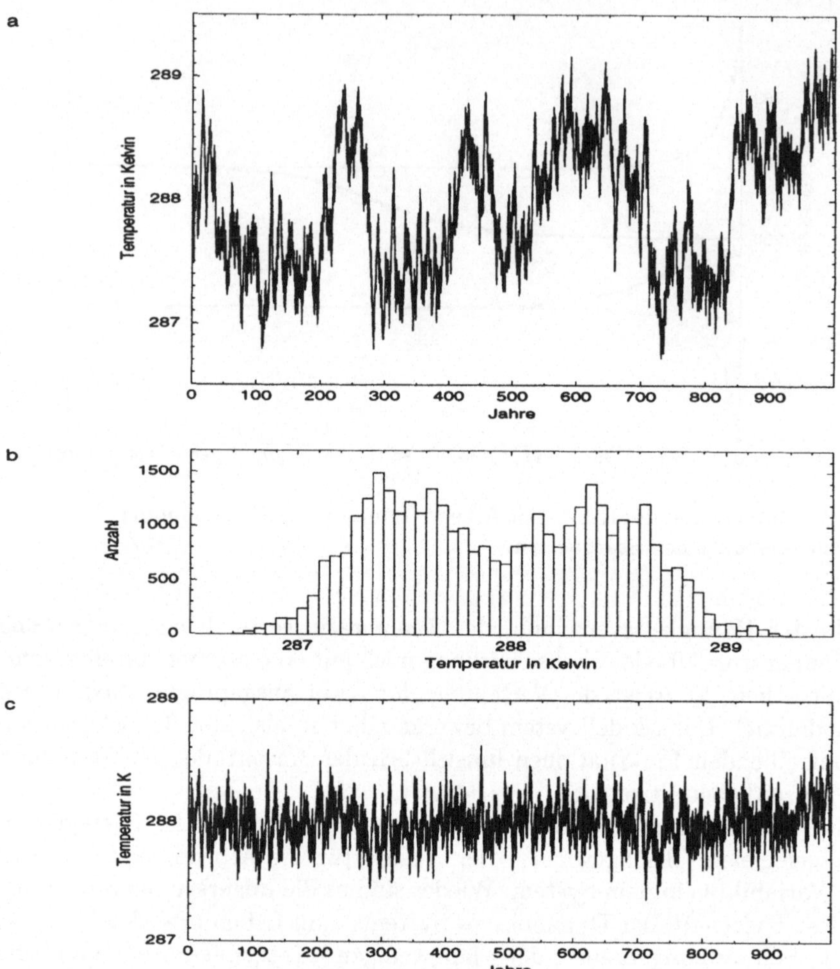

Abb. 4.8.   a: Langfristverhalten des EBMs bei temperaturabhängiger Albedo (aus Abb. 4.6). b: Die Häufigkeitsverteilung des Ergebnisses. c: Als Vergleich das Langzeitverhalten des EBMs bei konstanter Albedo, quasi die Verlängerung von Abb. 4.5b.

daten solche Bi- oder Multimodalitäten zu entdecken. Im Falle des Wetters, also der Schwankungen von Tag zu Tag bzw. von Woche zu Woche, ist dies bislang nicht gelungen. Man geht aber davon aus, daß auf längeren Zeitskalen die Tiefenzirkulation des Ozeans (Abschnitt 2.3) qualitativ eine solche Charakteristik zeigt.

5 Grundlagen von Strömungsmodellen

Ist man mit der Frage nach dem Verhalten des gesamten Klimasystems konfrontiert, zum Beispiel im Zusammenhang einer Prognose zukünftiger Klimaänderungen auf Grund energiepolitischer Szenarien, dann reichen konzeptionelle Modelle nicht aus. Zum Beispiel ist die Berechnung der atmosphärischen Durchlässigkeit allein für CO_2 noch relativ einfach. Eine sich daraus ergebende Erwärmung kann aber zu mehr Verdunstung, zu mehr Wasserdampf (dem wichtigsten Treibhausgas) in der Atmosphäre, u.U. zu mehr oder auch nur anderen Wolken führen und damit die Albedo verändern. Höhere atmosphärische Wasserdampfgehalte würden den CO_2-induzierten Treibhauseffekt verstärken, eine Erhöhung der Wolken-Albedo ihn abschwächen.

Zur Beantwortung solcher Fragestellung nach der Wichtigkeit und den Wechselwirkungen verschiedener Prozesse haben sich realitätsnahe Zirkulationsmodelle als ein wichtiges Werkzeug erwiesen. In diesen Modellen wird versucht, die vorliegenden Kenntnisse über die einzelnen Prozesse im Klimasystem so konsistent wie möglich einzubringen. Heute verwendet man für die meisten klimarelevanten Fragestellungen solche Modelle mit einer dreidimensionalen räumlichen Auflösung von Atmosphäre und Ozean. Damit lassen sich die Strömung und viele andere Prozesse basierend auf physikalischen Grundprinzipien einigermaßen realistisch und detailliert simulieren. Ein solches dynamisches Zirkulationsmodell kann die allgemeine Zirkulation (Abschnitt 2.2) darstellen und wird deshalb oft auch nach dem englischen Begriff „General Circulation Model" GCM abgekürzt.

Wie solche Zirkulationsmodelle aufgebaut sind und wie sie funktionieren, wird im folgenden Kapitel dargestellt. Wir wollen hier Gleichungen nicht ausformulieren, sondern versuchen, eine anschauliche Darstellung zu geben. Die physikalisch-mathematischen Ableitungen der *Fluidmechanik* sind in vielen allgemeinen oder speziell geophysikalisch orientierten Standardwerken dargestellt, empfehlenswerte Einführungen sind u.a. Roedel (1994), Schade und Kunz (1980), Tritton (1977), Gill (1982) und Washington und Parkinson (1986).

5.1
Grundgleichungen der Strömungs- und Thermodynamik

5.1.1
Zustandsvariablen

Die grundlegenden Variablen, die das Strömungsverhalten der Fluide Atmosphäre und Ozean darstellen, sind *Temperatur*, die *Dichte* des Fluids, *Druck* und die drei Raumkomponenten der *Strömungsgeschwindigkeit*. Im Ozean

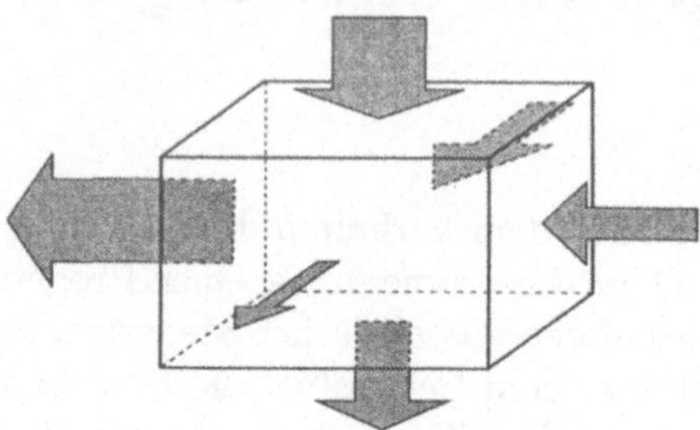

Abb. 5.1. Bilanzgleichungen betrachten ein (dreidimensionales) Volumenelement und die Flüsse durch seine Begrenzungsflächen in den drei Raumrichtungen.

wird an Stelle der Dichte meist der *Salzgehalt* als Variable geführt, da durch Angabe von Salzgehalt, Temperatur und Druck die Dichte definiert ist. In der Atmosphäre kommen noch die Gehalte an *Wasserdampf* und flüssigem *Wolkenwasser* hinzu, da ihre Umwandlung Energie freisetzt oder erfordert, und sie die Luftdichte mitbestimmen. Alle diese Größen variieren in der Zeit und im dreidimensionalen Raum.

Die Beziehung dieser Variablen zueinander und ihre zeitliche Veränderung lassen sich durch Grundprinzipien der Hydrodynamik und der Thermodynamik darstellen, wie die Erhaltung von Masse, Energie und Impuls. Diese Grundprinzipien können in mathematischen Bilanz- und Zustandsgleichungen ausdrückt werden, die wir hier beschreiben wollen für ein ortsfestes Volumen, durch das Materie und Energie fließen, die jeweils formal nach den drei Raumrichtungen aufgeteilt sind (Abb. 5.1).

Zum Verständnis der Zustandsvariablen ist es nützlich, all diese jeweils als „Eigenschaft pro Volumen" aufzufassen: die Dichte als Masse pro Volumen in kg/m^3, die Energie in $Joule/m^3$ etc. Die Flüsse sind dann „Eigenschaft" bezogen auf einen Zeitraum und auf die Begrenzungsflächen der gedachten Volumina: ein Massefluß in $kg/(m^2 \cdot s)$, ein Energiefluß in $J/(m^2 \cdot s)$ (was gleich der schon in Kapitel 2 verwendeten Einheit W/m^2 ist).

5.1.2
Gesetz der Massenerhaltung

Die Masse in einem Volumen kann sich nur durch Zu- oder Abfluß über die Ränder des Volumenelements verändern (*Kontinuitätsgleichung*). Stellt man über ein Zeitintervall für ein (ortsfestes) Volumen eine Bilanz der Flüsse von Fluidmasse (Luft bzw. Wasser) durch dessen Oberfläche auf (Summe aller Zuflüsse minus Summe aller Abflüsse), so nimmt die Masse im Volumen und damit die Dichte des Fluids bei Überwiegen der Zuflüsse zu, und im Falle von stärkeren Abflüssen ab. Drei Beispiele sind in Abb. 5.2 dargestellt.

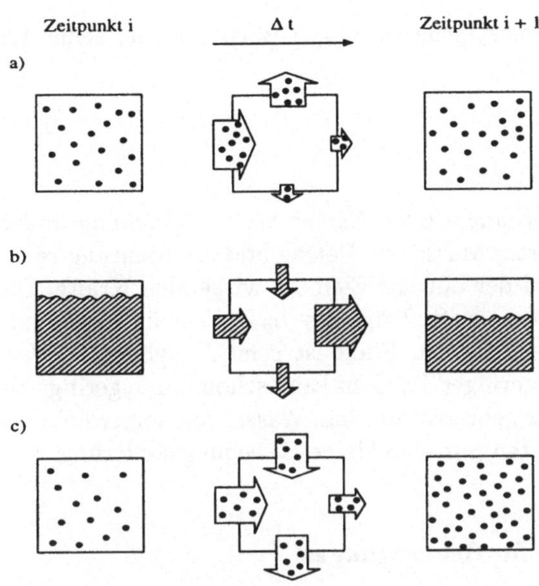

Abb. 5.2. Drei Beispiele der Massenbilanz, es sind jeweils nur zwei der drei Raumrichtungen dargestellt. a: Inkompressible Strömung (z.B. Wasser): Zuflüsse und Abflüsse sind in der Summe gleich, die Dichte im Volumenelement ändert sich nicht. b: Element an der Ozeanoberfläche: Stärkerer Ab- als Zufluß bedeutet Abnahme des Wasserstandes (Änderung pro Zeit negativ). c: Kompressible Strömung: Überwiegen der Zuflüsse führt zu einer Dichtezunahme.

5.1.3
Prinzip der Energieerhaltung

Der erste *Hauptsatz der Thermodynamik* besagt, daß Energie weder erzeugt noch vernichtet, sondern nur zwischen verschiedenen Formen umgewandelt werden kann. Diese Formen sind u.a. Strahlungsenergie, Wärmeenergie (fühlbar und latent) und mechanische Energie (Lage- und Bewegungsenergie). Die physikalische Formulierung dieses Grundprinzips ist analog zum Kontinuitätsgesetz: Für ein gedachtes Volumen wird eine Energiebilanz aller Energieformen über ein Zeitintervall erstellt. Fließt während der betrachteten Zeitdifferenz z.B. mehr kurzwellige Strahlungsenergie durch die Oberfläche in das Volumen hinein als wieder hinaus, so muß dieser Energieüberschuß in anderer Form entweder aus dem Volumen wieder entweichen (z.B. in Form langwelliger Strahlung oder Bewegungsenergie) oder eine Energiezunahme innerhalb des Volumens bewirken (z.B. in Form einer Temperaturerhöhung oder Verdunstung). Das Ausmaß einer solchen Temperaturerhöhung wird u.a. vom Wärmespeichervermögen des Fluides bestimmt. Wird einem Fluid eine definierte Wärmemenge zugeführt, so ändert ein Stoff mit geringem Wärmespeichervermögen (z.B. Luft) seine Temperatur stark, während ein Medium

mit hohem Wärmespeichervermögen (z.B. Wasser) seine Temperatur dann
nur wenig verändert.

5.1.4
Impulserhaltung

Gemäß der *Bewegungs-* oder *Navier-Stokes-Gleichung* ändert ein Fluidele-
ment mit definierter Masse den Betrag und die Richtung seiner Geschwindigkeit entsprechend der auf das Element wirkenden Kräfte. Dies sind Schwerkraft, Druckgradientkraft, Trägheits- bzw. Coriolis-Kraft und Reibungskraft.

Charakteristisch für ein Fluid ist seine Trägheit, bestimmt durch seine
Dichte. Luft mit geringer Trägheit kann schon durch geringe Kräfte abgelenkt,
beschleunigt oder gebremst werden. Wasser mit seiner höheren Dichte erfährt
bei gleichen Kräften nur eine kleine Bewegungsänderung.

5.1.5
Massenbilanzen für Beimengungen

Beimengungen sind beispielsweise Salz, Wasserdampf, flüssiges Wasser oder
Spurengase. Diese Erhaltungseigenschaft ähnelt der Massenerhaltung, unterscheidet sich aber von dieser durch einen wesentlichen Aspekt: Innerhalb
des Volumens können Senken und Quellen sein, d.h. ein Zunahme von z.B.
Wasserdampf muß nicht notwendigerweise auf einen Zufluß über den Rand
des Volumens erfolgt sein, sondern kann im Inneren entstehen, beispielsweise
durch Verdunstung von Wolkentropfen. Die Erhaltungsgleichungen enthalten
also noch Terme für die Quellen- und Senkenprozesse. Kondensation fungiert
in der Bilanzgleichung für Wasserdampf als Senke (Konzentrationsabnahme),
in der Gleichung für flüssiges Wasser als Quelle (Konzentrationszunahme).

Für den mathematisch interessierten Leser möchten wir noch exemplarisch
die Massenbilanzgleichung für eine Beimengung darstellen, und eine Plausi-
bilitätsbetrachtung anhand von Abb. 5.3 für ihr Zustandekommen geben. Die
Konzentration einer Eigenschaft S (z.B. Salzgehalt, Wasserdampf oder Temperatur) ist im Fluid nicht gleichmäßig verteilt. Im betrachteten Ausschnitt
von Abb. 5.3 nimmt S linear in x-Richtung ab. Bewegt sich nun das Fluid
mit der Geschwindigkeit v_x während eines Zeitabschnittes Δt um die Distanz
Δx, so erhält man zu einem späteren Zeitpunkt $t + \Delta t$ die Verteilung der gestrichelten Linie. Am Referenzpunkt x_o äußert sich dies in einer Zunahme mit
der Zeit ΔS, die Änderungsrate ist $\Delta S/\Delta t$. Diese ist umso größer, je stärker
die räumliche Abnahme $-\Delta S/\Delta x$ ist, und je größer die Geschwindigkeit ist.
Man erhält für die lineare Näherung für diesen Transport, die *Advektion*, also

$$\frac{\Delta S}{\Delta t} \;=\; -\, v_x\, \frac{\Delta S}{\Delta x} \tag{5.1}$$

Erweitert man das Prinzip auf drei Raumrichtungen, so kommen für die
Raumrichtungen y und z mit den entsprechenden Geschwindigkeitskompo-
nenten v_y und v_z noch die jeweiligen Terme additiv hinzu. Ersetzt man noch

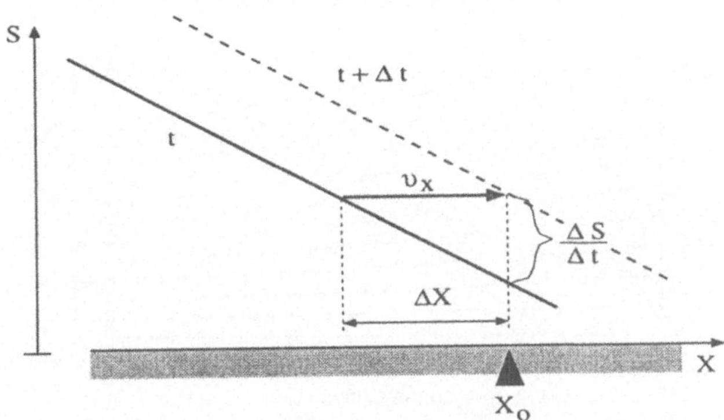

Abb. 5.3. Schema des advektiven Transports (vereinfacht). Die Konzentration einer Eigenschaft S im Fluid nimmt in x-Richtung ab, die Konzentration zum Zeitpunkt t ist als durchgezogene Linie dargestellt. Das Fluid strömt mit Geschwindigkeit v_x in x-Richtung, zu einem späteren Zeitpunkt t + Δt ergibt sich die Verteilung der gestrichelten Linie.

Δ aus dem diskreten Fall durch den entsprechenden Operator ∂ für den Grenzfall von infinitesimal kleinen Strecken, so ergibt sich:

$$\frac{\partial S}{\partial t} = -v_x \frac{\partial S}{\partial x} - v_y \frac{\partial S}{\partial y} - v_z \frac{\partial S}{\partial z} + Q(x, y, z, t) \qquad (5.2)$$

Hier wurde auch noch ein Term für die Quellen/Senken Q, der in Raum und Zeit variieren kann, einbezogen.

5.1.6
Zustandsgleichungen

Die Zustandsgleichung beschreibt (zeitunabhängig) die Dichte ρ des Fluids in Abhängigkeit von Druck p, Temperatur T und Wassergehalt (Atmosphäre) bzw. von Salzgehalt, Temperatur und Druck (Ozean). In Abb. 5.4 sind diese Zustandsfunktionen für Luft und Wasser in den relevanten Bereichen illustriert.

Für wasserdampffreie Luft ist die Zustandsgleichung durch die allgemeine Gasgleichung gegeben:

$$\rho = \frac{p}{R_L \cdot T} \qquad (5.3)$$

wobei R_L die spezifische Gaskonstante aus Tabelle 2.4 ist. Für die Berücksichtigung von Wasserdampf und Wolkenwasser sind noch Korrekturterme erforderlich.

Für Salzwasser gibt es eine so einfache Form der Zustandsform nicht. Man kann aber eine Polynomanpassung für diesen Zweck verwenden (siehe z.B. Dietrich et al., 1975).

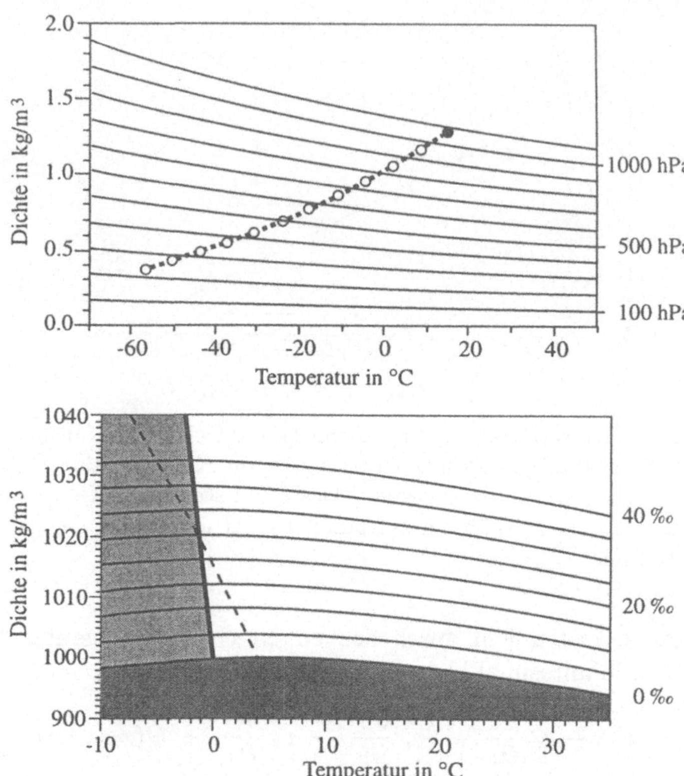

Abb. 5.4. *Oben*: Zustandsfunktion von (trockener) Luft. Die Linien sind Isobaren von 100 hPa (unterste Linie) bis 1100 hPa (oberste Linie) im Abstand von 100 hPa. Die gestrichelte Linie zeigt die vertikale Schichtung der Normatmosphäre (von am Boden 1013 hPa und 15°C, gefüllter Kreis) im Abstand von 1000 m (Kreise). *Unten*: Zustandsfunktion von Wasser auf Meeresoberflächenniveau (Druck von 1013 hPa). Die Isolinien bezeichnen gleiche Salinität im Abstand von 5 Promille. Untere Basislinie: 0 Promille (Süßwasser), oberste Linie: 40 Promille. Die gestrichelte Linie markiert das Dichtemaximum bei der jeweiligen Salinität. Der hellgraue Bereich liegt unterhalb der Gefriertemperatur (dicke Linie). Der Druck spielt bei Wasser ebenfalls eine Rolle, allerdings ist die Kompressibilität von Wasser wesentlich geringer als bei Luft: bei 1000 m Wassertiefe nimmt die Dichte um etwa 0,4% zu.

5.1.7
Zusammenfassung

Die oben beschriebenen Gleichungen hängen zusammen. So sind beispielsweise die Komponenten der Strömungsgeschwindigkeit in der Bewegungsgleichung beschrieben, sie tauchen aber auch in den Bilanzgleichungen für Masse, Wärmeenergie und Beimengungen auf. Dort geht die Strömungsgeschwindigkeit in die Transportterme (Zu- und Abflüsse) ein, da höhere Geschwindigkeit unter sonst gleichen Bedingungen auch einen größeren Transport bedingt. Hoher Druck, niedrige Temperatur oder erhöhter Salzgehalt ihrerseits bedeuten höhere Dichte, und diese wiederum beeinflußt die Trägheit in den Bewegungsgleichungen. Kondensation in einem bestimmten Volumen bedingt eine Abnahme des Wasserdampfes, eine quantitativ entsprechende Zunahme des Flüssigwassergehaltes und eine Zunahme der fühlbaren Wärme, d.h. der Temperatur.

Mit Ausnahme der Zustandsgleichung sind diese Grundprinzipien als Differentialgleichungen gegeben, d.h. sie stellen einen mathematischen Zusammenhang nur für die zeitlichen Änderungen der Zustandsgrößen dar. Solche Gleichungen gelten nur für (infinitesimal) kleine Fluidvolumina und (infinitesimal) kleine Zeitschritte.

Bei der weiteren Behandlung der Gleichungen sind noch einige Hindernisse zu bewältigen, um schließlich zu einer Lösung zu gelangen. In einem ersten Schritt vereinfacht man die theoretisch gegebenen Gleichungen. Dazu analysiert man die Gleichungen und stellt fest, welche Komponenten in den Gleichungen für die Beschreibung der Zirkulation in Ozean oder Atmosphäre von untergeordneter Bedeutung sind, oder eine weitere Lösung erschweren können. Hierzu gehört z.B. die Ausbreitung von Schallwellen. Solche Prozesse können z.T. durch geeignete Transformation der Gleichungen eliminiert werden.

5.2
Diskretisierung

Man kann versuchen, für den Satz von transfomierten Differentialgleichungen eine analytische Lösung zu finden, d.h. eine Formel, die für alle Variablen exakt angibt, wie groß diese an jedem Ort zu jedem beliebigen Zeitpunkt sind. Dies ist aber nur möglich für Probleme, die nur einen oder wenige Prozesse beschreiben und außerdem geometrisch einfach sind. So läßt sich eine analytische Lösung zum Beispiel für eine stationäre, nicht-turbulente Strömung in einem geraden Rohr mit konstantem Durchmesser finden.

Bei der Vielzahl der interagierenden Prozesse im Klimasystem mit ihren räumlich variierenden Gegebenheiten wie Land/Meer-Verteilung, Albedo, Topographie, Wolken etc. und der dreidimensionalen Strömung ist dies nicht mehr möglich. Man versucht deshalb, sich mit *numerischen Näherungslösungen* zu behelfen.

5.2.1
Räumliche Diskretisierung

Um diese Näherungslösungen zu erhalten, unterteilt man die Erd/Ozean-Oberfläche durch ein Gitternetz – ähnlich dem geographischen Längen-Breiten-Gradnetz – in Segmente (*horizontale Diskretisierung*). Heutzutage

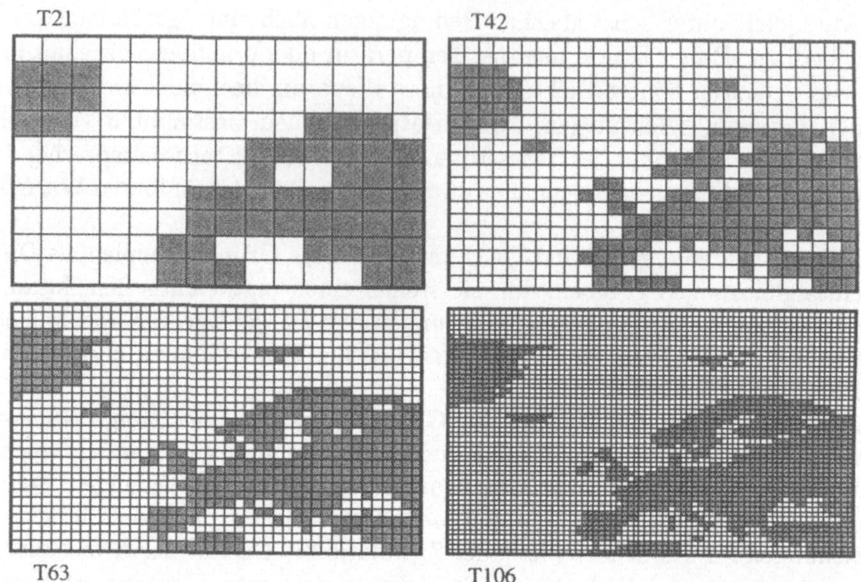

Abb. 5.5. Horizontale Aufteilung von Europa und dem nördlichen Nordatlantik
in Gitterelemente, auf denen Klimamodelle gerechnet werden. *Oben*: T21 und T42.
Unten: T63 und T106. Die Auflösung T21 war für lange Zeit Standard in Klimamodellen und wird auch heute noch häufig verwendet, um die gewünschten Rechnungen
überhaupt in einer überschaubaren Zeit auf den Computern realisieren zu können.
Die beste Darstellung T999@T106 wird vorwiegend in der Wettervorhersage eingesetzt. (Von Hellbach und Cubasch)

verwendet man aus rechentechnischen Gründen oft Gitternetze mit Unterteilungen von bestimmten Zweierpotenzen. Bei der gröbsten Auflösung, als
T21 bezeichnet, wird die Erdoberfläche der geographischen Länge nach in
64 Segmente eingeteilt, in der Breite in 32 Abschnitte, was Flächen von 5.6°
Kantenlänge – im Mittel etwa 550 km – ergibt. Ein Ausschnitt ist zusamm-
men mit weiteren gebräuchlichen, feineren Unterteilungen in Abb. 5.5 dargestellt. Die T21-Auflösung liegt den meisten langen Klimasimulationen (also
über Hunderte von Jahren) zugrunde. Offensichtlich wird die Land-Meer-
Verteilung nur sehr schematisch repräsentiert, und es macht keinen Sinn von
einer „Nordsee" in dieser diskretisierten Darstellung zu sprechen. Sie hat sich
dennoch als ausreichend erwiesen, um das Klima auf der planetarischen Skala
richtig zu beschreiben.

In der Höhe wird die Atmosphäre in verschiedene Schichten aufgeteilt, der
Ozean in der Tiefe ebenso (*vertikale Diskretisierung*). Dabei wählt man die
Schichtdicke nicht einheitlich, sondern unterteilt in feinerer Auflösung dort,
wo die größten vertikalen Unterschiede zu erwarten sind: in der Atmosphäre
ist dies die untere Grenzschicht, beim Ozean die obere Deckschicht. Ein für
Klimazwecke gebräuchliches Ozeanmodell hat beispielsweise 11 Schichten, de-

ren Mitten in Tiefen von 25 m, 75 m, 150 m, 250 m, 450 m, 700 m, 1000 m, 2000 m, 3000 m, 4000 m und 5000 m liegen. Bei einem typischen Atmosphärenmodell befinden sich die Schichtmitten etwa in Höhen von 25 m, 150 m, 400 m, 800 m, 1400 m, 2200 m, 3100 m, 4300 m, 5600 m, 7000 m, 8700 m, 10300 m, 12100 m, 14100 m, 16300 m und 18600 m über dem Erdboden. Ozean und Atmosphäre werden für die weitere Bearbeitung nun nicht mehr als Kontinuum angesehen, sondern zusammengesetzt aus den so entstandenen, diskreten Gitterboxen.

Für eine Gitterfläche an der Erdoberfläche werden über ihre gesamte Ausdehnung, d.h. im Falle der T21 Auflösung bis zu 250 000 km^2, konstante Eigenschaften (Albedo, topographische Höhe, Pflanzenbewuchs, Wasserspeichervermögen) angenommen. Den einzelnen Gitterboxen der Atmosphäre werden ebenfalls über das ganze Volumen konstante Werte für die Zustandsvariablen zugeordnet. Im Hinblick auf einzelne Variable wie Wolkenbedeckung wird auch noch für jedes Gitterelement je ein Anteil von wolkenfreier und wolkenbedeckter Fläche berechnet. Im Ozean gilt entsprechendes. Auch beim Meereis wird die Größe des Flächenanteils eines Gitterelements, der mit Eis bedeckt ist, angegeben.

Die räumlich gemittelte Sicht bedeutet für Gebirge, daß über eine Gitterbox gemittelte topographische Höhen verwendet werden, mit der Wirkung, daß in T21 die Alpen nur als ein flacher Hügel erscheinen. Dies ist aber kein gravierendes Problem, da die Alpen als ein kleineres regionales Gebirge – etwa im Unterschied zu den Rocky Mountains oder Grönland – für die Ausprägung des globalen Klimas ohnehin von untergeordneter Bedeutung sind.

5.2.2
Zeitliche Diskretisierung

Auch die zeitliche Entwicklung wird nicht mehr kontinuierlich betrachtet, sondern diskret. Man berechnet so nur noch die mittlere Änderung über ein Zeitintervall, also in Sprüngen von einigen Minuten bis zu Wochen, wie wir das für das einfache EBM in 4.2 schon illustriert haben.

Die Wahl der Diskretisierung ist eine Balance zwischen erforderlicher horizontaler Auflösung – je mehr regionale Details gewünscht werden, umso höher muß die Auflösung sein – und der verfügbaren Rechnerzeit. Bei der Verdoppelung der horizontalen Auflösung vervierfacht sich die Anzahl der Gitterpunkte und damit auch die Zahl der Rechenoperationen. Zusätzlich ist die Wahl des Zeitschritts abhängig von der räumlichen Diskretisierung: Um die numerische Lösung rechnerisch stabil zu halten, muß bei einer Verfeinerung der räumlichen Auflösung um das doppelte auch der Zeitschritt halbiert werden, was eine weitere Erhöhung des Rechenaufwandes bedeutet. Ein T21 Modell kann mit einem Zeitschritt von 40 Minuten gerechnet werden, in T42 sind es nur noch 20 Minuten. In der Wettervorhersage sind nur Simulationszeiten über einige Tage erforderlich, so daß in dieser Anwendung T106 und noch höher auflösende Modelle zum Einsatz kommen.

5.3
Parametrisierung und subskalige Prozesse

5.3.1
Schließungsproblem

Zur Übersicht sei nun eine kurze Zwischenbilanz beispielhaft für ein Atmosphärenmodell angestellt. Für jedes der Volumina sind acht Größen bekannt: drei Raumkomponenten der Strömungsgeschwindigkeit, Wärmeenergie (in der Regel als Temperatur ausgedrückt), Dichte, Luftdruck, Wasserdampf und Flüssigwasser jeweils zum aktuellen Zeitschritt i. Die zu berechnenden acht Unbekannten sind die gleichen Variablen für den folgenden Zeitschritt $i + 1$. Zur Verfügung stehen ebenfalls acht Gleichungen (drei Bewegungsgleichungen (eine für jede Raumkomponente), je eine Bilanzgleichung für Fluidmasse, Energie, Wasserdampf und Flüssigwasser und die Zustandsgleichung). Für n Volumenelemente steigt die Zahl der Unbekannten auf ein n-faches an, es sind aber auch n-mal soviele Gleichungen vorhanden.

Damit ergeben sich zwei Probleme. Zum einen enthalten die Gleichungen bis jetzt noch viele weitere Unbekannte, nämlich die Flüsse. Diese müssen noch explizit angegeben werden, oder sie werden ausgedrückt als Funktion der sieben bekannten (und gegebenenfalls auch der sieben unbekannten) Zustandsvariablen. Man nennt dieses Vorgehen „Schließung der Gleichungen". Dies ist relativ unproblematisch für Transportprozesse, deren Skalen sehr groß sind im Vergleich zur Diskretisierungsskala, z.B. für den advektiven Transport, wie er in Abb. 5.3 dargestellt ist.

Das zweite Problem betrifft nun die Diskretisierung. Die in Abschnitt 5.1 beschriebenen physikalischen Grundgleichungen beschreiben in ihrem grundlegenden Prinzip alle fluiddynamischen Prozesse, also auch turbulente Wirbel in der Größenordnung von Metern oder Zentimetern, oder die Strömung um einen fallenden Regentropfen. Für die diskreten Fluidvolumina sind die ursprünglichen Differentialgleichungen ersetzt worden durch Differenzengleichungen. Den Zustandsvariablen wird in jedem Volumenelement somit nur noch ein Mittelwert zugeordnet, sodaß alle Bewegungs- und Transportvorgänge, deren Skalen kleiner als die Elementgröße sind, nicht mehr erfaßt werden können.

Zwar ist eine explizite Beschreibung solcher kleinskaliger, turbulenter Strömungen gar nicht erwünscht, aber ihre Auswirkung auf die großskalige, aufgelöste Zirkulation kann nicht vernachlässigt werden. Die über eine horizontale Gitterfläche von 500×500 Kilometern gemittelte Vertikalgeschwindigkeit ist meist sehr gering, und damit auch die Vertikaltransporte von Wärmeenergie, Wasserdampf etc. Damit würde sich im Modell die Erdoberfläche viel zu stark erwärmen, da auch die molekulare Diffusion keine große Rolle spielt. Man muß also noch eine Beschreibung der Auswirkung der kleinskaligen, turbulenten Bewegungen auf die großskalige Strömung finden.

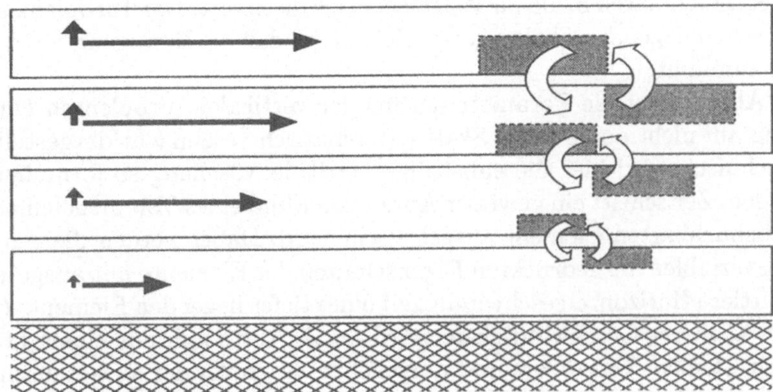

Abb. 5.6. Parametrisierung der subskaligen turbulenten Vertikal-Durchmischung in der unteren Atmosphäre. Die aufgelöste Bewegung (über jedes Volumenelement gemittelte Horizontal- und Vertikalgeschwindigkeit) ist links, die Wirkung der subskaligen (Vertikal-)Bewegungen rechts dargestellt. Bei jedem Zeitschritt wird ein Anteil (grau) von Fluid des Volumenelements mit dem benachbarten Element „ausgetauscht", d.h. alle aufgelösten Eigenschaften (wie Temperatur, Wasserdampfgehalt, Impuls) teilweise vermischt.

Man löst dies Problem durch die Hinzufügung von *Parametrisierungen*, d.h. von Termen, die den Netto-Effekt der nichtaufgelösten Prozesse auf die durch die Diskretisierung aufgelösten Prozesse darstellen. Diese Terme, oder Einflüsse von im wesentlichen Unbekanntem, werden als (deterministische) Funktionen der aufgelösten, mittleren Zustandsvariablen formuliert.

Eine formal befriedigendere Darstellung ist es, der Funktion zwischen den aufgelösten Variablen und parametrisierten Termen neben dem deterministischen Anteil auch eine stochastische Komponente zu geben, da auf den kleineren bzw. kürzeren Skalen dynamische Prozesse ablaufen, die nicht rein deterministisch erfaßt werden können. Diese Zufälligkeit kommt zum Beispiel in den turbulenten Fluktuationen, wie sie in Abb. 2.16 zu sehen sind, gut zum Ausdruck. In der Praxis beschränkt man sich jedoch fast immer auf den deterministischen Anteil.

5.3.2
Beispiel 1: Turbulenz

In Abschnitt 2.2.5 haben wir diskutiert, wie die Strömung in den ozeanischen und atmosphärischen Grenzschichten *turbulent* wird, so daß sich Kaskaden von immer kleineren Wirbeln bilden, wobei die kleinsten bis zum Bereich der Molekularbewegung reichen. Bei der Beschreibung der atmosphärischen Zirkulation gibt es somit immer nicht-vernachlässigbare Prozesse auf Skalen, die kleiner sind als die Gitterboxen (vgl. Abbildungen 2.4 und 2.22). Bewegungsenergie wird oft auf der großen Skala erzeugt (Mechanismus von Abb. 2.5), auf der molekularen Skala zu Wärmeenergie dissipiert. Die Turbulenz auf den dazwischen liegenden Skalen gewährleistet so, daß die Bewegung nicht immer mehr zunimmt.

In Abb. 5.6 ist die Parametrisierung der vertikalen turbulenten Durchmischung auf nicht aufgelösten Skalen schematisch vereinfacht dargestellt. Modelltechnisch wird hier die subskalige vertikale Mischung so formuliert, daß bei jedem Zeitschritt ein gewisser Anteil von Fluid eines Volumenelements mit dem benachbarten Element ausgetauscht wird. Dabei werden die durch Zustandsvariablen ausgedrückten Eigenschaften der Elemente mit ausgetauscht: die mittlere Horizontalgeschwindigkeit eines tiefer liegenden Elements (mit im Mittel kleinerer Geschwindigkeit) wird durch Austausch mit einem höherliegenden Element vergrößert und umgekehrt. Je größer der ausgetauschte Anteil, desto größer ist die Angleichung der Eigenschaften. Da in der Nähe einer Grenzfläche wie der Erdoberfläche nur kleinere Wirbel vorkommen können, ist hier der ausgetauschte Anteil kleiner und die vertikalen Unterschiede der mittleren Geschwindigkeiten sind ausgeprägter.

Wie groß der ausgetauschte Anteil ist, wird meist ausgedrückt in Abhängigkeit von der Entfernung vom Untergrund (nahe der Oberfläche können nur kleine Wirbel vorkommen), vom Betrag der Geschwindigkeit (mehr Bewegungsenergie für Turbulenz vorhanden) von der Differenz der mittleren Horizontalgeschwindigkeiten (erst Unterschiede können Wirbelbewegung anregen) und von der Temperaturschichtung (Instabilität regt Vertikalbewegung an). Man hat somit erreicht, daß man die Turbulenzeffekte als Funktion der bekannten, aufgelösten Zustandsvariablen ausdrückt. Bezogen auf die turbulenten Schwankungen, die in Abb. 2.16 dargestellt sind, bedeutet dies, daß man den Vertikaltransporten, also gerade den dort sichtbaren Korrelationen zwischen den Variablen, Rechnung trägt.

5.3.3
Beispiel 2: Konvektion und Wolkenbildung

Nicht nur bei der Dissipation von Bewegungsenergie, sondern auch bei deren Erzeugung spielen subskalige Prozesse eine so entscheidende Rolle, daß diese nicht ignoriert werden können, sondern parametrisiert werden müssen. Bei der Anregung von atmosphärischen Vertikalbewegungen haben Konvektionszellen eine Horizontalausdehnung von nur wenigen Kilometern und können daher in globalen Modellen nicht aufgelöst werden. Sie sind aber entscheidend für die Ausbildung der globalen Zirkulation, da sie der einzige schnelle und effektive Mechanismus für Vertikaltransporte über mehrere Kilometer sind. In der Atmosphäre finden sich solche Zellen vor allem in der Innertropischen Konvergenzzone. Diese Zellen sind der physikalische Mechanismus, der die im Zeitmittel erscheinende, sich über Tausende von Kilometern erstreckende Hadley-Zelle antreibt (vgl. Abb. 2.9). Ebenso im Ozean: Die Konvektionszellen, in denen die tiefenwasserproduzierende Konvektion stattfindet, haben einen Durchmesser von nicht mehr als einem Kilometer.

Eine vollständig befriedigende Parametrisierung für Konvektionsprozesse in der Strömungsmechanik und der Meteorologie gibt es noch nicht. Wird beispielsweise eine Luftschicht an einem strahlungsreichen Sommertag vom Boden her erwärmt und damit leichter, so passiert erst einmal fast nichts: die darüberliegenden Schichten verhindern ein Aufsteigen der erwärmten Luft. Erst wenn die untere Schicht sehr viel leichter ist, kommt Bewegung ins Spiel. Dies geschieht aber nicht gleichmäßig über die Luftschicht verteilt, vielmehr beginnt die Aufwärtsbewegung an besonders begünstigten Punkten, wo beispielsweise die Erwärmung geringfügig stärker ist, oder eine Aufwärtsströmung durch einen Berghang gefördert wird. In anderen Bereichen entsteht zum Ausgleich eine Absinkbewegung. Solche kleinräumigen Auf- und Abwärtsbewegungsmuster kann man an den Cumuluszellen in Satellitenbildern gut erkennen: Wolken bei Hebungszellen, klare Luft in Absinkregionen.

Eine relevante Wirkung auf den großskaligen atmosphärischen Zustand hat der vertikale Transport von Wärme und Wasserdampf, der dafür sorgt, daß bodennahe Luftschichten nicht zu warm werden, und höheren Schichten zusätzlich Wärme und Wasserdampf zugeführt wird. Eine Parametrisierung dieses Prozesses hat also den vertikalen Fluß von Wärme und Wasserdampf aus bodennahen Schichten in höhere Schichten zu beschreiben. Die großskalige Information zur Bestimmung dieses Flusses ist wiederum die vertikale Stabilität. Im einfachsten Fall werden zwei übereinanderliegende Volumina, wenn das untere ausreichend leichter ist als das obere, vollständig durchmischt („konvektive Anpassung"). Diese Formulierung beinhaltet, wie jede Parametrisierung, eine Vereinfachung des tatsächlichen Mechanismus.

Neuere Ansätze nutzen aufwendige Wolkenmodelle, die für die Parametrisierung in einem bestimmten Volumenelement nicht nur die Eigenschaften der unmittelbar darunter- und darüberliegenden Elemente verwenden, sondern die der gesamten Luftsäule. Dabei werden die freien Parameter im Wolkenmodell so bestimmt, daß sie einerseits konsistent mit Beobachtungen aus Meßkampagnen sind und andererseits im Gesamtzusammenhang des globalen Modells befriedigend funktionieren.

5.3.4
Kritische Übersicht

Ein Überblick über parametrisierte Prozesse im Atmosphärenmodell ECHAM (Max-Planck-Institut für Meteorologie / Deutsches Klimarechenzentrum) ist in Tabelle 5.1 zusammengestellt. Bei den Parametrisierungen kann man nur in wenigen Fällen auf eindeutige physikalische Grundprinzipien, wie die oben dargestellten Bilanzgleichungen, zurückgreifen. Vielmehr ist es oft so, daß man basierend auf physikalischem Prozeßverständnis einen funktionalen Zusammenhang ansetzt, und diesen Ansatz anhand von Meßergebnissen aus Beobachtungskampagnen mit einigen freien Konstanten anpaßt. In solchen – oft international abgestimmten – Beobachtungskampagnen werden mit häufig großem Materialaufwand (z.B. mehrere Forschungsschiffe oder Flugzeuge in

Tabelle 5.1.   Die wichtigsten parametrisierten Prozesse im Atmosphärenmodell
ECHAM3 des Max-Planck-Institut für Meteorologie / DKRZ.

Ausbreitung kurzwelliger Strahlung: unterteilt in 4 Wellenlängenintervalle
Ausbreitung langwelliger Strahlung: unterteilt in 6 Wellenlängenintervalle
Strahlungs-Absorptions-Charakteristiken für Wasserdampf, CO_2 und Ozon
Strahlungs-Absorption durch vordefinierte Aerosolkonzentration
Strahlungs-Absorption durch Wolken

Bedeckungsgrad und Wassergehalt für Schichtwolken
Bedeckungsgrad und Wassergehalt für konvektive Wolken
Temperaturabhängiger Eisanteil von Wolken
Regentropfenbildung
Sedimentation von Eiskristallen
Wiederverdunstung von Wolken- und Regentropfen

Konvektion
Turbulente Durchmischung abhängig von Temperaturschichtung,
Wind, Höhe und Rauhigkeit

Bodenreibung abhängig von der Rauhigkeit des Untergrundes
und der Temperaturschichtung der unteren Atmosphäre

Wärmespeicherung im Boden in 5 Schichten bis 10 m Tiefe
Wasserspeicherung in 1 Bodenschicht, einem Vegetationsreservoir und Schnee
Wärmefluß zwischen Untergrund und Atmosphäre
Fluß von Wasserdampf zwischen Untergrund und Atmosphäre
Niederschlag
Einfluß des Vegetationstyps auf Verdunstung und Wasser/Schneespeicherung
Oberflächenabfluß des überschüssigen Wassers in einem Flußnetz
Meereistemperatur aus Oberflächen-Energiebilanz
Horizontale subskalige Mischungsvorgänge

---

großer räumlicher und zeitlicher Dichte und hoher Genauigkeit) der Zustand
von Atmosphäre, Ozean, Meereis oder anderer Klimakomponenten ausge-
messen und analysiert. Meßergebnisse, etwa zu Strahlungseigenschaften von
Wolken, beziehen sich dabei immer auf Punkte oder kleine Flächen, können
dafür aber an vielen Orten wiederholt werden. Man geht deshalb davon aus,
daß sich die Parameter für höher aufgelöste Modell-Elemente besser bestimmen lassen als solche von nur grob auflösenden Modellen.

Teilweise werden Prozeßmodelle mit herangezogen, die einen kleinskaligen
Prozeß, etwa turbulente Wirbel in der bodennahen Grenzschicht, für einen
kleinen räumlichen Ausschnitt sehr viel besser auflösen können. Obwohl solche Modelle ihrerseits Prozesse auf noch kleineren Skalen wiederum nur parametrisiert berücksichtigen können, helfen sie doch, die Form der funktionalen
Zusammenhänge und die freien Konstanten einzugrenzen.

Da eine solchermaßen bestimmte Parametrisierung zum Teil auf physikalischer Einsicht und zum Teil auf empirischer Kenntnis beruht, wird sie als

semi-empirisch bezeichnet. Eine so bestimmte Parametrisierung funktioniert nicht unbedingt optimal in einem globalen Klimamodell, da Daten aus Meßkampagnen reale Prozesse mit allen kleinräumigen Effekten widerspiegeln und sich nicht an den groben Diskretisierungen eines globalen Klimamodells orientieren. Daher werden einige Konstanten in den Parametrisierungen im globalen Modell noch justiert, so daß der großskalige Zustand des Modells der Realität möglichst nahe kommt (*Eichung, Abstimmung*, englisch: tuning). Diese Notwendigkeit der Justierung bedeutet, daß Parametrisierungen ihrer funktionalen Form nach für Modelle verschiedener Auflösung dienen können, aber daß die quantitativen Werte der Konstanten für jede Auflösung neu geeicht werden müssen, um mit dem Modell das beobachtete Klima optimal zu reproduzieren.

Ein Problem dieser empirisch begründeten Konstanten und manchmal auch funktionalen Zusammenhänge sind deren quantitative Unsicherheiten, lokale Beschränkungen und zum Teil nur teilweise bekannten Einflußfaktoren. Meßkampagnen zu turbulenten oder konvektiven Prozessen können nicht für alle möglichen auf dem Globus vorkommenden Bedingungen angestellt werden, sondern immer nur für lokale Gegebenheiten. In einem globalen Modell sollte jedoch eine Parametrisierung für einen weiten Bereich von Umweltbedingungen (etwa in den Tropen und in mittleren Breiten, über eine Wüste und über tropischem Regenwald) gültig sein.

Ein interessantes Beispiel für die Notwendigkeit der Parametrisierungen zeigt die südwärtige Strömung von nordatlantischem Tiefenwasser über die Grönland-Schottland Schwelle. Dieses Tiefenwasser entsteht an der Oberfläche des Europäischen Nordmeers – das Wasser kühlt ab und wird wegen der Eisbildung schwerer, so daß es in das über 3000 m tiefe Becken absinkt. Dieses Becken ist vom Atlantik durch eine im Mittel nur 500 bis 700 Meter tiefe Schwelle zwischen Schottland und Grönland abgetrennt. Diese Schwelle ist aber stark zerklüftet. Neben den Faröer-Inseln, die bis zur Oberfläche aufragen, gibt es auch tiefe Einschnitte bis über 1000 m. Und diese engen Einschnitte von etwa 60 km Breite sind es auch, durch die das Tiefenwasser mit relativ hohen Geschwindigkeiten abfließt, lange bevor dessen Niveau die mittlere Tiefe der Schwelle von 600 m erreicht.

Ozeanmodelle können die Schwelle nur durch sehr wenige Gitterboxen darstellen, deren Topographie natürlich durch die mittleren Tiefen, also 500 bis 700 Meter gegeben sind. Insofern kann das Tiefenwasser in dem Modell nur abfließen, wenn sich genügend am Boden des Beckens gesammelt hat, so daß es mit der gemittelten Strömung schließlich über die Schwelle schwappt. Das Resultat ist, daß in dem Modell die Tiefenzirkulation unzureichend dargestellt wird. In Wirklichkeit aber strömt das Wasser durch die besagten Einschnitte als eine nicht darstellbare kleinskalige Strömung. Eine Parametrisierung besteht in diesem Falle darin, die Topographie geeignet zu vertiefen.

Die Unmöglichkeit eines diskreten Modells, räumliche Strukturen mit Skalen unterhalb der Auflösung zu beschreiben, bedeutet aber auch, daß man Strukturen, die gerade noch aufgelöst werden, große Vorsicht entgegenbringt.

Die Simulation der kleinsten aufgelösten Strukturen ist deshalb recht schlecht, weil man sich im Bereich der Ungenauigkeiten befindet, die man eingeht, wenn man die kontinuierliche Umwelt in diskrete Zellen einteilt. Findet man in einem Modellergebnis eine einzelne Gitterbox, die signifikant wärmer ist als die umliegenden, oder einen Wirbel, der nur aus vier Gitterpunkten besteht, so kann dies auch nur an der numerischen Approximation liegen. Physikalisch sinnvoll zu interpretierende Strukturen findet man erst ab einer Größe vom mehrfachen der Auflösung.

Parametrisierungen sind in allen Klimamodellen, gleich ob sie Zirkulationsmodelle oder Energiebilanzmodelle sind, und auch in den Wettervorhersagemodellen, in manchmal großer Zahl vorhanden - und sie haben sich in dem Sinne bewährt, daß die gut aufgelösten Strukturen von diesen Modellen in der Regel befriedigend dargestellt werden. Es ist aber immer die Frage zu stellen, ob diese Zusammenhänge, die ja unter den eingeschränkten aktuellen klimatischen Bedingungen erstellt wurden, auch unter veränderten Bedingungen (zukünftige CO_2-Anstiegs-Szenarien oder Eiszeiten) anwendbar sind. Wahrscheinlich wird auch die korrekte Darstellung regionaler Klimate durch solche pauschalen, semi-empirischen Rezepte behindert: Wenn im obigen Beispiel des Tiefenstromes um Island durch das modelltechnische Ausbaggern der Schwelle das großräumige Ergebnis des Tiefenstromes und des globalen Energietransportes realistisch wurde, gilt die Verbesserung natürlich nicht für die Details in der Umgebung von Island.

Als besonders kritisch anzusehen sind in allen Typen von Klimamodellen die Bereiche, die den Wasserkreislauf, die Wolkenphysik, oder die Konvektion im Ozean betreffen. Auch die Dynamik des Meereises erfordert komplizierte Parametrisierungen, da Meereis unter verschiedenen Belastungen (Zusammendrücken, Auseinanderziehen) veränderliche Eigenschaften zeigt. Auch der Schnee ist eine schwierig darzustellende Größe, da z.B. die thermische Leitfähigkeit etwa vom Alter des Schnees abhängt.

Man muß hier aber betonen, daß es sich bei diesem Problem nicht darum handelt, daß unfähige Wissenschaftler unbrauchbare oder schlechte Konzepte verwenden. Es handelt sich hier vielmehr um eine prinzipielle Schwierigkeit, der die Modelliererinnen und Modellierer so gut sie es können begegnen. Tatsächlich wird ein beträchtlicher Anteil der Forschung auf genau diese Fragen verwendet, und wenn es Unterschiede in der Einschätzung etwa des anthropogenen Treibhauseffektes gibt, dann liegen diesen Unterschieden Unsicherheiten in der Beurteilung von zu parametrisierenden Prozessen zugrunde.

5.4
Numerische Integration

Mit Hilfe der Parametrisierungen ist es nun gelungen, die diskretisierten Grundgleichungen zu schließen. Die Gleichungen geben nun an, wie sich die über eine Gitterbox gemittelten Variablen von einem Zeitpunkt zum nächsten

Tabelle 5.2. Randdaten für das Atmosphärenmodell ECHAM3.

Meeresoberflächentemperatur (variabel, für alle Zeitschritte)
Meereisbedeckung (variabel, für alle Zeitschritte)
Land-Meer-Verteilung und Topographie der Landoberfläche
Rauhigkeit des Untergrundes (an Land)
Vegetationstyp der Landoberfläche
Albedo von Land: aus Satellitenmessungen

---

verändern, wenn man die entsprechenden Größen der umliegenden Gitterboxen kennt.

Um das Modell zu starten, muß nun, da die Differenzengleichungen ja nur etwas über Änderungen aussagen, zuerst allen Zustandsvariablen in jedem Volumenelement im dreidimensionalen Gitter ein Zahlenwert zum Zeitpunkt null zugewiesen, d.h. der Anfangszustand muß definiert werden. Dieser Anfangszustand ist für Punkte nahe der Erdoberfläche noch relativ einfach aus Daten von Beobachtungsstationen oder Satellitenmessungen zu erhalten (Fernerkundung). Im einfachsten Fall werden die Gitterpunkts-Werte für das Modell aus den Beobachtungen interpoliert, für Wettervorhersagen werden aber auch raffiniertere Verfahren angewandt (Abschnitt 6.1).

Neben den Anfangsbedingungen müssen die Randbedingungen über den gesamten Integrationszeitraum, also bei jedem Zeitschritt, explizit vorgegeben sein. So darf z.B. kein Wasserfluß durch den Meeresboden stattfinden, und für die anderen Größen müssen ebenfalls Vorgaben gemacht werden. Am oberen Rand der Atmosphäre ist der Energiezufluß durch kurzwellige Einstrahlung (mit ihrem Jahresgang und evtl. längerfristigen Schwankungen) explizit vorzugeben. Die Ausstrahlung wird vom Modell errechnet. Die Randdaten, die für ein Atmosphärenmodell benötigt werden, sind in Tabelle 5.2 aufgeführt.

Mit Hilfe der diskretisierten Gleichungen kann nun für alle Variablen ein neuer Wert für den nächsten Zeitpunkt berechnet werden (*Integration*). Die Zeitschritte für Atmosphären-GCMs betragen etwa 12 bis 40 Minuten, für Ozeanmodelle wegen der größeren Trägheit ein bis wenige Tage. Die Berechnung aller neuen Variablenwerte für den nächsten Zeitpunkt muß für alle diskreten Volumina simultan erfolgen, denn diese stehen ja untereinander in Beziehung: ein Energieabfluß auf der Ostseite eines Elements muß beim anschließenden Element auf der Westseite einen genau gleich großen Zufluß darstellen.

6 Realitätsnahe Modelle des Klimasystems

Für anwendungsbezogene Fragestellungen – oft Vorhersagen – und auch Studien von klimatischen Prozessen möchte man Modelle verwenden, die eine detaillierte Beschreibung der Realität gestatten. Dabei versucht man, möglichst viele der Prozesse, die von bekannter oder vermuteter Bedeutung für die raum-zeitliche Entwicklung des atmosphärischen oder ozeanischen Zustandes auf den betrachteten räumlichen oder zeitlichen Skalen sind, explizit oder in parametrisierter Form in einem numerischen Modell darzustellen. Üblicherweise formuliert man für die Atmosphäre und den Ozean getrennt dreidimensionale Zirkulationsmodelle und kombiniert diese (Kopplung).

Die Realisierungen solcher Modelle können sich je nach Fragestellung stark unterscheiden bezüglich der räumlichen Auflösung und der beschriebenen Variablen und Prozesse. Entscheidend ist daneben auch, wie man für das betreffende Problem die Anfangs- und Randbedingungen aus der vorhandenen Datenlage vorgeben kann. Wir werden diese Punkte anhand der verschiedenen Fragestellungen in diesem Kapitel diskutieren.

Als erste Anwendung stellen wir die numerische Wettervorhersage vor (Abschnitt 6.1) und wenden uns dann den Simulationsmodellen des physikalischen Klimasystems und der Stoffkreisläufe zu (Abschnitt 6.2). Darauf aufbauend diskutieren wir das Anwendungsspektrum von realitätsnahen Klimamodellen, also die Darstellung von gegenwärtigen und prähistorischen Klimaten (Abschnitt 6.3), die Durchführung von numerischen Experimenten zur Untersuchung der Sensitivität des Klimasystems gegenüber veränderten Bedingungen (Abschnitt 6.4), und schließlich der kürzerfristigen Klimavorhersage (Abschnitt 6.5). Die mittelfristigen Prognosen der globalen anthropogenen Erwärmung behandeln wir aufgrund ihrer Bedeutung ausführlich in Kapitel 7. Wir schließen das Kapitel mit einer zusammenfassenden Bemerkung und mit einem Versuch der Modellbeurteilung (Abschnitt 6.6).

An vertiefender Literatur zum Thema Klimamodellierung empfehlen wir neben dem schon erwähnten Buch von Washington und Parkinson (1986) die Einführung von McGuffie und Henderson-Sellers (1997) sowie die Sammlungen von Ojima (1992) und Trenberth (1992). Oerlemanns und van der Veen (1984) behandeln das Festlandeis und dessen Modellierung.

6.1
Wettervorhersagemodelle

Die Praxis der numerischen Wettervorhersage mit realitätsnahen dynamischen Modellen wurde Ende der 40er Jahre eingeführt und wird seitdem von vielen Wetterdiensten auf der Welt mit stetigem Erfolg verbessert. Die Rech-

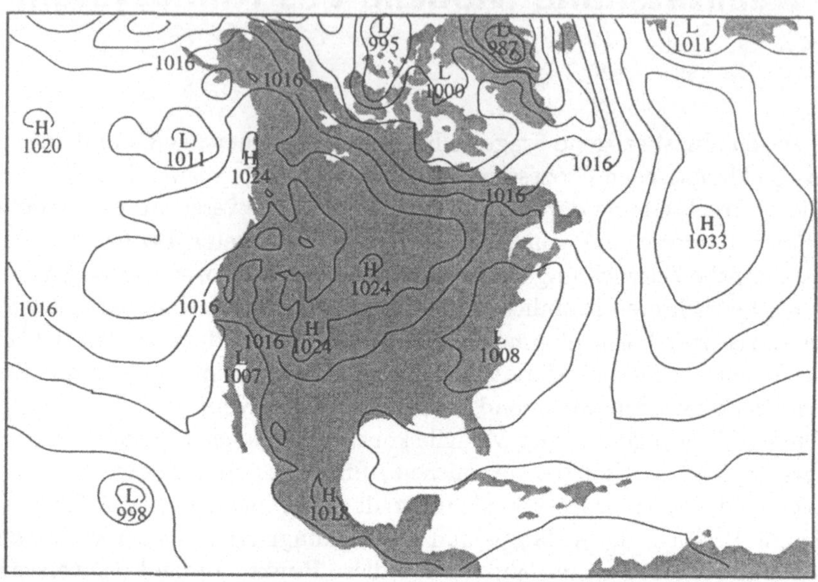

Abb. 6.1.   Ausschnitt von diskreten Analysen von Luftdruck auf Meeresniveau
(5. August 1997). Die Vorlagen für diese und die folgenden Abbildungen wurden
dankenswerterweise von der Universität Purdue zur Verfügung gestellt.

nungen werden weitgehend automatisch durchgeführt, den meteorologischen
Diensten bleibt aber noch ein erheblicher Aufwand bei der Aufarbeitung der
Datenbasis, bei der Interpretation der regionalen und lokalen Erscheinungs-
formen des Wetters und bei der Qualitätskontrolle.

Um eine numerische Vorhersage zu erstellen, benötigt man verschiedene
Komponenten: ein Modell, das die Systemdynamik beschreibt, die jeweiligen
Modellparameter (z.B. jahreszeitliche Einstrahlung), Anfangsbedingungen
für alle Zustandsvariablen (prognostische Variablen) und Randbedingungen
für die gesamte Integrationsperiode.

Unter *Vorhersage* versteht man den Vorgang, aus einem Anfangszustand
die tatsächliche weitere Entwicklung *im Detail* zu prognostizieren. Die maß-
gebliche Information, die neben der Einsicht in die Dynamik des betrachteten
Systems in die Vorhersage einfließt, ist dabei der Anfangszustand. Den Zustand der Atmosphäre kann man heutzutage zumindest für die unteren 10
bis 20 Kilometer recht gut bestimmen, und diese Zustände werden jeden Tag
als Anfangszustände für aufwendige Wetterprognosen verwendet, die in den
mittleren Breiten einen Informationswert für etwa drei bis sieben Tage haben.

Einem Wettervorhersagemodell müssen als Anfangsbedingung konsistente aktuelle Werte für alle Zustandsvariablen in allen Gitterzellen vorgegeben
werden (*Initialisierung*). Da aber nur Punktmessungen zur Verfügung stehen, und diese auch nur in Raum, Zeit und für verschiedene Variablen in
unregelmäßiger Weise, muß diese Information in eine dreidimensionale, dy-

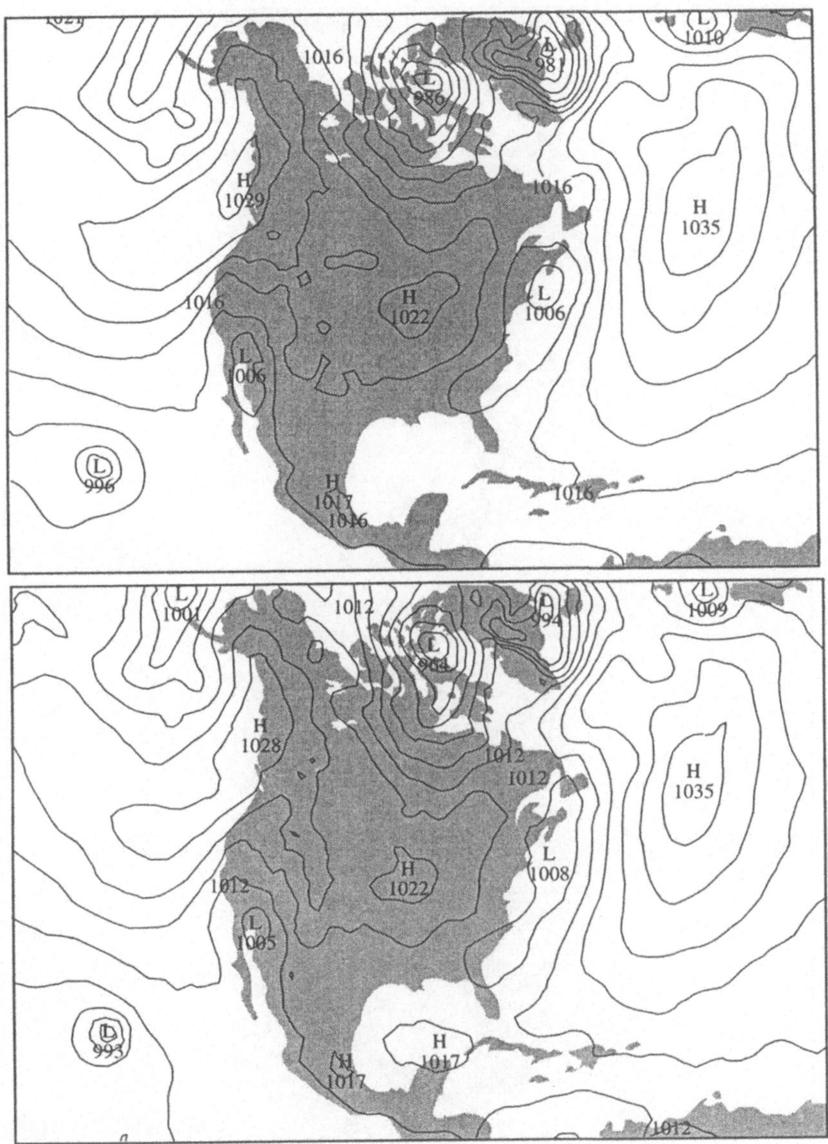

Abb. 6.2. *Oben*: Vorhersage für 24 Stunden für den Luftdruck ausgehend von Abb. 6.1. *Unten*: Der tatsächlich eingetretene Zustand.

namisch konsistente Darstellung im Zuge einer *Wetteranalyse* gebracht werden, was durch angepaßte Interpolationstechniken erfolgt. Außerdem werden die Analysen oft noch auf die konkreten Gegebenheiten des Wettervorhersagemodells (Auflösung, Strahlungsschema, Flüssigwasser-Parametrisierung) hin optimiert. Diese Vorbereitung der Anfangszustände ist für die Güte der

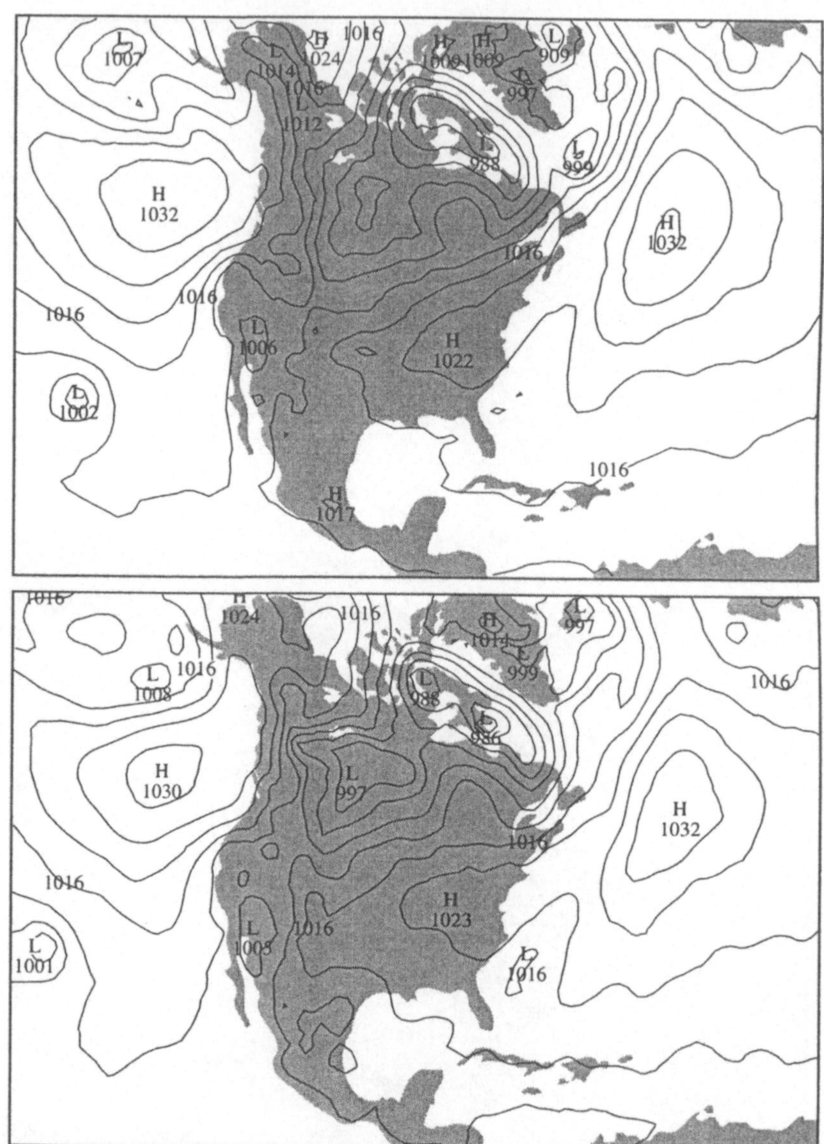

Abb. 6.3. *Oben*: Vorhersage für drei Tage für den Luftdruck. *Unten*: Der tatsächlich eingetretene Zustand.

Wetterprognose entscheidend, und daher wird viel Sorgfalt auf sie verwandt, wobei auch Fernerkundungsdaten von Satelliten und Flugzeugen sowie die Ergebnisse der jeweils letzten Kurzfristvorhersage einfließen. Ein Ausschnitt von initialisierten Anfangs-Analysen ist für den Luftdruck auf Meeresniveau in Abb. 6.1 dargestellt.

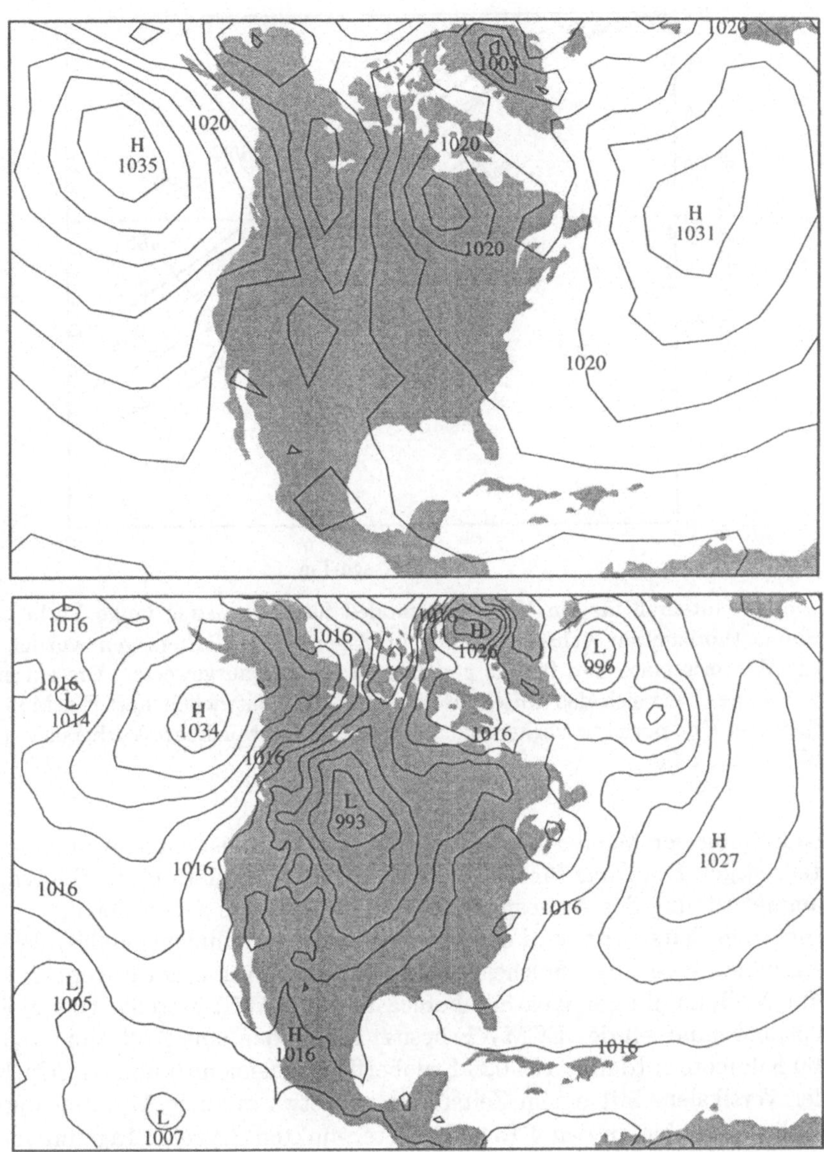

Abb. 6.4. *Oben*: Vorhersage für zehn Tage (Luftdruck). *Unten*: Der tatsächlich eingetretene Zustand.

Damit kann man beginnen, das Zirkulationsmodell über eine Zeitspanne von fünf bis zehn Tagen vorwärts zu integrieren. Über diesen kurzen Zeitraum können diejenigen Komponenten des Klimasystems, die sich deutlich langsamer verändern, als konstant angenommen werden. Dies sind Parameter wie Aerosolkonzentrationen oder Randwerte wie Temperatur und

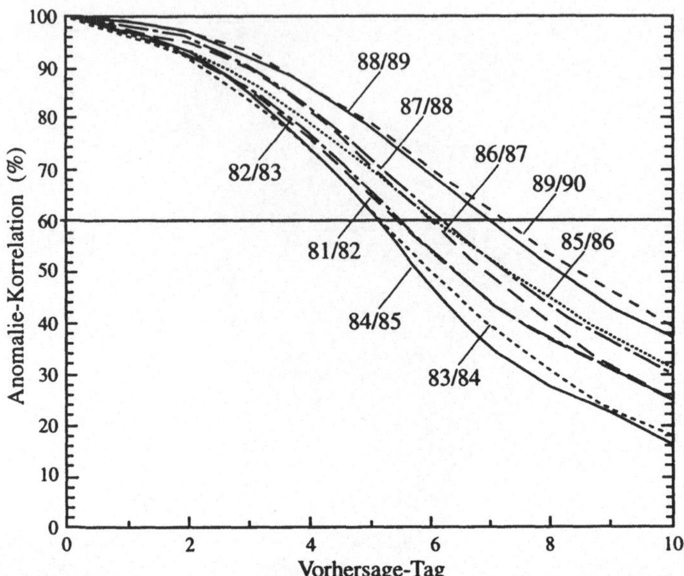

Abb. 6.5. Gütemaß für ein Vorhersagemodell für verschieden lange Vorhersagezeiträume (horizontale Achse, Angaben in Tagen). Die Vorhersagen wurden nur
für die Wintermonate und für die gemäßigten Breiten ausgewertet. Die einzelnen
Kurven zeigen, wie sich das Gütemaß über die Jahre entwickelt hat. Ein Maß von
100% deutet eine perfekte Vorhersage an, Null eine unbrauchbare Vorhersage. (Von
Kalnay et al., 1990)

Eisbedeckung der Meeresoberfläche. Noch viel mehr ist diese Annahme der
mittelfristigen Konstanz für die ozeanische Tiefenzirkulation, die Spurengas-
zusammensetzung der Atmosphäre oder die Biosphäre gerechtfertigt.

Für jeden Zeitschritt wird ein neues (globales, dreidimensionales) Feld aller Variablen berechnet. Solche Vorhersagen werden u.a. am European Centre for Medium Range Weather Forecasts (ECMWF) erstellt. Das globale
Atmosphärenmodell des ECMWF besitzt am Boden eine Auflösung von etwa 60 Kilometern (damit 134 028 Erdoberflächenelemente) und 31 Schichten
in der Vertikalen. Mit einem Zeitschritt von etwa zwanzig Minuten werden
dann die Variablen an den 4 154 868 Gitterpunkten für zehn Tage im voraus
errechnet. Dies liegt am oberen Rande dessen, was mit heutigen Computern
im Routinebetrieb noch möglich ist.

Ein Wettervorhersagemodell kann so, ausgehend von definierten Anfangsbedingungen, das Wettergeschehen für den nächsten Tag relativ gut deterministisch vorausberechnen. Nach drei Tagen wird die Übereinstimmung der
Prognose mit der Realität aber schon deutlich schlechter, und nach zehn Tagen hat die Vorhersage mit dem tatsächlich eingetretenen Wetter nur noch
wenig mehr gemein. In den Abbildungen 6.2, 6.3 und 6.4 sind Ausschnit-
te solcher Vorhersagefelder für die Variablen Luftdruck und geopotentielle

Höhe für Vorhersagen von einem, drei und zehn Tagen mit der jeweils eingetretenen Situation zusammengestellt. Die Gemeinsamkeiten zwischen der 10-Tage-Vorhersage und den entsprechenden Beobachtungen betrifft v.a. diejenigen Strukturen, die auch schon im mittleren Sommerzustand zu sehen sind (Abb. 2.14 unten).

Zur Quantifizierung der Güte von Wettervorhersagen haben Meteorologen verschiedene Maßzahlen definiert, z.B. den Anomaliekoeffizienten, der die Ähnlichkeit eines vorhergesagten Feldes mit der des dann eingetretenen Feldes vergleicht (für Details, siehe von Storch und Zwiers, 1999). Abb. 6.5 zeigt die Vorhersagegüte für verschiedene Vorhersagezeiträume, und wie sich dieses Maß innerhalb einer Dekade entwickelt hat. Ein Maß von 100% weist auf eine perfekte Vorhersage hin, ein Maß von 0 auf eine unbrauchbare Vorhersage. Die Kurven beginnen mit dem idealen Wert 100% am Zeitpunkt null, der Anfangszustand ist natürlich perfekt getroffen. Bei längeren Vorhersagezeiten nimmt die Güte ab, und die von manchen Wetterdiensten als kritisch angesehene 60%-Grenze wird nach fünf bis sieben Tagen unterschritten.

Der Zeitpunkt des Unterschreitens der 60%-Grenze hat sich im Laufe der Jahre immer weiter in die Zukunft verschoben, innerhalb der 80er Jahre um etwa ein bis zwei Tage. Diese Verschiebung spiegelt den Fortschritt in der Wettervorhersage in dieser Dekade wieder: waren 1981 in der Regel nur die Vorhersagen für die ersten fünf Tage brauchbar, so enthielt 1989 die Vorhersage auch am sechsten Tag noch sinnvolle Information.

Die Verbesserungen der Wettervorhersage in den letzten Jahren beruhen wesentlich auf der Verbesserung der Bestimmung der Anfangsbedingungen (Analysen). Zu deren Errechnung aus den Punktbeobachtungen werden nicht nur einfache Interpolationsverfahren verwendet, sondern auch physikalische Gesetzmäßigkeiten, etwa Beziehungen zwischen verschiedenen Variablen, wie sie auch schon in die Konstruktion der Modelle eingeflossen sind. Da das Modell aufgrund seiner groben Auflösung eine so markante Struktur wie die Zugspitze nicht kennt, ist man auch nicht daran interessiert, diesen Beobachtungswert als exakten Anfangswert vorzugeben. Man erhält schließlich einen „dynamisch konsistenten" Anfangszustand. Dieser Vorgang ist eine Methode, um Beobachtungsdaten in Modelle zu „assimilieren", man spricht von *Datenassimilation.*

Zu weiteren Verbesserungen haben aber auch die Möglichkeit der höheren Auflösung durch leistungsfähigere Computer, die Weiterentwicklung der Parametrisierungen und die Ausdehnung des Beobachtungsnetzes beigetragen. Ein neueres (sehr rechenintensives) Verfahren ist die Technik der Ensemble-Vorhersagen. Da die Anfangsbedingungen nie genau bekannt sind, werden mehrere Vorhersagen mit geringfügig veränderten Anfangsbedingungen berechnet. Die Unterscheidung der Anfangswerte kann dabei durch Hinzufügen von zufälligen Störungen in der Größenordnung der Beobachtungsungenauigkeiten erfolgen. Wenn die verschiedenen Vorhersagen ähnliche Zahlen liefern, wird dies als Indiz für die Zuverlässigkeit der Vorhersage gewertet. Ein Aus-

einanderlaufen der einzelnen Vorhersagen wird dagegen so interpretiert, daß
von der vorliegenen Ausgangssituation nur schwierig eine eindeutige Vorhersage möglich ist.

Der Grund für die prinzipielle Begrenzung der *Vorhersagbarkeit* auf wenige Tage liegt im nichtlinearen Charakter der fluiddynamischen Gleichungen (Abschnitt 5.1), die chaotisches Verhalten mit der extremen Sensitivität
von den Anfangsbedingungen zeigen (Abschnitt 4.4). Besonders hervorzu-
heben ist hier die Bewegungsgleichung, die die Änderung des Windes bzw.
der Strömung beschreibt. Eine andere Art von häufig auftretenden *Nichtlinearitäten* sind Phasenübergänge, die einsetzen, wenn gewisse Variablen
Schwellenwerte über- oder unterschreiten.

6.2
Modelle zur Klimasimulation

6.2.1
Methodik von Simulationen

Ist man nicht nur an einer Kurzfristvorhersage für wenige Tage interessiert,
so wird man sich auch die Ergebnisse ansehen, die das Modell bei weiterer Integration produziert. Der Vorhersageversuch für zehn Tage (Abb. 6.4)
zeigt, daß das Modell zwar nicht das tatsächliche Wetter aber zumindest ein
mögliches Wetter erzeugt hat, das vielleicht irgendwann einmal tatsächlich
eintreten könnte.

Das Modell generiert wetterähnliche Schwankungen, die im Prinzip auch in
der Realität auftreten könnten. Man sagt, „das Modell simuliert das Klima"
und meint damit, daß es Sequenzen von Wetterkarten generiert, deren Statistik der gegenwärtig beobachteten Wetterstatistik gleicht oder zumindest
ähnelt. Simulationen sind also eine Art *Ersatzrealität*, die den Vorteil haben,
daß man mit ihnen – anders als mit dem wirklichen Klima – Experimente
durchführen kann. In solchen realitätsnahen Experimenten werden die Wirkung von Parameterwerten (etwa Transmissivität von langwelliger Strahlung
in Abhängigkeit von CO_2 oder Wasserdampf) und von Randwerten (etwa
Veränderung der solaren Einstrahlung) untersucht. Die Informationen über
die Details des Anfangszustandes gehen nach kurzer Zeit infolge der nichtlinearen Dynamik verloren (Abschnitt 4.4). Daher sind die Anfangszustände
für eine Klimasimulation belanglos, solange sie im Bereich des Möglichen
(z.B. richtige Gesamtmasse der Atmosphäre) liegen.

Grundsätzlich ist die Qualität der möglichen Aussagen, die aus Simulati-
onsergebnissen abgeleitet werden können, begrenzt. Dies ist eine Folge der
den Modellen zu Grunde liegenden Annahmen, sowie die nur approximative
Darstellung der Gesetzmäßigkeiten im Simulationsmodell.

6.2.2
Wechselwirkung von Atmosphäre und Ozean

Die ersten dreidimensionalen Klimamodelle simulierten aufgrund des großen Rechenaufwandes nur die Atmosphäre. Die meisten atmosphärischen Zirkulationsmodelle, die für Klimastudien verwendet werden, sind aus Wettervorhersagemodellen hervorgegangen. Im einfachsten Fall wurde die Wirkung des Ozeans nur durch eine „nasse Oberfläche" beschrieben, die keine Wärme speichern kann. Dieser sogenannter *Sumpf-Ozean* (*swamp ocean*) stellt Wasser zur Verdunstung bereit und basiert auf einer für die Meeresoberfläche vorgeschriebenen Temperatur (sea surface temperatur, SST).

In der Weiterentwicklung fügte man eine ozeanische Deckschicht hinzu, d.h. ein Kompartiment, das in seiner Wassermasse Wärme speichern kann. Ein solches *Deckschichtmodell* ('mixed layer model' oder 'slab ocean') besteht aus nur einer (gut durchmischten) Schicht von meist 50 bis 300 Metern Tiefe. „Gut durchmischt" bedeutet hier, daß das Wasser über die gesamt Tiefe die gleichen Eigenschaften hat, also gleich warm ist und den gleichen Salzgehalt hat. Die Temperatur berechnet sich dann aus der Energieerhaltung: die Wassersäule verliert Energie durch Verdunstung und langwellige Abstrahlung und gewinnt durch Einstrahlung. Auch tauscht der Wasserkörper Wärme mit der Luft aus. Ein horizontaler Transport von Wärme findet entweder nicht statt, oder wird fest vorgeschrieben. Damit kann nun der Jahresgang der SST simuliert werden. In den ersten Ansätzen wurde die Dicke dieser Schicht als zeitlich konstant angesetzt. Später wurde eine variable Mächtigkeit der Deckschicht ermöglicht, wobei die Dicke aus der durch den Windschub angebotenen mechanischen Energie zur Durchmischung errechnet wurde: Je mehr Energie eingebracht wird, umso mehr Wasser wird durchmischt, und umso tiefer reicht die Deckschicht.

Das Konzept einer flachen Deckschicht beschreibt die realen Verhältnisse auf Zeitskalen von Tagen und Monaten recht gut. Sie können auch zur Bestimmung von Gleichgewichtsklimaten eingesetzt werden, etwa für eine angenommene Verdopplung der atmosphärischen CO_2-Konzentration.

Für längere realitätsnahe Klimasimulationen werden aber die horizontalen Transporte sowie die vertikalen Konvektionsprozesse im Ozean wichtig. Um realistische Klimavariabilität auf Zeitskalen von Jahren bis Jahrhunderten – und dazu gehört das Problem des anthropogenen Klimawandels – simulieren zu können, ist daher der Einsatz eines regulären Ozeanmodells (das nicht nur den Austausch von Wärme, Süßwasser und Impuls an der Oberfläche, sondern auch die Zirkulation im tiefen Ozean berücksichtigt) unverzichtbar. Dies bedeutet, daß man ein Zirkulationsmodell des Ozeans mit einem Zirkulationsmodell der Atmosphäre koppelt. Wegen der Bedeutung von Meereis für die ozeanische Konvektion und die Albedo muß auch ein Meereis-Modul mit eingebunden werden. Dabei kommunizieren die Modellatmosphäre und der Modellozean an ihrer Grenzfläche, der Meeresoberfläche, miteinander über Windschub, Meeresoberflächentemperatur, Strahlungs- und Wärmeflüsse so-

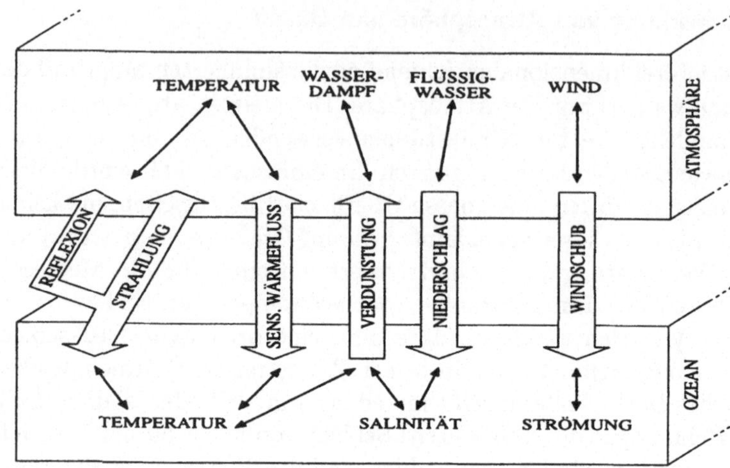

Abb. 6.6.   Darstellungen der Wechselwirkungen zwischen Ozean und Atmosphäre zur Kopplung von Zirkulationsmodellen über Flüsse zwischen den Volumenelementen an der Grenzfläche.

wie Niederschlag und Verdunstung (Abb. 6.6). Zusätzlich wird meist ein Landoberflächenmodell mitgeführt, das Wärme speichern und Flüssigwasser speichern und transportieren kann, um so die Wirkung von Boden und Fließgewässern zu simulieren.

In der Praxis erhält das Atmosphärenmodell die Ozeanoberflächentemperatur als Randbedingung und berechnet daraus (und mit den Werten der Zustandsvariablen in der untersten Atmosphärenschicht) die Flüsse von langwelliger Strahlung und sensibler und latenter Wärme, Wasserdampf und Süßwasser. Die Brems- oder Beschleunigungswirkung der Meeresströmung wird in der Regel vernachlässigt. Das Ozeanmodell seinerseits erhält die besagten Flüsse und den Windschub an der Oberfläche als Randwerte gegeben.

Derzeit gibt es weltweit wenige Institutionen, die solche aufwendigen gekoppelten Zirkulationsmodelle (GCMs) von Ozean und Atmosphäre betreiben können. Die wichtigsten Institute, deren Modelle und Modellergebnisse auch immer wieder verwendet werden, sind: das Goddard Institute for Space Studies (GISS) in New York, das National Center for Atmospheric Research (NCAR) in Boulder, das Geophysical Fluid Dynamics Laboratory (GFDL) in Princeton, das Canadian Climate Center of Modelling and Analysis (CCCMA) in Victoria, das United Kingdom Meteorological Office (UKMO) in Bracknell und das Max-Planck-Institut für Meteorologie (MPIfM) in Hamburg. Alle diese Modelle umfassen einen großen Katalog von parametrisierten subskaligen Prozessen. Wollte man noch länger rechnen, also etwa über Zehntausende von Jahren, um Übergänge von Warm- und Kaltzeiten zu simulieren, so müßte man auch Modelle der Eisschilde (also etwa Grönland) mitführen. Heute reicht das Rechnerpotential für solche Versuche noch nicht aus, aber man kann damit rechnen, daß solche Experimente in wenigen Jahren angegangen werden.

6.2.3
Klimadrift und Flußkorrektur

Der Kopplungsvorgang wurde anfangs als technisch einfach angesehen. Nun sind die zu koppelnden Komponenten, insbesondere die Modelle von Ozean und Atmosphäre, so geeicht, daß sie bei perfekten Randbedingungen (für den Ozean also etwa der Windschub; für die Atmosphäre die Meeresoberflächentemperatur) den derzeitigen klimatischen Zustand von Atmosphäre bzw. Ozean richtig wiedergeben. Aber wenn Ozean und Atmosphäre zusammengekoppelt werden, dann sind diese Randbedingungen nicht mehr extern gegeben, sondern das Ozeanmodell berechnet die Meeresoberflächentemperatur und das Atmosphärenmodell berechnet den Windschub. Beide Größen stimmen nicht genau mit den beobachteten Statistiken überein – und die Teilmodelle reagieren auf diese (nicht immer) kleinen Fehler, mit der Wirkung, daß das gekoppelte System sich gemeinsam zu einem neuen Gleichgewicht hinbewegt.

Das simulierte Klima im gekoppelten Modell weicht dabei deutlich stärker vom beobachteten Zustand ab als in den isoliert gerechneten Komponenten. Ein Beispiel ist das Meereis, das in der gekoppelten Simulation ganz verschwinden kann. Man nennt dieses Phänomen, das in verschieden deutlicher Ausprägung in allen Klimamodellen dieser Komplexität beobachtet wird, *Klimadrift*.

Eine physikalisch befriedigende Lösung dieses Problems ist bisher noch nicht gelungen. Der Grund hierfür ist, daß diese Klimadrift nicht theoretisch errechnet werden kann, sondern erst nach vielen Modelljahren von gekoppelten Rechnungen bemerkbar wird. Eine einfache Reparatur, etwa durch Modifikation der Parametrisierung des Impulsflusses an der Ozeanoberfläche, ist nicht möglich, so daß als einzige Möglichkeit langwieriges Ausprobieren bleibt. Diese Möglichkeit ist jedoch in der Regel einfach aus Gründen der Rechenzeit nicht gegeben – man müßte viele lange Rechnungen machen, jedesmal mit leicht veränderten Parametern: ein praktisch nahezu unmöglicher Aufwand.

Man versucht stattdessen mit Hilfe eines unphysikalischen Tricks, der *Flußkorrektur* (*flux adjustment*), diese Klimadrift zu vermeiden (Hasselmann et al., 1993). Dazu integriert man die Modelle vor der Kopplung über längere Zeit separat, wobei man ihnen die Randwerte für die Meeresoberfläche aus Beobachtungen vorgibt. Nimmt man die Meeresoberflächentemperatur als eine gegebene Größe, dann berechnen beide Modelle separat Felder für die Wärmeflüsse, die aber nicht deckungsgleich sind. Der Trick besteht nun darin, daß man die zeitlich gemittelten Differenzen dieser Felder in den Flüssen zwischen Ozean und Atmosphäre im Zuge der gekoppelten Rechnung immer wieder hinzufügt. Die Flußkorrektur ist somit im Prinzip ein Einfügen von unphysikalischen „Quellen/Senken" für Energie und Impuls. Neuere Verfahren verwenden anstelle konstanter Felder saisonal variable, und z.T. kompliziertere Verfahren zur Bestimmung der Differenzen. Allen diesen Ansätzen ist gemein, daß der aktuelle Zustand des Modells nicht in die Flußkorrektur eingeht, und somit auch keine Rückkopplung auftritt, die das Modell zu einem vorgeschriebenen Zustand treibt. Man geht deshalb auch davon aus, daß die Flußkorrektur die zeitliche Variabilität im wesentlichen nicht einschränkt.

Alle heutigen Klimamodelle arbeiten entweder mit einer Flußkorrektur und können dann über 1000 und mehr Jahre integriert werden, ohne zu weit vom beobachteten Klima abzuweichen; oder sie arbeiten ohne Flußkorrektur und können nur über 80 oder weniger Jahre integriert werden. Beide Situationen – eine starke Klimadrift wie auch eine eine starke Flußkorrektur – sind physikalisch unbefriedigend, und man erwartet, daß diese Probleme im Zuge der stetigen Verbesserung der Modelle in Zukunft bis zum Verschwinden vermindert werden.

6.2.4
Technische Details

Der Vollständigkeit wegen möchten wir noch einige Abweichungen von dem bisher entworfenen, etwas vereinfachten Bild erwähnen. Diese Abweichungen sind im wesentlichen technischer Natur und für das prinzipielle Verständnis nicht von Belang.

Die vertikale Koordinate in Atmosphärenmodellen ist meist nicht die in Metern gemessene Höhe, sondern z.B. die sogenannte σ-Koordinate, die über den Druck definiert der Topographie folgt. $\sigma = 0$ bezeichnet den Boden und $\sigma = 1$ den Oberrand der Modell-Atmosphäre, beispielsweise gegeben durch die Fläche mit einem Druck von nur noch 10 hPa.

Oft werden nicht die Windkomponenten selbst, sondern davon abgeleitete Differentialeigenschaften des Windfeldes (Vorticity und Divergenz) im Atmosphärenmodell repräsentiert. Dies bedeutet jedoch keine Komplikation für das Verständnis, denn die erwähnten Größen lassen sich durch einfache Transformationen ineinander umrechnen.

Neben der oben beschriebenen mathematischen Behandlung der Grundgleichungen in Gitterpunktsmodellen gibt es noch eine zweite Technik der numerischen Formulierung: die Spektraldarstellung. Die darzustellende Dynamik ist in beiden Typen dieselbe. Aufgrund der rechentechnischen Vorteile sind aber fast alle atmosphärischen GCMs Spektralmodelle, eine Ausnahme stellt das Gitterpunktsmodell des UKMO dar. Die meisten Ozeanmodelle sind Gitterpunktsmodelle, da wegen der Begrenzung durch die Kontinente und der unregelmäßigen Bodentopographie der Vorteil der Spektraldarstellung nicht genutzt werden kann. Auch in Atmosphärenmodellen lassen sich viele parametrisierte Prozesse wie etwa Konvektion nicht in der Spektraldarstellung

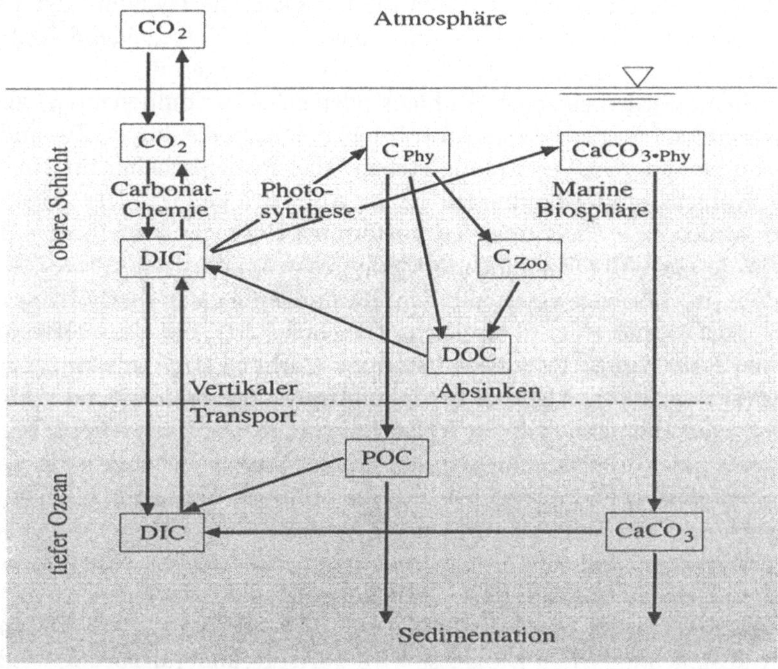

Abb. 6.7. Schema der Kohlenstoff-Kompartimente in einem ozeanischen Modell (vereinfacht). Die Kohlenstoff-Komponenten sind als Boxen dargestellt, die Flüsse zwischen diesen als Pfeile. C = Kohlenstoff; Phy = Phytoplankton-Biomasse; Zoo = Zooplankton-Biomasse; DIC = gelöster anorganischer Kohlenstoff; DOC = gelöster organischer Kohlenstoff. POC = partikulärer organischer Kohlenstoff. Weitere Erläuterung siehe im Text.

berechnen. Es wird deshalb zu jedem Zeitschritt eine Umrechnung auf Gitterpunktskoordinaten vorgenommen, damit dann die betreffenden Prozesse berechnet und deren Ergebnis auf die Spektraldarstellung zurücktransformiert.

6.2.5
Modellierung von Stoffkreisläufen und Biosphäre

In der Regel ist die Darstellung der verschiedenen Stoffkreisläufe und der Biosphäre in Klimamodellen weit schwieriger als die Behandlung von Atmosphäre und Ozean, weil man nicht auf ein paar wenige Grundprinzipien zurückgreifen kann, um die Dynamik zu beschreiben.

Das Verhalten von Substanzen in der Atmosphäre oder dem Ozean kann prinzipiell ebenso modelliert werden, wie die Beimengungen Wasserdampf oder Salz (siehe Abschnitt 5.1). Die Ausbreitung und Vermischung durch

Wind und Meeresströmung ist durch die physikalische Dynamik der Fluide gegeben und gestaltet sich relativ unproblematisch. Entscheidend sind aber die chemischen und biologischen Quellen- und Senkenterme.

Im Prinzip werden einzelne „Kohlenstoffspeicher" (Komponenten) als Zustandsvariablen (vergleiche Abschnitt 5.1.1) definiert, die durch „Zu- und Abflüsse" miteinander in Verbindung stehen. Das Prinzipschema für ein ozeanisches Kohlenstoffkreislaufmodell ist in Abb. 6.7 gezeigt. Der Austausch mit der Atmosphäre läuft über das gasförmige CO_2, der Fluß in den Ozean hinein ist je nach Über- oder Untersättigung positiv oder negativ. Gelöstes CO_2 steht im Gleichgewicht mit den Komponenten des Carbonatsystems H_2CO_3, HCO_3^- und CO_3^{2-} (vergleiche Gleichung 2.1), die als *gelöster anorganischer Kohlenstoff* (Dissolved Inorganic Carbon, *DIC*) zusammengefaßt sind. Dieser wird von Algen (Phytoplankton) aufgenommen und zum Teil in organischer Biomasse, z.T. in Kalkschalen ($CaCO_3$) gespeichert. Ein Teil der Algen sinkt in tiefere Schichten ab, größere Anteile gehen aber in andere Komponenten über. Zum einen ist dies der Fraß von Algen durch Tiere (z.B. Zooplankton). Zum anderen stirbt das Phytoplankton, z.B. bei ungünstigen Lichtbedingungen, und zerfällt in gelöste organische Kohlenstoffverbindungen (Dissolved Organic Carbon, DOC). Auch der Zooplankton-Speicher hat Verluste zum gelösten organischen Kohlenstoff und durch Absinken. Der größte Teil der absinkenden toten Biomasse wird durch Remineralisierung wieder in anorganischen Kohlenstoff überführt. Die Kalkschalen des Phytoplanktons lösen sich nur langsam wieder auf, sie werden zum Großteil durch Absinken aus der oberen Schicht entfernt. Die Abgrenzung der „Oberschicht" vom „tiefen Ozean" erfolgt meist über die Lichtverhältnisse, d.h. in der Oberschicht soll noch genügend Lichtenergie zur Photosynthese zur Verfügung stehen.

Die modelltechnische Umsetzung erfolgt auch hier über *Bilanzgleichungen*, wobei für jede Komponente eine Gleichung angesetzt wird. Analog zur Formulierung der Energiebilanz für das EBM (Gleichung 4.1) kann man hier beispielsweise für den Kohlenstoff der organischen Biomasse des Phytoplanktons C_{Phy} eine Bilanz ansetzen:

$$\frac{dC_{Phy}}{dt} = F_{(DIC \to Phy)} - F_{(Phy \to DOC)} - F_{(Phy \to Zoo)} - F_{(Sink)} \qquad (6.1)$$

Der Fraß von Algen durch Zooplankton stellt für das Algenkompartiment C_{Phy} eine Senke dar, $F_{(Phy \to Zoo)}$ geht negativ in die Bilanz ein. In der Bilanz für die Zooplanktonkomponente erscheint dieser Fluß positiv, als Quelle.

Die einzelnen Flüsse F sind noch zu parametrisieren, d.h. sie werden ausgedrückt als Funktion der gegebenen Kohlenstoffkomponenten und als Funktion von (aus Daten oder Modellen) bekannten Variablen der physikalischen Umgebung wie Temperatur, Strahlung und Schichtungsbedingungen. Ein weiterer wichtiger Faktor ist die Begrenzung des Algenwachstums durch das Vorhandensein von Nährstoffen (insbesondere Phosphor und Stickstoff, daneben Silizium, Eisen, Mangan und andere Spurenelemente). Neuere Ansätze versuchen dem Rechnung zu tragen, indem sie für einen oder mehrere Nährstoffe

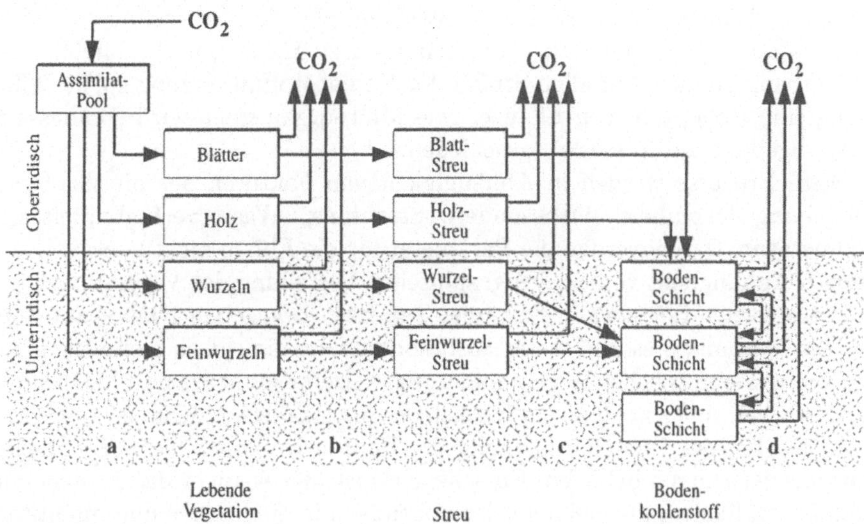

Abb. 6.8. Schema eines Kohlenstoffmodells für die Landoberfläche. Für die lebende Vegetation, abgestorbene Streu und Kohlenstoff im Boden sind jeweils mehrere Kompartimente eingesetzt. Die Flüsse zwischen den Kompartimenten beschreiben die Prozesse der Bildung von Vegetationsbiomasse (a), Streubildung (b), Humusbildung (c) und Abbau von Humus (d).

explizit weitere Kompartimente in das Modell mit aufnehmen. Zum Teil wird auch für das Zooplankton eine $CaCO_3$-Komponente im Modell formuliert.

An der Landoberfläche steuert eine Vielzahl von physikalischen, chemischen und biologischen Austauschprozessen wie Photosynthese, Transpiration und Zersetzungsvorgänge das Umweltverhalten – also Reaktionen und Transport – von strahlungsaktiven Spurenstoffen und muß daher bei der Beschreibung des Klimasystems berücksichtigt werden.

Analog zum oben beschriebenen ozeanischen Kompartiment-Modell gibt es auch für die Beschreibung der terrestrischen Kohlenstoffumsetzungen Kompartiment-Modelle. Ein solches ist schematisch in Abb. 6.8 dargestellt. Diese Modelle basieren auf einer fest vorgeschriebenen Vegetationskarte. Für jedes Gitterelement werden die Umsätze von CO_2 und die daran gekoppelten Stoffe (Wasser, Stickstoff, etc.) berechnet. Das Modell von Abb. 6.8 enthält ein Kohlenstoff-Kompartiment für neu aus CO_2 produzierte Biomasse (Assimilate), vier Kompartimente für lebende Pflanzenbiomasse (*links*), vier für Streu (tote Biomasse, *Mitte*), und mehrere Kompartimente für Kohlenstoff im Boden (Humus) in verschieden tiefen Schichten (*rechts*). Die Transformationsprozesse für Kohlenstoff werden als Flüsse zwischen den einzelnen Kompartimenten beschrieben. Die wesentlichen Prozesse sind die Fixierung von CO_2 durch Photosynthese in Assimilaten, der Aufbau von Vegetationsbiomasse durch Aufteilung (Allokation) der Assimilate in verschiedenen Pflanzenteilen (Blätter, Holz, Wurzeln), Streubildung, die Zersetzung von Streu durch Mikroorganismen und Transformation zu Humus, und schließlich der Abbau von Humus. Auf allen Stufen der Kohlenstoffumsetzung spielt Zellatmung eine Rolle, d.h. von Pflanzen wie Mikroorganismen wird Biomasse zu CO_2 abgebaut und dieses ausgeschieden.

Diese Prozesse werden in Abhängigkeit von Faktoren der physikalischen Umgebung formuliert, insbesondere Strahlung, Wasserverfügbarkeit und Temperatur. Dabei werden die Parameter für die Flüsse nicht konstant, sondern in Abhängikeit von der geographischen Verteilung der Vegetationstypen (wie tropischer Regenwald, Savanne, Tundra) vorgegeben. Dabei gilt aber, daß die Dynamik dieser Prozesse, insbesondere der biologisch gesteuerten, nur im Rahmen empirischer Regeln näherungsweise bekannt ist und kleinräumig variiert. Weit mehr noch als im Bereich des physikalischen Klimasystems muß man sich bei der Modelldarstellung der Spurenstoffkreisläufe mit einfachen Parametrisierungen behelfen. Entscheidend ist hier weniger das Problem der räumlichen Skalen, als vielmehr der ungenügende qualitative und quantitative Kenntnisstand der fundamentalen biologischen Prozesse.

Dieser Umstand erzwingt häufig Kompromisse, die den gesamten Wert des Modelles in Frage stellen. Ein Beispiel ist der sogenannte *Kohlendioxid-Düngeeffekt*, d.h. eine verstärkte Photosynthese bei steigenden CO_2-Konzentrationen. Dieser Effekt ist in der Tat in einzelnen Experimenten in Treibhäusern nachgewiesen worden und wird z.B. zur Maximierung des Ernteertrages von Treibhaustomaten auch industriell genutzt. Allerdings ist schwer abzuschätzen, inwieweit der CO_2-Düngeeffekt auch in natürlichen Ökosystemen greift, in welchen das Wachstum der Vegetation unter Umständen auch durch andere Faktoren, wie z.B. Wasser und Nährstoffangebot begrenzt ist. Eine Übertragung der vorliegenden Versuchsergebnisse auf die gesamte Landbiosphäre läßt sich daher nicht problemlos quantitativ durchführen.

Dieser Düngeeffekt wird in den meisten Kohlenstoffmodellen durch eine einfache empirische Formel dargestellt. Die numerischen Werte der Parameter in dieser Formel, welche die Sensitivität der Photosynthese bezüglich CO_2-Änderungen beschreiben, müssen jedoch irgendwie festgelegt werden. In den zur Zeit vorliegenden Kohlenstoffmodellen (Schimel et al., 1995) wurde die globale Sensitivität der Modellbiosphäre so angepaßt, daß der in der Vergangenheit beobachtete Anstieg der CO_2-Konzentration korrekt nachgebildet wurde. Dabei wird aber implizit vorausgesetzt, daß sowohl der mit dem benutzten Ozeanmodell berechnete Beitrag des Ozeans korrekt wiedergegeben wird, als auch daß das für die historische Periode berechnete Residuum aus anthropogenen Emissionen, atmosphärischem Anstieg und Ozeanaufnahme tatsächlich dem CO_2-Düngeeffekt zuzuschreiben ist. Dies ist eine Annahme die nicht zutreffen muß, z.B. könnten Klimafluktuationen ebenfalls einen nicht unerheblichen Einfluß auf das gegenwärtige globale CO_2-Budget haben und den echten Düngeeffekt maskieren.

Vergleicht man die mit den auf diese Weise „kalibrierten" Kohlenstoffmodellen berechneten zukünftigen CO_2-Konzentrationen, so stellt man ein sehr ähnliches Verhalten fest. Diese Einigkeit der Modellergebnisse ist jedoch angesichts der vorgenommenen Anpassungsstrategie nicht verwunderlich, und die geringe Streuung der Resultate spiegelt sicher nicht korrekt den Kenntnisstand bezüglich Unsicherheiten im Kohlenstoffkreislauf wider.

Auch noch differenziertere ökologische Zusammenhänge, wie etwa die geographische Verteilung der Vegetationstypen (Biome) in Abhängigkeit des vorherrschenden Klimas können in Modellen wiedergegeben werden. Allerdings basieren die benutzten Modellformulierungen meistens auf empirischen Zusammenhängen, die aus der Betrachtung heutiger Biomverteilungen und dem dort vorherrschenden Klima abgeleitet wurden. Diese Formulierungen geben daher den heutigen Zustand, aus dem sie ja abgeleitet wurden, relativ gut wieder. Diese Modelle sind Gleichgewichtsmodelle, d.h. es wird angenommen, daß sich die heute beobachtete Biomverteilung weltweit im Gleichgewicht mit dem heutigen Klima befindet. Führt man eine Modellrechnung zu einer Klimaänderung durch, so ergibt sich aus dem Biom-Modell auch eine Verschiebung der Vegetationszonen. Diese Verteilung spiegelt aber nur die potentielle Biomverteilung wider, d.h. die Verteilung, die sich nach Einstellung des Gleichgewichts zwischen Vegetation und Klima einstellen würde (wenn also bei einer Erwärmung der Wald genug Zeit hatte, um in einer vorher zu kalten Region nachzuwachsen). Dabei wird unterstellt, daß die empirischen Beziehungen, wie sie heute beobachtet werden, auch unter geänderten Klimabedingungen gelten. Dies läßt sich jedoch nur sehr schwer überprüfen, da Daten über Biomverteilungen zu anderen Klimazuständen (wie etwa während der letzten Eiszeit) fehlen oder nur unvollständig vorliegen.

Zusammenfassend kann gesagt werden, daß Modelle zur Beschreibung der Speicherung und Abgabe von Spurenstoffen – insbesondere CO_2 – in der Lage sind, die derzeitigen Kreisläufe gut zu beschreiben. Allerdings sind diese Modelle nicht wie die Modelle des physikalischen Klimasystems vor allem dynamisch definiert, sondern sind – ähnlich wie die Parametrisierungen in den physikalischen Modellen – semi-empirisch formuliert. Besonders deutlich wird dies bei den Biom-Modellen zur Beschreibung der potentiellen Vegetation. Insofern ist diesen Modellen im Hinblick auf ihre Fähigkeit, Abweichungen vom heutigen Klima korrekt darzustellen, eine gewisse Skepsis entgegenzubringen.

6.3
Simulationen von Klimazuständen

Das globale Klima kann angesehen werden als eine dynamische Reaktion von Atmosphäre, Ozean und Landoberfläche auf Ein- und Ausstrahlung, die vom Äquator zu den Polen variieren. Der sich räumlich und zeitlich ändernde Energieumsatz zusammen mit der großräumigen Verteilung von Land und Meer

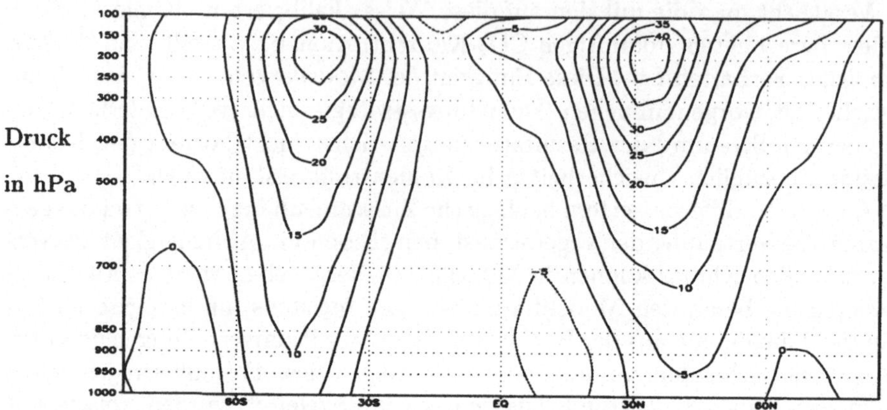

Abb. 6.9. Höhen-Breiten Schnitt der zonal gemittelten West-Ost-Komponente des Windes in m/s nach den Resultaten einer Modellrechnung (mittlere Verhältnisse für die Monate Dezember, Januar und Februar, die Höhen sind in Druckkoordinaten angeben). Man vergleiche mit Abb. 2.11 auf Seite 24, beachte aber, daß die Analyse weiter in die Stratosphäre reicht als die Modellrechnung: 50 hPa statt 100 hPa. (Von Roeckner et al., 1992)

und der Gebirge sowie der Rotation der Erde gestalten das Klima im globalen Maßstab. Die regionalen Aspekte, wie das Vorhandensein von Nordsee und Alpen oder die Abwesenheit von Vegetation in der Sahara, sind für das globale Klima dagegen von nur untergeordneter Bedeutung und können daher bei der Beschreibung des globalen Klimas in erster Näherung vernachlässigt werden.

6.3.1
Kontrollsimulationen des derzeitigen Klimas

Die wichtigsten Rechnungen zur Beurteilung der Fähigkeit von Klimamodellen, die statistischen Eigenschaften des derzeitigen Klimas wiederzugeben, sind *Kontrolläufe*. In diese Langfrist-Integrationen gehen keine weiteren Randwerte außer einem festen Jahresgang und entsprechenden Tagesgängen der solaren Einstrahlung als externer Antrieb ein. Das Modell errechnet aus der Strahlung dann nicht nur einen zeitlich mittleren Zustand, sondern erzeugt auch aus sich heraus Variabilität. Auf diese Weise wird das gegenwärtige Klima als dynamisches Gleichgewicht dargestellt. Man nennt solche mit realitätsnahen Klimamodellen durchgeführten Rechnungen, die auf das heutige Klima – wobei sowohl mittlere Zustände als auch die Variabilität auf Zeitskalen bis zu einigen Jahren gemeint ist – *Kontrolläufe*, weil sie bei numerischen Experimenten (siehe Abschnitt 6.4) und Klimaänderungsrechnungen (Abschnitt 6.5) als Referenz zur Beschreibung der Änderungen verwendet werden.

Zur Beurteilung der Fähigkeit von Modellen, das globale Klima wiederzugeben, zeigen wir einige repräsentative Karten und Schnitte für wichtige dynamische Variablen für Atmosphäre und Ozean. Im Falle der Atmosphäre ist der Vergleich mit der Realität verhältnismäßig einfach, da genügend Beobachtungen vorliegen. Im Ozean ist dies bereits problematischer.

Zunächst befassen wir uns mit einem Höhen-Breiten-Schnitt des zonal gemittelten Windes für den Nordwinter. Abb. 6.9 zeigt das Resultat einer Modellrechnung, der entsprechende Schnitt für die Beobachtungen ist in Abb. 2.11 gezeigt. Offensichtlich stimmen die beiden Schnitte in Bezug auf die großskaligen Aspekte gut überein, während es in Details durchaus Unterschiede gibt. Insbesondere die Strahlströme in den mittleren Breiten am Oberrand der Troposphäre mit (zonal gemittelten) Spitzengeschwindigkeiten von mehr als 30 m/s auf der Südhalbkugel und 40 m/s auf der Nordhalbkugel sind gut getroffen. Im Bereich der Tropen finden sich in beiden Darstellungen negative Zahlen, also Ostwinde.

Die Klimamodelle reproduzieren auch das stärkste zeitlich veränderliche Signal, den Jahresgang. Das Wandern der Passatzonen wird ebenso dargestellt wie die Rhythmik des Monsuns oder die jahreszeitliche Umkehr der ozeanischen Zirkulation des Somalistroms im tropischen Bereich des indischen Ozeans. Wie in der Realität sind die jahreszeitlichen Temperaturgegensätze in mittleren Breiten längs Ostküsten (z.B. China) deutlich höher als längs Westküsten (z.B. Europa). Abb. 6.10 demonstriert die Fähigkeit der Modelle in Bezug auf den Jahresgang anhand des dramatischen Wechsels der nordhemisphärischen Luftdruckverteilung vom Januar zum Juli (und umgekehrt): Im Winter herrscht hoher Druck über den Kontinenten und niedriger über den Ozeanen, und im Sommer sind die Verhältnisse umgekehrt. Abb. 6.11 zeigt die Modellergebnisse für die Südhalbkugel. Die entsprechenden aus Beobachtungen gewonnenen Darstellungen zeigen die Abbildungen 2.14 und 2.15. Der Vergleich mit den Beobachtungen zeigt, daß von den Modellen auch regionale – u.a. durch die Land-Meer-Verteilung bestimmte – Muster gut reproduziert werden.

Auch die Reproduktion des Strahlungshaushaltes gelingt gut. Abb. 6.12 zeigt die ausgehende Strahlung am Oberrand der Atmosphäre. Die polaren Breiten der Winterhalbkugel erfahren einen deutlichen Strahlungsverlust von bis zu 250 W/m^2, während in den subtropischen und mittleren Breiten der Sommerhalbkugel Gewinne bis zu 150 W/m^2 erzielt werden. Die Werte stimmen gut mit Beobachtungen überein (Abb. 2.3). Ähnliches gilt auch für Niederschlag, Abbildungen 2.17 und 6.13 zeigen die Verteilungen von beobachteten und simulierten Werten.

Klimatologen stellen die Gebiete mit häufigen extratropischen Stürmen auf zweierlei Weisen dar. Entweder wird eine Karte verwendet, in der die Bahnen aller etwa in einigen Wintern entstandenen Stürme eingetragen sind, oder man erstellt eine Karte, in der für jeden Punkt die Standardabweichung der hochfrequenten Schwankungen des Luftdruckes aufgetragen ist. Die Standardabweichung ist dabei die typische Größe der Abweichungen des

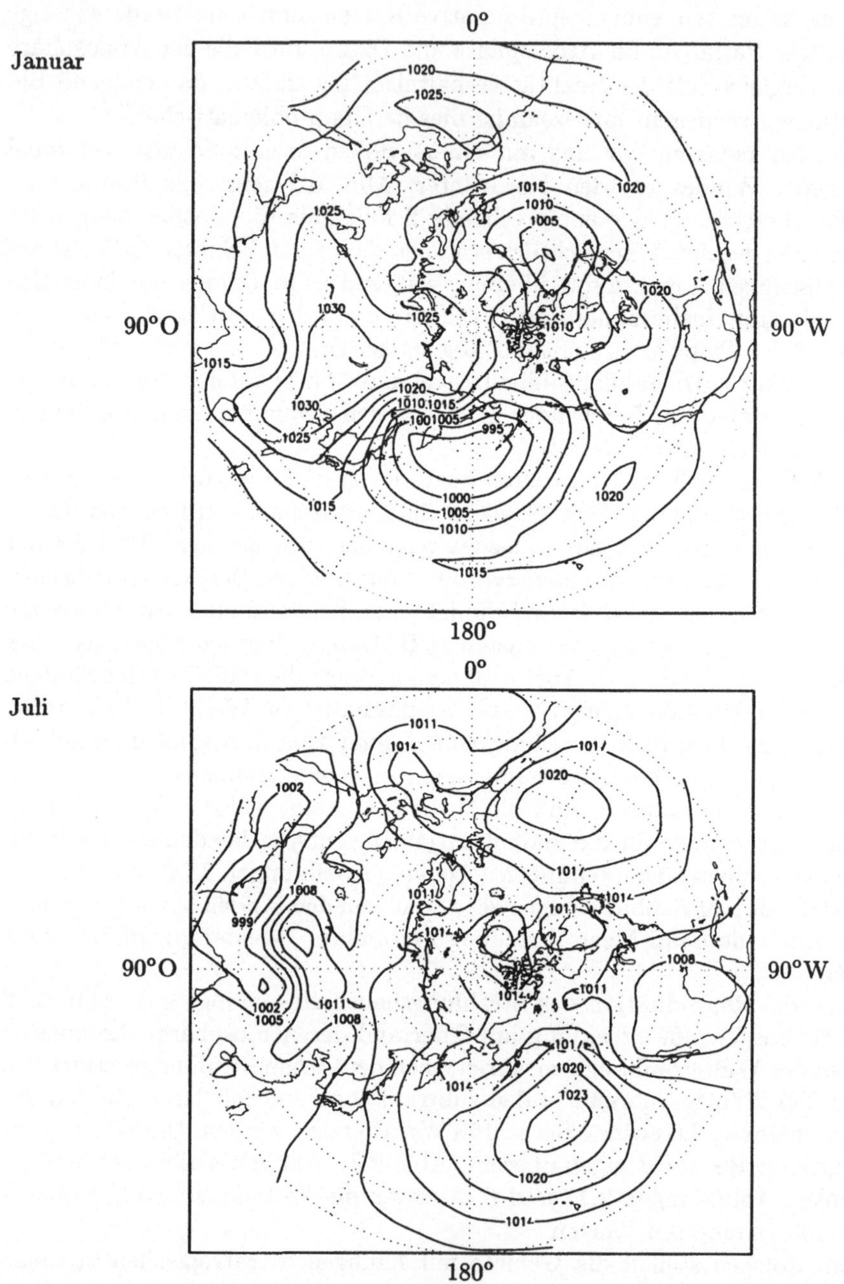

Abb. 6.10. Mittlerer simulierter Luftdruck (in hPa) der Nordhalbkugel im Meeresniveau im Januar (*oben*) und im Juli (*unten*); der Nordpol liegt in Bildmitte. Vergleiche mit den entsprechenden Beobachtungen in Abb. 2.14 auf Seite 26.

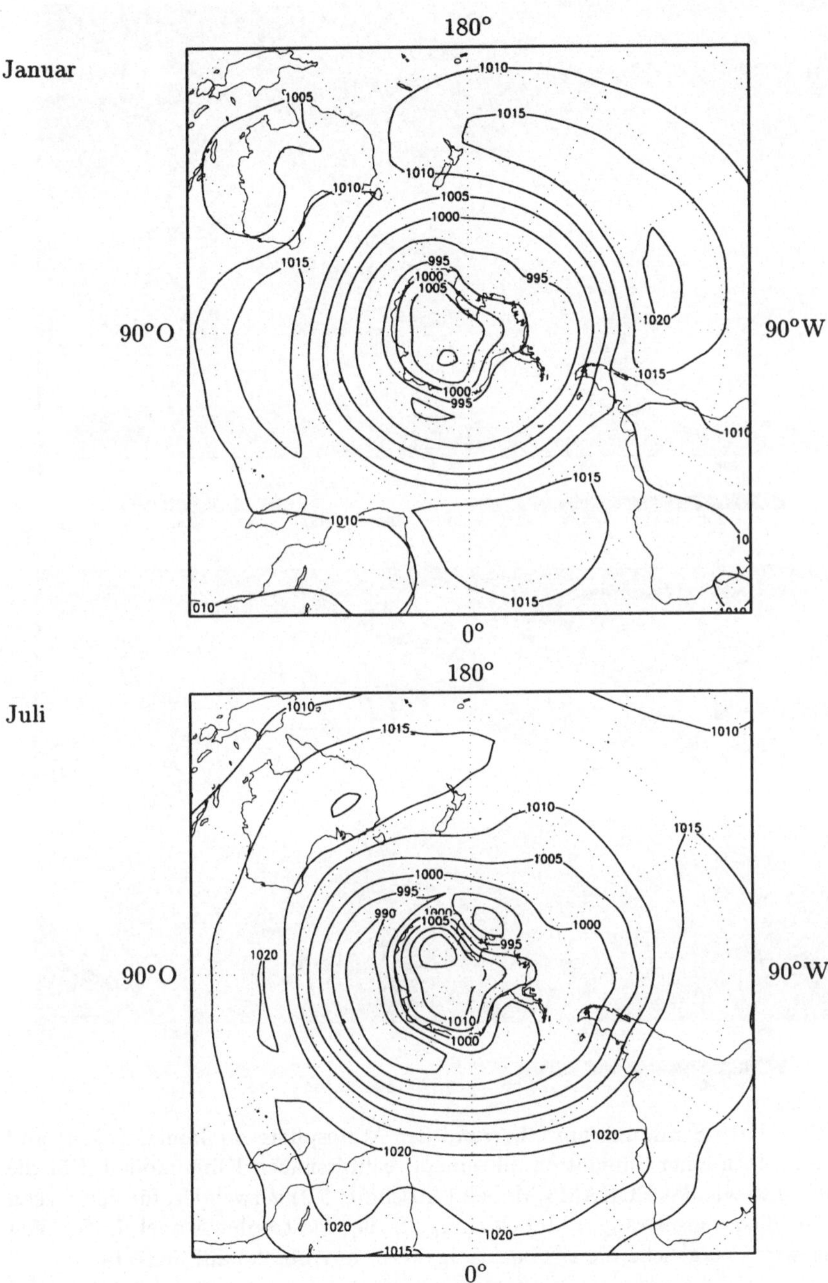

Abb. 6.11. Mittlerer simulierter Luftdruck (in hPa) der Südhalbkugel im Meeres-niveau im Januar (*oben*) und im Juli (*unten*). Vergleiche mit den entsprechenden Beobachtungen in Abb. 2.15 auf Seite 27.

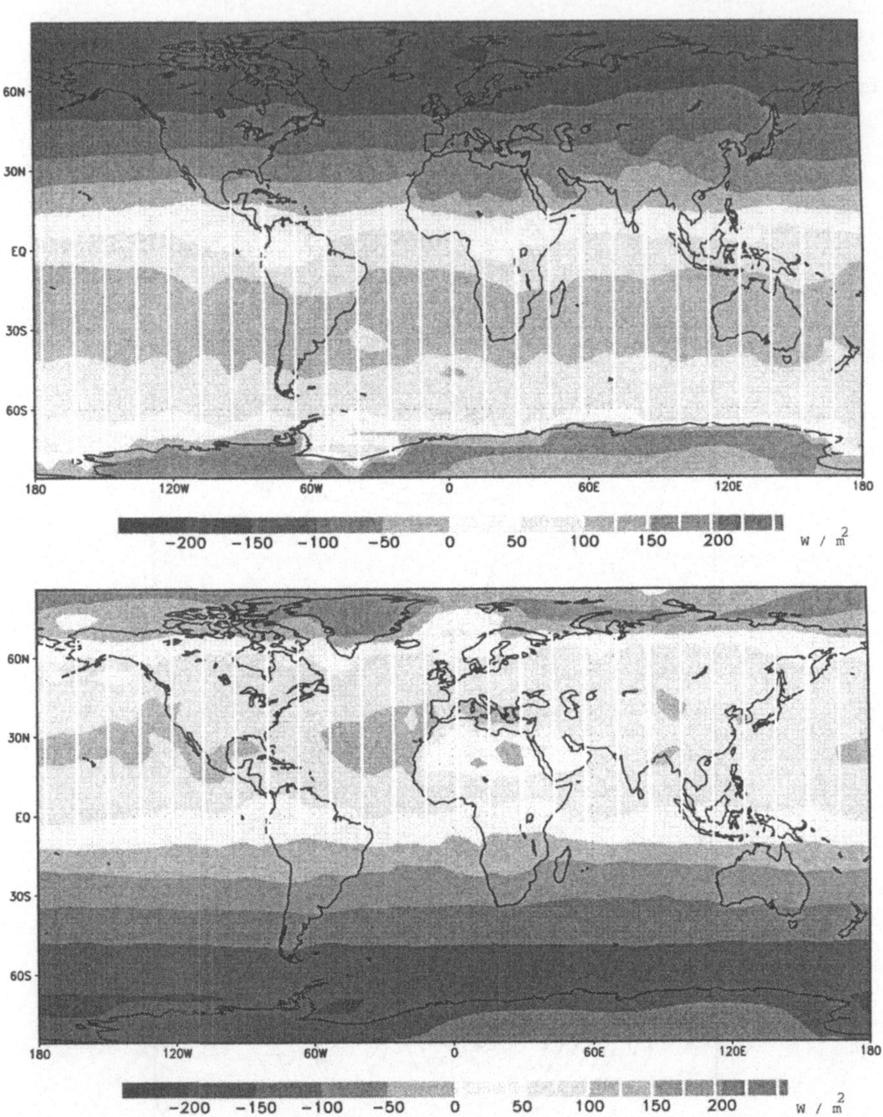

Abb. 6.12.   Netto-Strahlung am Oberrand der Atmosphäre im Januar (*oben*) und
Juli (unten) nach einer Simulation mit einem realitätsnahen Klimamodell. Für die
Atmosphäre wurde das ECHAM3-Modell (Abschnitt 5.3) verwendet, für den Ozean
ein gebräuchliches großskaliges Modell (Large Scale Geostrophic Model, LSG). Von
S. Waszkewitz. Vergleiche die Beobachtungswerte in Abb. 2.3 auf Seite 14.

Luftdrucks vom langzeitlichen, jahreszeitlich schwankenden Luftdruck. Die
Bestimmung der Sturmbahnen ist mühselig, nur schwierig automatisierbar,
während die Berechnung der Standardabweichungen ganz problemlos möglich

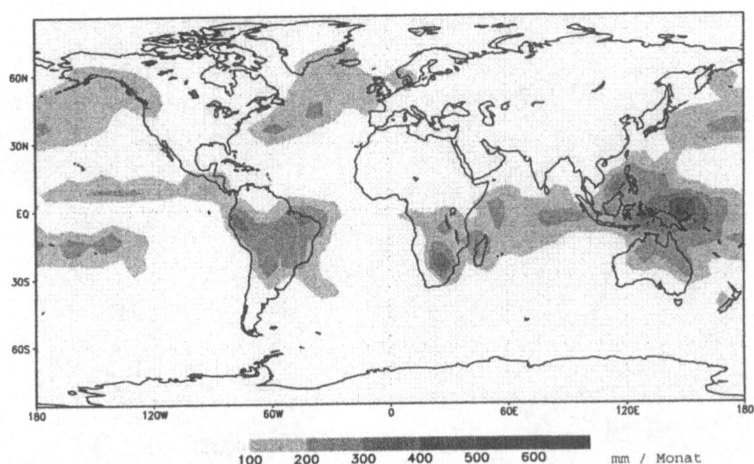

Abb. 6.13. Niederschlagsverteilungen im Januar nach einer Simulation mit einem realitätsnahen Klimamodell (Atmosphäre: ECHAM3, Ozean: LSG, von S. Waszkewitz). Zum Vergleich siehe Abb. 2.17 auf Seite 33.

ist. Je mehr Stürme über ein Gebiet gezogen sind, bzw. je größer die Standardabweichung der Druckschwankungen, um so sturmreicher ist das lokale Klima.

Abbildungen 6.14 und 6.15 zeigen die beiden Darstellungsweisen für den Nordatlantik sowohl für beobachtete Verhältnisse als auch für eine Simulation. In Abb. 6.15 sind die Sturmbahnen für zufällig ausgewählte Winter dargestellt, um die Variabilität dieser Phänomene zu illustrieren. Die meisten Stürme entstehen über dem nördlichen Atlantik südwestlich von Island und ziehen dann in östlicher bzw. nordöstlicher Richtung nach Europa. Das Klimamodell reproduziert dieses Verhalten in recht guter Weise. In Abb. 6.14 erkennt man, daß das Modell die Intensität geringfügig unterschätzt.

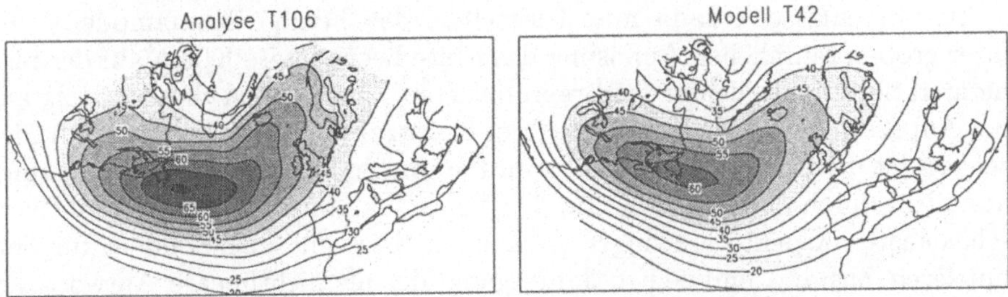

Abb. 6.14. Horizontale Verteilung der winterlichen Standardabweichung hochfrequenter täglicher Schwankungen des Geopotentials in 500 hPa. *Links*: Analysen von Beobachtungen; *Rechts*: Modellergebnisse mit einer T42-Auflösung. (Von M. Sickmöller)

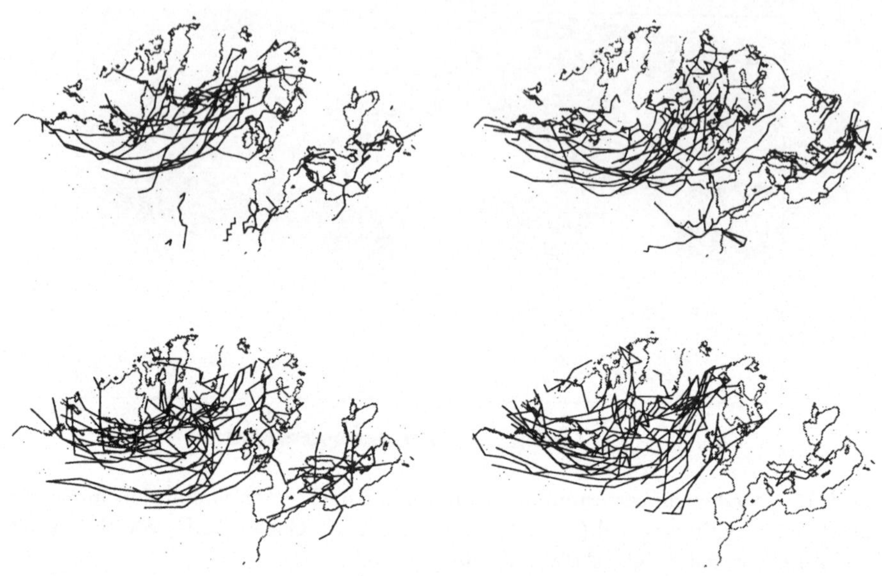

Abb. 6.15. Winterliche Sturmbahnen im Bereich des Nordatlantik: beobachtet (*oben*) und simuliert (*unten*). Für Beobachtungen und Modellergebnisse wurden je zwei zufällige Winter ausgewählt. (Von M. Sickmöller)

Abb. 6.16 zeigt einen Süd-Nord-Schnitt der Salinität über die volle Tiefe des Atlantik, wie sie mit einem Ozeanmodell simuliert wurde. Hierbei wurden klimatologische Mittelwerte der atmosphärischen Bedingungen an der Ozeanoberfläche verwendet. Vergleicht man diese Ergebnisse mit den entsprechenden Beobachtungen (Abb. 2.20 auf Seite 38), so sind die Strukturen in der Modellsimulation und in den Beobachtungen im Groben gleich, in den Details jedoch gibt es durchaus signifikante Unterschiede. Gut getroffen ist sowohl die Struktur der Deckschicht mit dem Mittelmeerwasser als auch die sich über den Äquator südwärts erstreckende Tiefenströmung.

Zusammenfassend kann man feststellen, daß heutige Klimamodelle mit ihrer groben räumlichen Auflösung das heute beobachtete Klima auf der planetaren Skala zufriedenstellend reproduzieren. Zum Teil ist dieser Erfolg auf das Anpassen der Modelle im Zuge ihrer Konstruktion zurückzuführen. Andererseits ist die Anzahl der justierbaren Parameter-Konstanten viel zu gering, um allein durch deren Anpassung den Reproduktionserfolg der Vielzahl verschiedenster Aspekte erzwingen zu können. Dies gilt insbesondere für den mittleren Zustand und seinen Jahresgang, der als nichtlineare Antwort des Klimasystems auf den periodischen solaren Antrieb zu sehen ist. Insofern können wir mit einiger Gewißheit davon ausgehen, daß unsere heutigen Klimamodelle die wichtigen Komponenten des Klimageschehens im wesentlichen richtig darstellen.

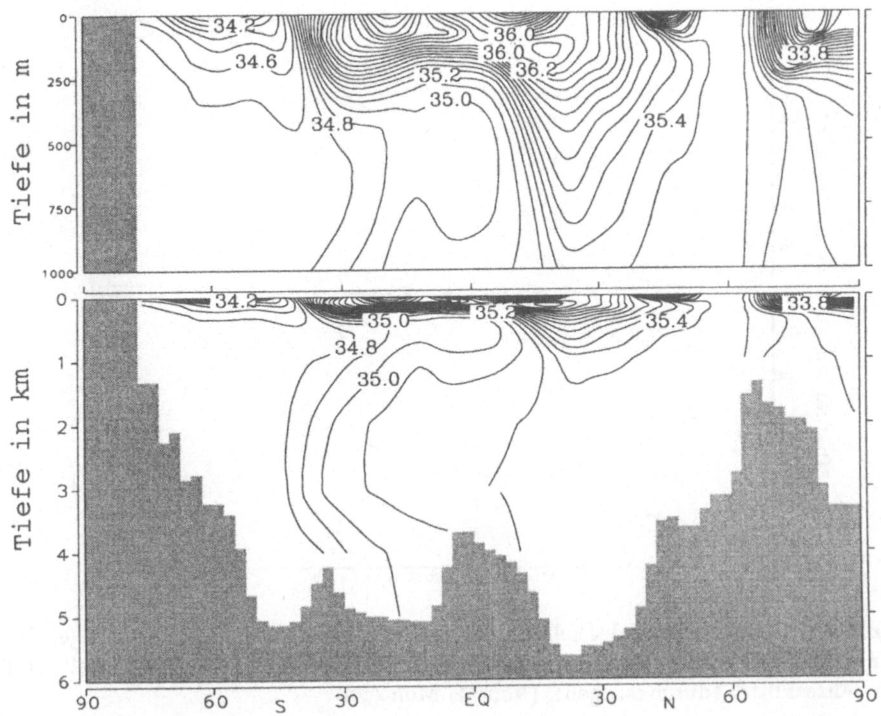

Abb. 6.16. Salinität (in Promille) im West-Atlantik als Schnitt von Süd nach Nord. Die untere Graphik zeigt die gesamte Tiefe, darüber sind die oberen 1000 m in höherer Auflösung dargestellt. Die entsprechenden Beobachtungen sind in Abb. 2.20 auf Seite 38 gezeigt. (Von Maier-Reimer et al., 1993)

6.3.2
Rekonstruktion von Paläoklimaten

Bislang kann man realitätsnahe Klimamodelle über mehrere Jahrhunderte nur mit viel Aufwand rechnen – mehr geben Rechenanlagen der heutigen Zeit nicht her. Wollte man den Übergang von einer Warmzeit in eine Eiszeit oder einen Milanković-Zyklus simulieren, müßte man ein Klimamodell über zehntausende von Jahren rechnen, und die Modelle müßten um einige Komponenten ausgebaut werden, insbesondere um Modelle der Eisschilde, deren Zeitskalen viele tausend und mehr Jahre lang sind – also Modelle der großen Gletscher, wie sie früher Nordeuropa bedeckten und heute noch Grönland. Solche Module gibt es heute schon, aber sie werden wegen der besagten Limitierung der Rechnerkapazität bislang nicht mit Modellen des Ozeans und den anderen relativ schnelleren Klimakomponenten gekoppelt.

Insofern beschränkt sich jede heutige realitätsnahe Modellierung von Paläoklimaten noch darauf, erdgeschichtliche Klimate als Gleichge-

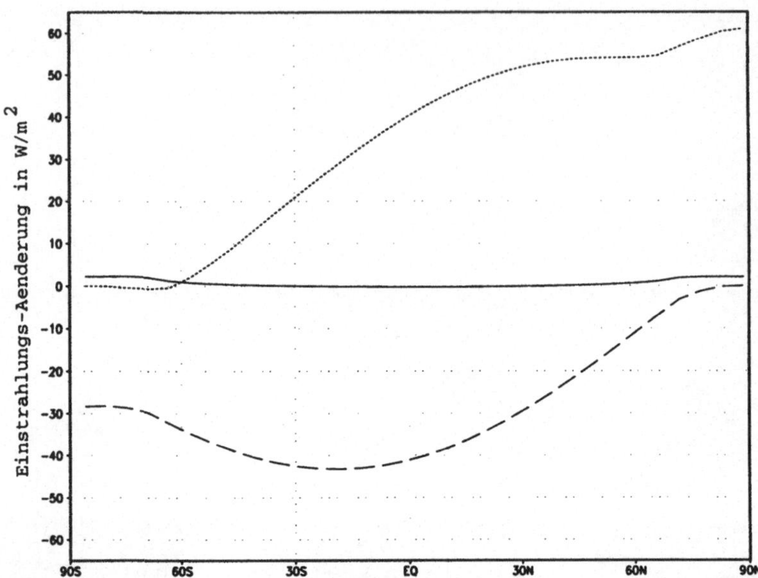

Abb. 6.17. Veränderung der solaren Einstrahlung im Eem gegenüber heutigen Bedingungen im Nordsommer (kurzgestrichelt), im Nordwinter (langgestrichelt) und im Jahresmittel (durchgezogen). (Von M. Montoya)

wichtsklimate einer gewählten Periode zu reproduzieren. Man spricht von „Zeitscheiben". Bei diesen Zeitscheibenrechnungen werden konstante Randbedingungen angesetzt, und diejenigen Komponenten, die sich in Relation zum simulierten Zeitraum nur wenig ändern, werden ebenfalls konstant gehalten. Dies heißt beispielsweise, daß ein veränderter Jahresgang der solaren Einstrahlung und eine größere Ausdehnung des Festlandeises angesetzt werden. Die Vorstellung bei solchen Rechnungen ist, daß sich im Modell nach einiger Zeit ein dynamischer Gleichgewichtszustand einstellt, analog der Beispielrechnung mit dem EBM (Abb. 4.5). Problematisch bei dieser Art von Simulationen ist auch der Vergleich mit Beobachtungen, die immer nur indirekte Daten sein können (siehe Abschnitt 3.6).

In früheren Zeiten wurden paläoklimatische Rekonstruktionen meist nur mit einem Atmosphärenmodell gemacht, wobei die Verteilung der Temperatur der Ozeanoberfläche zur Zeit der „Zeitscheibe" als vorgeschriebener Antrieb in die Simulation eingebracht wurde. Diese Vorgehensweise war aus rechentechnischen Gründen in den 70er und 80er Jahren erforderlich, hatte aber den unvermeidlichen und durchaus gravierenden Nachteil, daß dadurch der Gleichgewichtszustand schon weitgehend durch die vorgegebenen Antriebe und nur bedingt durch die externen Faktoren – wie solare Einstrahlung und Spurenstoffkonzentrationen – determiniert war. Ein weiterer Nachteil war, daß ein wesentlicher Teil der verfügbaren Daten über den paläoklimatischen

Zustand, nämlich die Temperatur der Ozeanoberfläche, nicht mehr zur Beurteilung der Simulationsergebnisse genutzt werden konnte.

Idealerweise sollten paläoklimatische Simulationen mit regulären Klimamodellen durchgeführt werden, in denen Modelle des Ozeans, der Atmosphäre und anderer Klimakomponenten frei miteinander in Wechselwirkung stehen, und einen nur von der Land-Meer-Verteilung (Wasserstandsschwankungen), der Topographie (unter Einschluß der großen Gletscher), der Einstrahlung (Milanković-Zyklen) und der atmosphärischen Konzentration von Spurenstoffen bestimmten dynamischen Gleichgewichtszustand finden.

Ein Beispiel einer solchen paläoklimatischen Rekonstruktion mit einem gekoppelten Atmosphäre-Ozean-Modell ist bei Montoya et al. (1998) dokumentiert. Die Zeitscheibe bezog sich auf die letzte Warmzeit (Eem) vor etwa 125 000 Jahren. Im Gegensatz zu eiszeitlichen Bedingungen waren zu dieser Zeit der mittlere Meeresspiegel, die Land-Meer-Verteilung und die Topographie sehr nahe der heutigen Situation. Es wurde deshalb auch angenommen, daß beim Ozeanmodell keine lange anhaltenden Einschwingphänomene durchschlagen würden. Die Flußkorrektur aus dem entsprechenden Kontrollauf wurde ebenfalls beibehalten.

Die Simulation unterscheidet sich vom Kontrollauf nur durch einen veränderten Jahresgang der solaren Einstrahlung und durch die veränderte Spurengaskonzentration. Die Erde stand im Eem im Nordsommer der Sonne näher als heute (Abb. 3.16), im Nordwinter dagegen weiter entfernt, so daß der Jahresgang der Einstrahlung auf der Nordhalbkugel intensiver als heute war (Abb. 6.17). Für die Südhalbkugel gilt natürlich die entgegengesetzte Aussage: Im Südsommer war die Position im Eem sonnenferner und im Südwinter sonnennäher – mit dem Effekt, daß der Jahresgang der Einstrahlung auf der Südhalbkugel schwächer als heute war. Im Jahresmittel allerdings entsprach die im Eem eingestrahlte Energie fast unverändert der heutigen (Abb. 6.17), die Differenz betrug nur 0,23 W/m^2. Ein weiterer Unterschied zu heutigen Bedingungen betrifft die Konzentration an CO_2 und anderen Treibhausgasen (ca. 270 ppmv gegenüber einem typischen Wert von 330 ppmv in den letzten Jahrzehnten).

Abb. 6.18 zeigt die Rekonstruktion der Temperaturverteilung, relativ zu heutigen Bedingungen für den Nordsommer und Nordwinter. Die wesentliche Änderung der sommerlichen Temperaturen besteht in einer großräumigen, deutlichen Temperaturerhöhung über den Kontinenten, während die Temperaturerhöhung über See gering ausfällt. Im Winterhalbjahr zeigt sich eine ähnliche, deutliche großräumige Temperaturerniedrigung, so daß sich im Jahresmittel eine globale gemittelte Abkühlung von etwas weniger als 1°C ergibt. (In beiden Jahreszeiten wird über dem Mittelmeer eine starke lokale Temperaturänderung simuliert; die Ursache hierfür ist nicht klar, aber es wird vermutet, daß es damit zusammenhängt, daß es zwischen Atlantik und Mittelmeer in der Modellwelt keine Verbindung gibt.) Tatsächlich ist ein wesentliches Resultat dieser Studie, daß das derzeitige Klima bereits wärmer sein könnte als das der letzten Warmzeit.

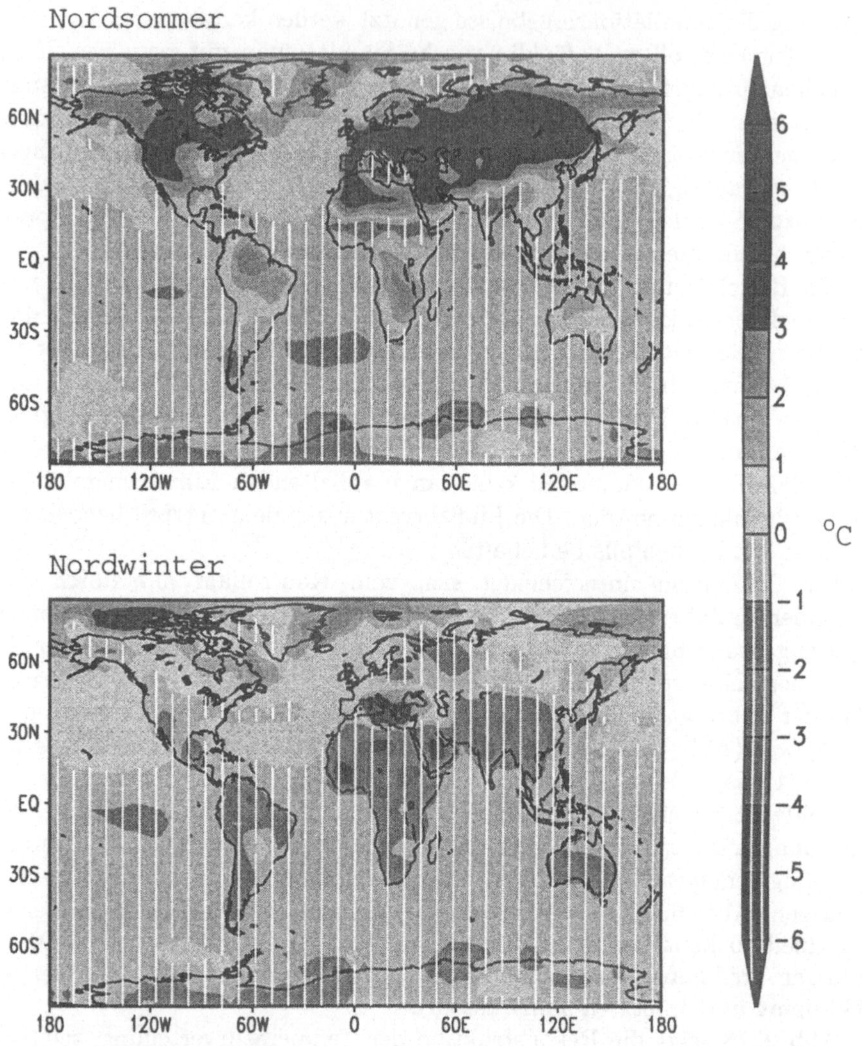

Abb. 6.18. Simulierte Änderung der Temperaturverteilung während der letzten Warmzeit (Eem, 125 000 Jahre vor heute) im Nordsommer (*oben*) und Nordwinter (*unten*). (Von M. Montoya)

Zur Verifikation der Modellergebnisse stehen Schätzungen der Ozeanoberflächentemperatur zur Verfügung, die aus wenigen Dutzend maritimen Bohrkernen abgeleitet wurden. Es stellt sich heraus, daß die Modellergebnisse konsistent mit diesen recht ungenauen Schätzungen sind (für Details siehe Montoya et al., 1998).

6.3.3
Klimate anderer Planeten

Da atmosphärische Zirkulationsmodelle im wesentlichen strömungsphysika-
lische Grundprinzipien verkörpern, macht es Sinn, zu versuchen, die Atmosphären von Planeten wie Venus und Mars damit zu modellieren. In der Zeit
vor den interplanetaren Reisen zu den Nachbarplaneten war dies abgesehen
von spektroskopischen Untersuchungen die einzige Möglichkeit, realistische
Vorstellungen von den Vorgängen auf den Nachbarplaneten zu gewinnen.
Dies ist auch gemacht worden, wobei die spektroskopischen Befunde benutzt
wurden, um die Modelle mit den erforderlichen Daten wie der chemischen
Zusammensetzung der Atmosphäre zu versorgen. Nach den Ergebnissen der
in-situ Beobachtungen ergab sich, daß die Klimamodelle zumindest die wichtigsten Eigenschaften der planetaren Atmosphären zufriedenstellend dargestellt haben. Neuere Untersuchungen in dieser Hinsicht sind von Wilson and
Hamilton (1996) und Wilson (1997) für die Marsatmosphäre durchgeführt
worden.

6.3.4
Regionale und lokale Strukturen

Die vorangehenden Abschnitte haben den Erfolg der Klimamodelle auf der
großräumigen Skala demonstriert, für die regionale bzw. lokale Skala gilt dies
jedoch nicht, wie wir im Folgenden illustrieren. „Regional" bezieht sich in
diesem Zusammenhang auf Längenskalen, die ein n-faches des Gitterpunkt-
abstandes sind, wobei n zwischen vier und acht beträgt, während „lokal"
sich auf einen einzelnen Punkt bezieht, der im Modell mit einer Gitterbox
identifiziert werden muß. Insofern hängt der Terminus „regional" von der
Auflösung des betrachteten Modells ab – für das grobauflösende aber viel-
verwendete T21-Modell (für die Erklärung dieser horizontalen Auflösungen
siehe Abb. 5.5) ist eine Längenskala von 4 bis 8 × 500 km, also 2000 bis
4000 km, „regional", während für das hochauflösende T106 „regional" für
400 bis 800 km steht. Weitere Beispiele zur Problematik der Simulation regionaler und lokaler Klimate bieten z.B. Grotch und MacCracken (1991) und
von Storch (1995).

   Als erstes Beispiel ist hier die mittlere Temperaturverteilung im Januar
für das Mackenzie-Becken in Nordkanada herausgegriffen. In der Realität
schwanken die Temperaturen zwischen $-2°C$ im Südwesten und $-39°C$ an
der arktischen Küste. Diese beobachtete Verteilung ist in Abb. 6.19 den Verteilungen, wie drei Klimamodelle sie simuliert haben, gegenübergestellt. Es
handelt sich um Modelle, die Ende der 80er Jahre ausgiebig in der Klimafolgenforschung verwendet wurden.

   Die Auflösung des MacKenzie-Beckens ist verschieden gut in den drei
Modellen: der Kartenausschnitt wird abgedeckt von 17 Gitterpunkten im
GFDL-Modell, 7 Gitterpunkten im GISS-Modell und 27 im OSU-Modell.

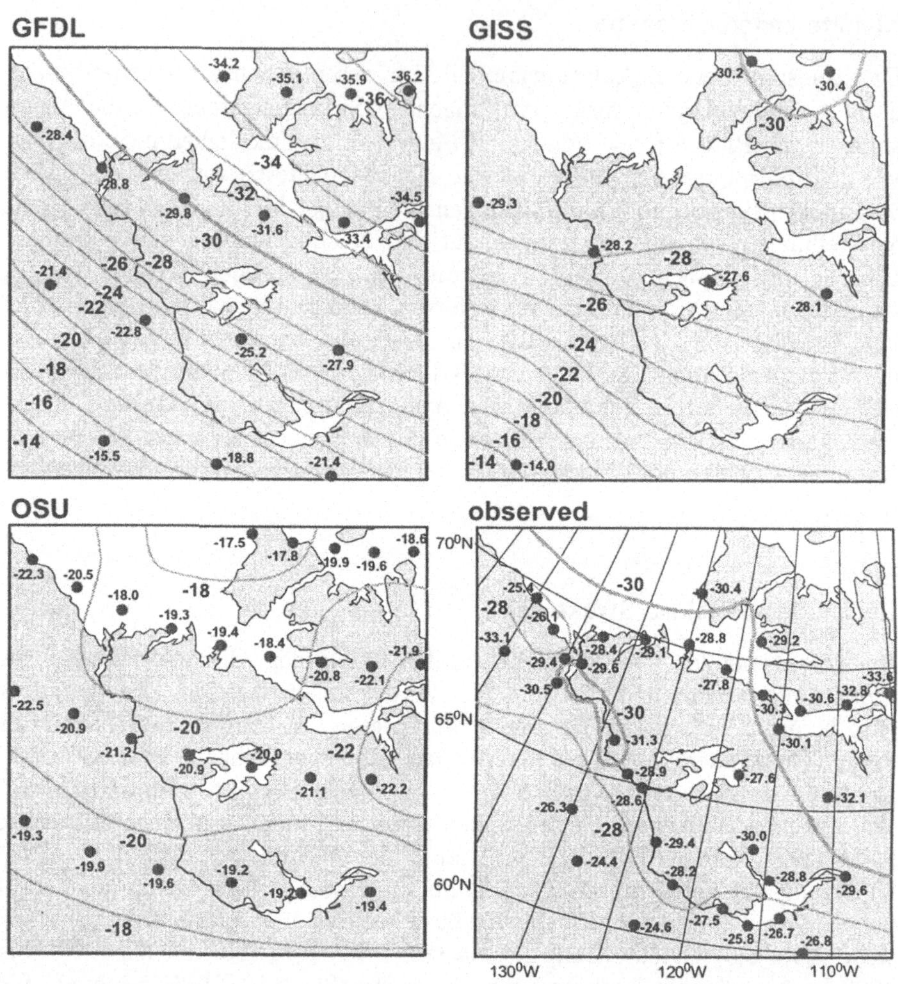

Abb. 6.19. Mittlere Temperaturverteilung im Januar im Mackenzie-Becken in Nordkanada. Die beobachtete Verteilung ist rechts unten dargestellt, diese Verteilung ist
aus Beobachtungen an den durch Punkte angegebenen Stationen abgeleitet. Daneben sind die entsprechenden regionalen Klimate dargestellt, wie sie von drei weit-
verwendeten Klimamodellen (GFDL, GISS, OSU) simuliert werden. Die Modelle
liefern Werte für die jeweiligen Gitterboxen (durch Punkte mit Temperaturanga-
ben markiert). Zur Vergleichbarkeit sind die beobachteten Punktbeobachtungen
interpoliert gegeben durch Isothermen im Abstand von 2°C (graue Linien, große
Zahlen). (Von Stuart und Judge, 1991)

In den drei Fällen sind Isothermen gezeichnet worden, die die Gitterpunkts-
Temperaturen in der Fläche interpolieren. In Anwendungsstudien wird häufig
diese Darstellung der Isothermen verwendet mit dem Nachteil, daß die

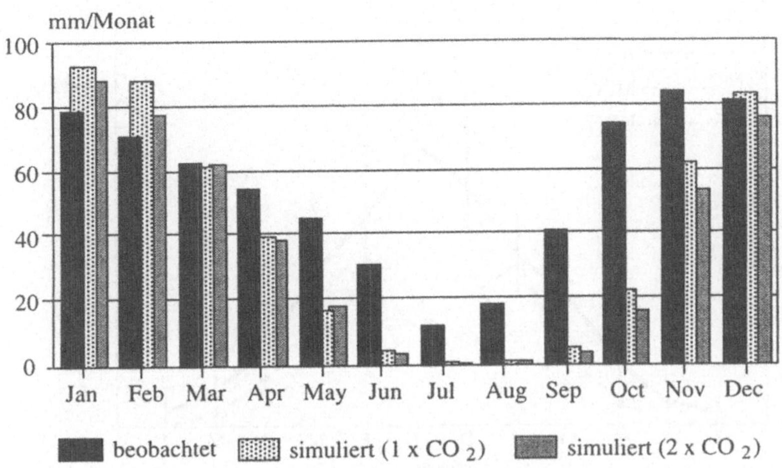

Abb. 6.20. Mittlere Jahresgänge des Niederschlages auf der Iberischen Halbinsel abgeleitet aus Stationsbeobachtungen und simuliert in Modellrechnungen mit derzeitigen CO_2-Konzentrationen (Kontrollauf = „simuliert $1 \times CO_2$") und mit verdoppelter CO_2-Konzentration („simuliert $2 \times CO_2$"). (Von von Storch et al., 1993)

tatsächliche Auflösung in Gitterpunkte (wie in Abb. 5.5) verschleiert wird. Die Modelle von GDFL und GISS simulieren einen Temperaturbereich von $-14°C$ bis $-36°C$ bzw. $-30°C$, d.h. Fehler bis zu $8°C$ im Monatsmittel. Der Nord-Süd-Gradient ist deutlich stärker als in der Realität. Das OSU-Modell dagegen simuliert fast gar keinen Nord-Süd-Gradienten mit einer $-18°C$ Isotherme sowohl im Norden als auch im Süden des betrachteten Gebiets. In der Mitte wird ein Minimum von $-21°C$ simuliert, was ungefähr $5°C$ zu warm ist. Diese Modelle sind offensichtlich nicht in der Lage, den Ist-Zustand des Klimas des Mackenzie-Beckens nachzuvollziehen.

Als nächstes Beispiel zeigt Abb. 6.20 den mittleren Jahresgang des Niederschlages für die Iberische Halbinsel. Das Modell reproduziert den Jahresgang des räumlich gemittelten Niederschlages in dem Sinne, daß es ein Maximum im Winter gibt und ein Minimum im Sommer. Im Detail aber sind die Unterschiede erheblich, so unterschätzt das Modell im September den Niederschlag dramatisch. Die dazu simulierten Änderungen des Niederschlages als Folge erhöhter Konzentrationen von Treibhausgasen erscheinen neben diesem Modellfehler klein und insignifikant.

Neben den Mittelwerten meteorologischer Größen gibt Abb. 6.21 noch ein Beispiel für die kurzfristige Variabilität, einen Index für die Häufigkeit von Stürmen (mit Windstärken von mehr als acht Beaufort) im Bereich der Britischen Inseln. In der Realität treten die meisten Stürme im Winter auf. Dies wird auch recht gut durch die beiden betrachteten Modelle nachempfunden, aber die absoluten Zahlen sind in den Modellsimulationen viel zu niedrig.

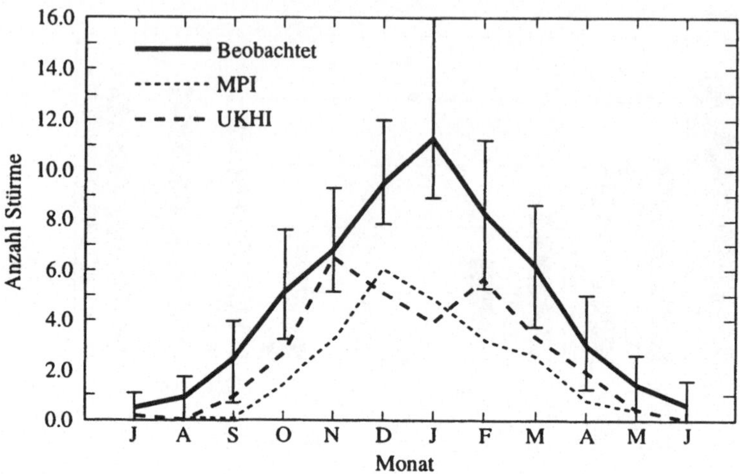

Abb. 6.21. Mittlere Häufigkeiten von Stürmen mit Windstärken ab 8 Beaufort über den britischen Inseln, abgeleitet aus Beobachtungen und zwei Modellsimulationen. Die horizontale Achse gibt den Monat im Jahr, mit Juli beginnend, an. (Von Hulme et al., 1993)

Das Versagen der Klimamodelle auf der regionalen und lokalen Skala steht nicht im Widerspruch zum Erfolg auf der großräumigen Skala. Die intuitive, plausible Annahme, das globale Klima sei nur die Summe der regionalen Klimate, so daß eine erfolgreiche Simulation des globalen Klimas die erfolgreiche Simulation der regionalen Klimate notwendigerweise voraussetzt, ist nicht zutreffend. Die regionalen Klimate sind das Ergebnis der Wechselwirkung zwischen dem globalen Klima und den regionalen Gegebenheiten, also Land-Meer-Verteilung, Gebirge, Landnutzung u.ä. (vgl. auch von Storch, 1998). Diese regionalen Gegebenheiten sind aber in den Klimamodellen wegen der erforderlichen räumlichen Diskretisierung nur eingeschränkt dargestellt.

Neben dieser unzulänglichen Darstellung der regionalen Details – also z.B. Land-Meer-Verteilung, Topographie – gibt es weitere Gründe, warum Vorgänge auf räumlichen Skalen, die am unteren Ende der räumlichen Diskretisierung liegen, weniger befriedigend funktionieren. Zum einen ist es die oben erwähnte Unterbrechung der Energiekaskade (Abschnitt 2.2.5), zum anderen ist es die summarische Formulierung der Parametrisierungen.

Auch bei der operationellen Wettervorhersage gilt, daß die Zuverlässigkeit der Vorhersage mit der räumlichen Skala sinkt. Je kleiner das Gebiet, umso stärker können sich regionale oder lokale Eigenarten bemerkbar machen, und es ist Aufgabe der regionalen Wetterzentren, diese Eigenarten etwa durch den Einsatz (dynamischer oder statistischer) regionaler Wettermodelle mit einzubeziehen. Techniken, die es erlauben, trotzdem regionale oder lokale Variablen abzuleiten, werden in Abschnitt 7.5 aufgezeigt.

6.4
Numerische Experimente mit Modellen

6.4.1
Zielsetzung

Aus offensichtlichen Gründen sind echte Experimente mit dem Klimasystem nicht möglich; darüberhinaus können viele wissenschaftliche Hypothesen nicht durch beobachtetes Datenmaterial geprüft werden, weil der betroffene Prozeß so langsam ist, daß nicht genügend Zeit ist/war, ihn zu beproben.

Als Ersatz für die Realität bieten sich dann die realitätsnahen Klimamodelle als virtuelles Klimasystem an. Da Randbedingungen, wie Topographie oder das Vorhandensein von stratosphärischem Aerosol, oder die Wirksamkeit von Teilprozessen, also etwa von Wolken im Hinblick auf Strahlungsprozesse, in realitätsnahen Modellen problemlos und nach Belieben kontrolliert verändert werden können, sind in dem virtuellen Klimasystem Experimente zur Aufhellung der Sensitivität des Systems gegenüber den Randbedingungen oder dem Wirken der Teilprozesse möglich. Da man sich numerischer Modelle bedient, spricht man von *numerischen Experimenten.*

Bei diesen Experimenten ist aber zu berücksichtigen, daß die realitätsnahen Modelle viele Prozesse gar nicht oder unzureichend darstellen und die Ergebnisse von der jeweiligen Modellvariante abhängen, und daher experimentelle Befunde sich im Laufe der Zeit ändern können. Andererseits kann man mit solchen Modellen dynamisch konsistente Datenreihen erzeugen, die nicht durch Wechsel in Beobachtungs- und Analysemethoden verfälscht sind.

6.4.2
Wirksamkeit von Prozessen

Modelle erlauben so, die Wichtigkeit von verschiedenen Prozessen in komplexen Systemen abzuschätzen, was durch theoretische Überlegungen und die Analyse von Beobachtungsdaten allein nicht möglich ist. Viele der in Kapitel 2 dargestellten Wechselwirkungen sind in ihrer Bedeutung tatsächlich erst durch Modelle abgeschätzt worden.

Die Idee der numerischen Experimente kommt in einer Studie von Lohmann und Roeckner (1995) zur Wirkung der optischen Eigenschaften (Reflexion und Absorption) von Cirrus-Wolken auf den globalen Zustand der Atmosphäre sehr schön heraus. Die Autoren verglichen eine Standardparametrisierung mit zwei Extremfällen, nämlich, daß diese Wolken entweder optisch unwirksam seien (also durchsichtig für alle Wellenlängen) oder optisch „schwarz" (also daß sie langwellige Strahlung komplett absorbieren). Die Wirkung dieser verschiedenen Ansätze auf die (zonal gemittelte) Temperatur wird in Abb. 6.22 dargestellt. Durchsichtige Cirrus-Wolken gehen mit einer Erwärmung der Stratosphäre einher und mit einer Abkühlung der Troposphäre, während schwarze Cirren einen gegenteiligen Effekt haben mit

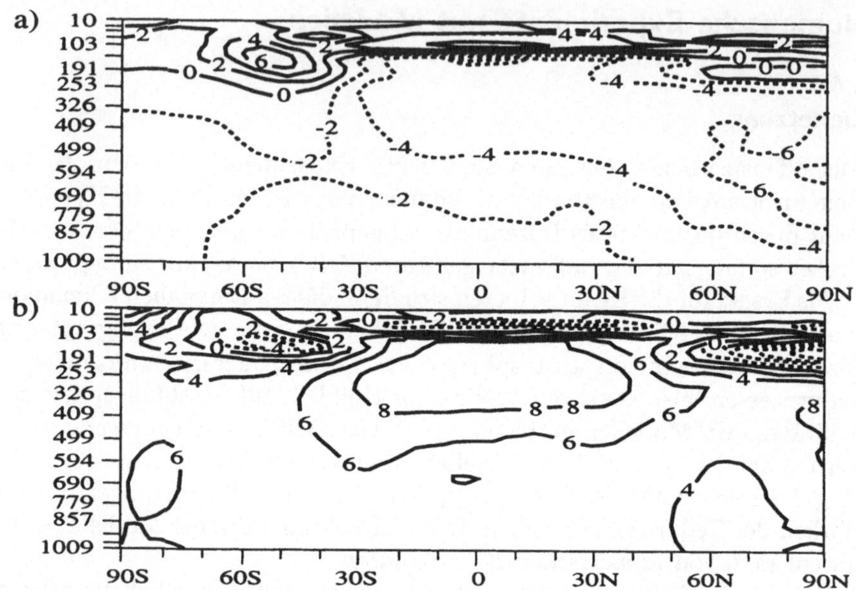

Abb. 6.22. Wirkung verschiedener optischer Eigenschaften von Cirrus-Wolken auf die zonal gemittelte Verteilung der Temperatur in einem atmosphärischen Modell. *Oben*: Differenz zwischen einer Rechnung mit optisch unwirksamen Cirrus-Wolken und einer Rechnung mit konventioneller Beschreibung der Cirren. *Unten*: Wie oben, aber mit optisch „schwarzen" Cirrus-Wolken. Die Höhenkoordinate ist als Druck in hPa angegeben. (Von Lohmann und Roeckner, 1995)

einer maximalen Erwärmung der Troposphäre von immerhin 8°C. Offenbar hat die Art der Parametrisierung der optischen Eigenschaften der Cirrus-Wolken eine signifikante Bedeutung für die Simulation des globalen Klimas.

Ein anderes Beispiel eines derartigen numerischen Experiments wurde durchgeführt, um den Einfluß von anwachsendem Seegang auf der südlichen Hemisphäre auf die atmosphärische Zirkulation abzuschätzen (Ulbrich et al., 1993). Dazu wurden zwei Simulationen mit einem Atmosphärenmodell durchgeführt, die sich nur in der Bodenrauhigkeit in dem laufend von schweren Stürmen heimgesuchten Seegebiet südlich von 40°S unterschieden. In dem Kontrollauf wurde die gewöhnliche Darstellung der Bodenrauhigkeit gewählt, während in einem zweitem Lauf die Bodenrauhigkeit künstlich um den Faktor 10 erhöht wurde. Diese Erhöhung war im Vergleich zu Beobachtungen deutlich überhöht, aber man wollte sicher sein, daß sich eine vom Hintergrundrauschen unterscheidbare Änderung einstellt.

Das Resultat des Experiments ist zusammengefaßt in einem Höhen-Breiten-Schnitt der Änderungen im zonal gemittelten Zonalwind (Ost-West-Wind) (Abb. 6.23). Die Schraffur markiert Änderungen, die vom Hinter-

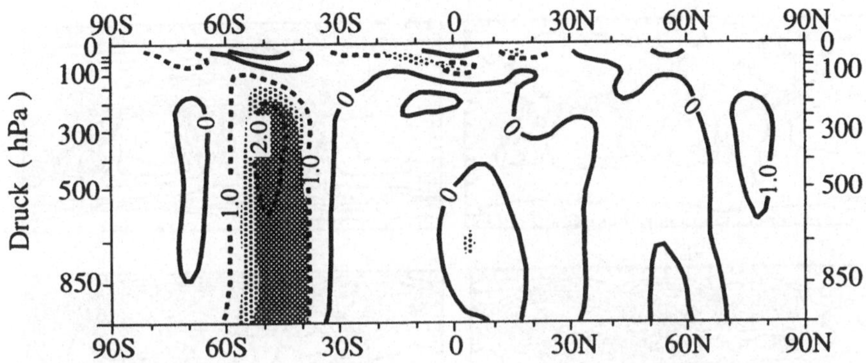

Abb. 6.23. Ein numerisches Experiment zur Wirkung der Bodenrauhigkeit aufgrund von Seegang auf die globale atmosphärische Zirkulation. Südlich von 40°S wurde die Rauhigkeit der Erdoberfläche verzehnfacht. Gezeigt ist ein Höhen-Breiten-Schnitt (mit Druckkoordinaten für die Vertikale) der Änderung des zonalen Windes (in m/s). Die Schraffur deutet an, daß die Änderung längs 40° – 50°S statistisch signifikant ist. (Von Ulbrich et al., 1993)

grundrauschen (natürlichen Schwankungen) unterscheidbar sind. Die Windgeschwindigkeit vermindert sich um bis zu 2 m/s über dem Gebiet mit erhöhter Rauhigkeit in der ganzen Troposphäre. In Bezug auf die geopotentielle Höhe (nicht gezeigt) wird ein deutlich größeres Gebiet beeinflußt. Polwärts des Gebietes mit erhöhter Rauhigkeit werden die Druckflächen um bis zu 40 Meter angehoben – am Boden steigt der Druck – und äquatorwärts werden sie um wenige Meter abgesenkt – der Bodendruck fällt. Dies Muster ist dynamisch konsistent mit der Windänderung: Ostwind herrscht zwischen hohem Druck auf der Polseite und niedrigem auf der äquatorwärtigen Seite. Ingesamt ist die Wirkung schwach, und da die Veränderung der Rauhigkeit in dem Experiment unrealistisch stark angesetzt war, wird aus dem Experiment geschlossen, daß der Prozeß des Anwachsens von Seegang für die Zirkulation der Atmosphäre vernachlässigbar ist.

6.4.3
Einschwingzeit der Atmosphäre

Für eine längerfristige Simulation ist der detaillierte Anfangszustand nicht von Bedeutung, aber zu Beginn der Simulation spielt der Anfangszustand doch eine Rolle, die im Laufe der Zeit immer kleiner wird. Der Frage, wieviel Zeit zum „Vergessen" des Anfangszustands benötigt wird, wurde mit Experimenten nachgegangen. Zu dem Zweck wurden atmosphärische Zirkulationsmodelle mit einer ruhenden isothermen Atmosphäre als Anfangszustand initialisiert (Washington, 1968 oder Fischer et al., 1991). Nach 10 bis 20 Tagen bildet sich die mittlere Zirkulation heraus, und nach wenigen Wochen simu-

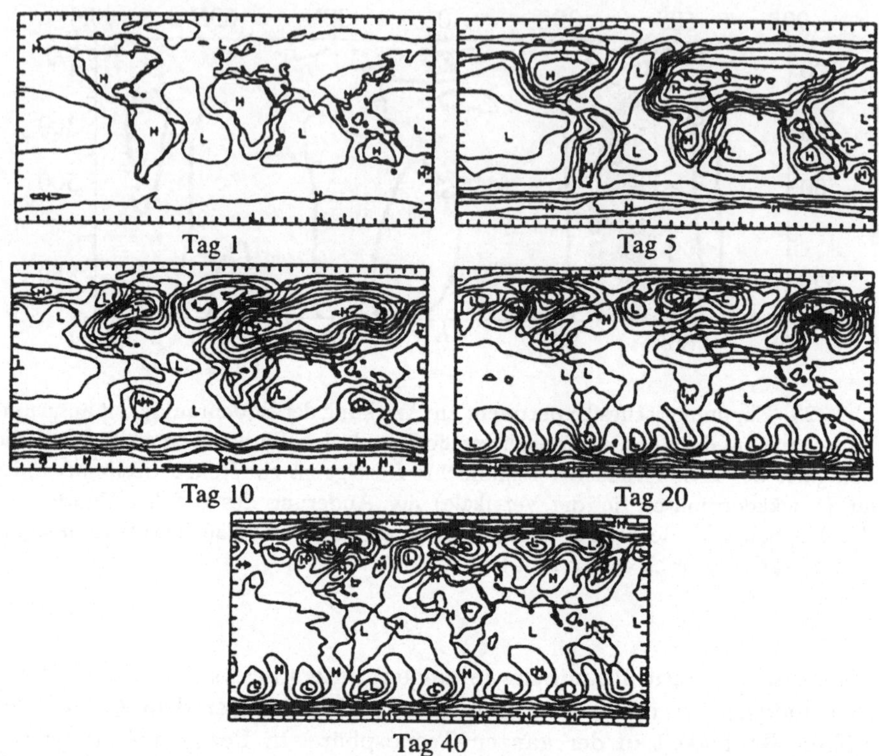

Abb. 6.24. Entwicklung der allgemeinen Zirkulation aus einem isothermen Zustand der Ruhe heraus. In den Graphiken ist der Luftdruck am Boden nach 1, 5, 10, 20 und 40 Tagen gezeigt. Hochdruckgebiete sind mit H, Tiefdruckgebiete mit L markiert. (Von Washington, 1968)

liert das Modell die allgemeine Zirkulation so gut, als wenn die Rechnung mit einem realistischen Anfangszustand begonnen worden wäre (Abb. 6.24). Demnach hat die Atmosphäre ein Gedächtnis von wenigen Wochen.

6.4.4
Sensitivität gegenüber Randbedingungen

Prototypisch ist die Untersuchung von Kiladis et al. (1989) zur Wirkung des australischen Kontinents auf die globale atmosphärische Zirkulation. Die Frage war, inwieweit der australische Kontinent für die Ausbildung der „Südpazifischen Konvergenzzone" (SPCZ) nordöstlich von Australien verantwortlich ist. Diese Konvergenzzone beschreibt ein Niederschlagsband, das sich vom Äquator nördlich Australiens in Richtung Südosten in die mittleren Breiten bis etwa zur Datumslinie erstreckt. Auf Satellitenbidern ist diese Zone anhand der Bewölkung gut zu erkennen. Die SPCZ wird in Kontrolläufen simuliert

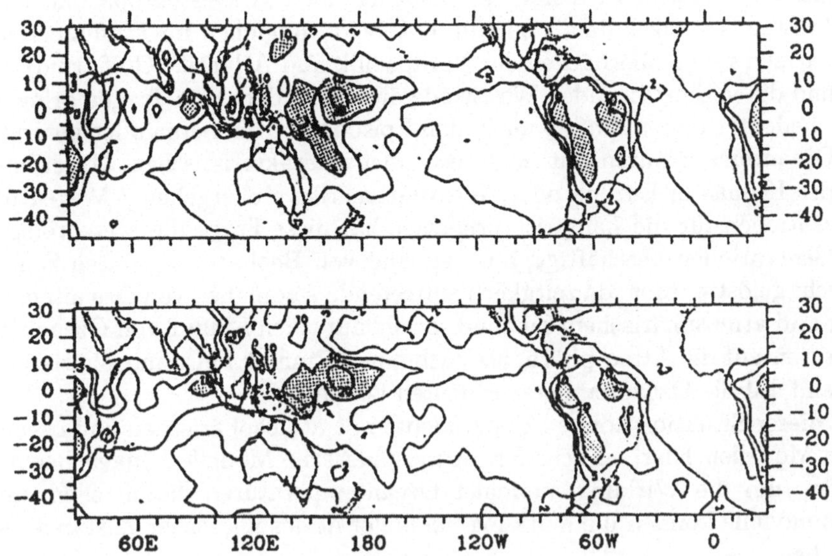

Abb. 6.25. Resultat eines numerischen Experiments zur Wirksamkeit der Gegenwart des australischen Kontinents auf die atmosphärische Zirkulation. Es wird nur die regionale Zirkulation gezeigt, da keine Änderungen in größeren Entfernungen auftreten. *Oben*: Zeitlich gemittelte Niederschlagsverteilung im Kontrollexperiment mit einem australischen Kontinent. *Unten*: Zeitlich gemittelte Niederschlagsverteilung in der Simulation ohne einen australischen Kontinent. Zu Orientierungszwecken sind die Kontouren von Australien dennoch angegeben. Gebiete mit mehr als 10 mm/Monat sind punktiert. (Von Kiladis et al., 1989)

– im vorliegenden Fall zu schwach, aber die Struktur stimmt einigermaßen (Abb. 6.25 oben). In einer zweiten Simulation wurde der Kontinent Australien durch eine Wasseroberfläche mit geeignet spezifizierter Temperatur ersetzt. Diese Manipulation bewirkt eine veränderte zeitlich gemittelte Niederschlagsverteilung (Abb. 6.25 unten). Im Modell wird die SPCZ nordöstlich von Australien deutlich schwächer, verschwindet aber nicht. Über weiter entfernten Gebieten wie Südamerika oder über dem Indischen Ozean ändert sich praktisch nichts. Die SPCZ ist also nur partiell durch das Vorhandensein eines naheliegenden Kontinents bedingt.

Andere Experimente dieser Art beziehen sich auf die Wirkung veränderter Vegetation (etwa des tropischen Regenwaldes) oder von Gebirge auf die atmosphärische Zirkulation. Auch mit Ozeanmodellen werden solche Experimente gemacht, etwa um zu studieren, wie sich die ozeanische Zirkulation ändert, wenn der Isthmus von Panama geöffnet ist und eine Strömung zwischen dem Atlantischen und dem Pazifischen Ozean möglich ist.

Eine weitere häufige experimentelle Fragestellung betrifft die Wirkung von Schwankungen der Ozeanoberflächentemperatur auf die atmosphärische

Zirkulation. Offensichtlich hat das milde Klima von Westeuropa und dem Nordwesten Amerikas damit zu tun, daß beide Regionen im Einflußbereich der warmen Ozeanoberflächen des Nordpazifik und Atlantik (Golfstrom) liegen und die vorherrschenden Westwinde dies besonders zum Tragen bringen. Aber bedeutet dieser Einfluß auch, daß Episoden mit höheren oder niedrigeren Ozeantemperaturen mit entsprechenden charakteristischen Abweichungen des Klimas in Europa oder Nordwestamerika einhergehen ? Wegen der Implikationen für die Langfristvorhersage hat diese Frage die Meteorologen seit Generationen beschäftigt, aber anhand von Beobachtungsdaten konnte sie nicht gelöst werden, da zeitgleich auftretende Anomalien von Ozeantemperatur und atmosphärischem Zustand sowohl auf einen Einfluß von Ozeantemperaturen auf die Atmosphäre, als auch einen Einfluß von atmosphärischem Zustand auf die Ozeantemperatur deuten können.

In dieser Situation können Experimente mit atmosphärischen und ozeanischen Modellen Klarheit schaffen. Atmosphärische Modelle können benutzt werden, um die Wirkung anomaler Ozeantemperaturen darzustellen, und Ozeanmodelle können die Wirkung anomaler atmosphärischer Zustände beschreiben.

Solche numerischen Experimente sind in großer Zahl durchgeführt worden (z.B. Luksch und von Storch, 1992 und Kharin, 1995). Dabei schält sich als Resultat heraus, daß anomale Ozeanoberflächentemperaturen im Nordatlantik und Nordpazifik auf Zeitskalen von Wochen und Monaten nur geringen Einfluß auf die Atmosphäre ausüben; vielmehr bewirken anomale atmosphärische Zirkulationsmuster, die wärmere bzw. kältere Luft über die Meeresoberfläche führen, eine Erwärmung bzw. Abkühlung der Ozeanoberfläche. Anders im Falle von Temperaturanomalien der Oberfläche des tropischen Pazifik, wie sie mit El Niño-Ereignissen einhergehen (z.B. Cubasch, 1985). Diese Temperaturabweichungen führen zu deutlichen Klimaanomalien nicht nur in der unmittelbaren Nähe der anomalen Temperaturen, sondern überall in den Tropen und im Bereich des Nordpazifik und in Nordamerika.

Gibt man im Experiment dagegen sehr großräumige und über mehrere Jahre anhaltende extratropische Temperaturanomalien der Meeresoberfläche vor, so findet man im Experiment doch einen gewissen Einfluß auf das Wetter in Mitteleuropa (Hense et al., 1990).

Diese Experimente haben der Klimaforschung entscheidend geholfen, die derzeitigen realitätsnahen Klimamodelle zu konstruieren. Sie sind ein ganz wesentliches Handwerkszeug für die Klimamodellierer.

All diesen Experimenten ist gemein, daß sie keine abschließende Antwort zu geben vermögen. Zeigt ein Modell eine erwartete Reaktion nicht, so kann es daran liegen, daß das Klimasystem tatsächlich insensitiv gegenüber der experimentell veränderten Situation ist oder daran, daß nur das Modell insensitiv und damit ungeeignet ist. Andererseits kann eine einmal gefundene Sensitivität ebenso bloß Ausdruck einer übergroßen Empfindlichkeit des Modells sein. Insofern ist es nicht verwunderlich, daß es immer wieder vorkommt, daß bereits mit anderen numerischen Modellen falsifizierte Hypothesen von einem neuen bzw. neu optimierten Modell als doch wahrscheinlich dargestellt werden.

Da die Realität auch nicht „von selbst" Erkenntnis über innere Mechanismen, Wechselwirkungen zwischen den Komponenten und Sensitivitäten gegenüber externen Anregungen vermittelt, erlauben auch Resultate von solchen realitätsnahen Zirkulationsmodellen nicht ohne weiteres solche Rückschlüsse auf die simulierte Dynamik. Diese Erkenntnisse werden dadurch gewonnen, daß dynamisch oder statistisch motivierte konzeptionelle Modelle zur Interpretation der beobachteten oder simulierten Daten zum Einsatz kommen.

6.5
Anwendung zur Klimavorhersage

Mit realitätsnahen Klimamodellen ist es möglich, detaillierte Szenarien für die Wirkung von externen oder internen Veränderungen im Klimasystem zu erstellen. Hierzu gehört insbesondere der in der Öffentlichkeit intensiv diskutierte Fall der erwarteten globalen Erwärmung aufgrund sich erhöhender Konzentrationen von Treibhausgasen in der Atmosphäre (Kapitel 7). Andere Fälle betreffen die 1991 in Kuwait brennenden Ölquellen, den Eintrag vulkanischer Aerosole in die Stratosphäre nach dem Pinatubo-Ausbruch, aber auch die Vorhersage von El Niño-Ereignissen im tropischen Pazifik und deren Folgen für das globale Klima. In diesen Anwendungen sind die Klimamodelle nicht mehr ausschließlich Werkzeuge der wissenschaftlichen Forschung, sondern auch Instrumente zur Erzeugung von gesellschaftlich relevantem Wissen, das in den wirtschaftlichen und politischen Entscheidungsprozeß einfließt.

6.5.1
Prognosen des ENSO-Phänomens

Neben der Wettervorhersage, also der Beschreibung zukünftiger Entwicklungen im Detail, gibt es noch die *Vorhersage der zweiten Art*, in der man die Statistik des Klimasystems prognostiziert. Die Idee dabei ist, daß es Faktoren gibt, die einerseits diese Statistik – zumindest in gewissen Grenzen – bestimmen, und die andererseits selbst für längere Zeiten vorhersagbar sind. Ein Beispiel eines solchen Faktors ist der Wärmeinhalt im tropischen Pazifik. Da dieser Faktor einen Einfluß auf die Statistik der Wetterschwankungen in einigen Teilen der Welt hat, ergibt sich auf diese Weise die Möglichkeit, zwar nicht das Wetter im Detail, aber doch die veränderliche Statistik des Wetters für vielleicht einige Monate oder gar mehrere Jahre im voraus vorherzusagen.

Auf der Zeitskala von einigen Monaten bis hin zu einem Jahr sind im Rahmen des internationalen „Tropical Ocean Global Atmosphere" Programms (TOGA, 1985 – 95) große Fortschritte erzielt worden. Hier ist der vorhersagbare Teil der Zustand des tropischen Ozeans. Ein in den letzten Jahren deutlich ausgebautes Beobachtungsnetz im Bereich des tropischen Pazifik liefert zuverlässig und genau Daten über den Zustand des „Prädiktors" tropischer Pazifik. Diese Daten werden mit Hilfe von Klimamodellen dynamisch interpoliert, so daß man für die verschiedenen Variablen, wie Temperatur und Strömung, einen dynamisch konsistenten Zustand erhält (*Datenassimilation*, ähnlich der Initialisierung von Wettervorhersagemodellen, Abschnitt 6.1). Die so interpolierten Werte werden als Anfangszustand in das schon für die Analyse benutzte Klimamodell eingespeist, um dann routinemäßig Vorhersagen über das Eintreten von El Niño-Ereignissen durchzuführen. Die Vorhersagbarkeit des trägen Ozeans über Monate entspricht hier der Vorhersage der Atmosphäre über Tage (Abschnitt 6.1), wobei der möglichst genauen Bestimmung der Anfangswerte wesentliche Bedeutung zukommt.

Latif et al. (1994) haben gezeigt, daß die Entwicklung des charakteristischen Southern-Oscillation-Index (dessen positive Werte ja das Eintreten von El Niño-Ereignissen signalisieren) mit Ozean-Atmosphäre-Modellen mit guter Sicherheit in den bisherigen Fällen 6 bis 12 Monate im voraus berechnet werden konnte.

Die zukünftige Praxis dieser Vorhersagen wird zeigen, ob der derzeitige Optimismus gerechtfertigt ist. In jedem Falle sind erfolgreiche Vorhersagen auch für kürzere Zeiträume, etwa für drei Monate, für die Volkswirtschaften von tropischen Ländern wie Nordaustralien, Peru und Indonesien von großem Interesse, da sie genutzt werden könnten für vielfältige betriebs- und volkswirtschaftliche Entscheidungen. In Peru etwa werden solche Vorhersagen für Entscheidungen herangezogen, ob Reis oder Baumwolle angepflanzt werden soll. In Australien werden sie ebenfalls für landwirtschaftliche Planungen verwendet, und in den USA denken Energieversorgungsfirmen darüber nach, ENSO-relevante Informationen in ihre Vorsorgestrategien einzubeziehen.

6.5.2
Großskalige Ölbrände in Kuwait

Ein interessanter Fall eines unmittelbar gesellschaftlich relevanten Einsatzes von Klimamodellen betraf die erwartete klimatische Wirkung der Brände der Ölquellen in Kuwait im Winter 1991 (das Ausmaß der Brände wird anhand von Satellitendaten durch Cahalan (1992) dokumentiert). Dieser Fall ist von gesellschaftlichem Interesse, da namhafte Wissenschaftler vor katastrophalen klimatischen Folgen solcher Brände warnten und in der Öffentlichkeit deutliche Besorgnis entstand. Diese Warnungen beruhten auf plausiblen, aber stark vereinfachten physikalischen Überlegungen. Von der wissenschaftlichen Seite her war der Fall darüberhinaus interessant, weil es einen Test mit kürzester Vorbereitungszeit, ohne die Möglichkeit der erneuten Kalibration der Modelle, darstellte.

Als wesentlich wurde die Auswirkung auf die kurzwellige Strahlung angesehen, d.h. die Absorption von Sonnenstrahlung und die damit einhergehende Erwärmung der rußbeladenen Atmosphärenschichten sowie die relative Abkühlung der abgeschatteten Bereiche am Erdboden. Andere Effekte wie zusätzliches CO_2 oder Einflüsse auf andere Spurengase wurden (im Vergleich zu anderen Emissionen) als weniger wichtig angesehen und gar nicht erst in die Simulation einbezogen.

In detaillierten Rechnungen mit einem atmosphärischen Zirkulationsmodell wurde eine zusätzliche Komponente für Transport und Reaktion von Ruß eingefügt (Formulierung wie für Spurenstoffe, Abschnitt 6.2.5). Die Rußpartikel wurden kontinuierlich in der Gitterbox um Kuwait in die Modellatmosphäre eingebracht, von den Modellwinden in der Troposphäre verteilt, und schließlich durch Auswaschen durch Regen und trockene Deposition am Boden aus der Atmosphäre wieder entfernt (Bakan et al., 1991).

Die Ergebnisse prognostizierten im wesentlichen nur regionale Auswirkungen mit einer Temperaturabsenkung in der Golfregion von etwa 4°C, aber weder signifikante globale Effekte noch eine befürchtete Abschwächung des Sommermonsuns über Indien. Dies erwies sich dann auch als richtig, begründet vor allem durch die relativ schnelle Deposition der Rußpartikel schon innerhalb von Tagen bis Wochen.

6.6
Beurteilung der Klimamodelle

Das Klimasystem ist ein offenes System. Dies bedeutet, daß es externe Einflußfaktoren gibt – nicht unbedingt wichtige, aber dafür viele, wie z.B. das erratische Verhalten in der Biosphäre oder von Vulkanen. Klimamodelle dagegen sind abgeschlossene Systeme. Wenn also ein Klimamodell beobachtete Entwicklungen nicht reproduziert, so kann es dafür prinzipiell zwei Gründe geben: das Modell könnte unzureichend sein, oder unerwartete und vielleicht sogar unbekannte externe Antriebsmechanismen sind wirksam geworden, z.B. durch Vulkanstaub, biologische Spurengasemissionen oder ähnliches. Es gibt keine methodisch einwandfreie Strategie, zwischen diesen beiden Optionen zu entscheiden (Oreskes et al., 1994).

Darüberhinaus müssen die Modelle trotz ihres rechentechnischen Aufwandes eine Vielzahl von Prozessen vernachlässigen, z.B. in der Energiekaskade der Turbulenz (Abschnitte 2.2.5 und 5.3.2), bei der Bildung von Wolkentröpfchen oder biologischen Prozessen (Abschnitt 6.2.5). Auch realitätsnahe Klimamodelle können immer nur Teilaspekte der Klimadynamik beschreiben. Folglich können einige Modelleigenschaften tatsächlich Eigenschaften des realen Klimasystems sein, andere aber sind möglicherweise nur Eigenschaften des Modells („Artefakte") und nicht der Realität. Manchmal ist es einfach, Artefakte zu identifizieren, z.B. wenn irgendwelche Erhaltungseigenschaften nicht erfüllt sind. Positive Aussagen, daß gewisse Modelleigenschaften definitiv Eigenschaften der Realität sind – und dies sollte als *Verifikation* bezeichnet werden – sind kaum möglich. Nachdem die Modelle als Reaktion auf eine verdoppelte Konzentration von CO_2 eine globale Erwärmung von 1,5 bis 3°C berechnet haben, ist die zentrale Frage, ob sich das reale Klimasystem ge-

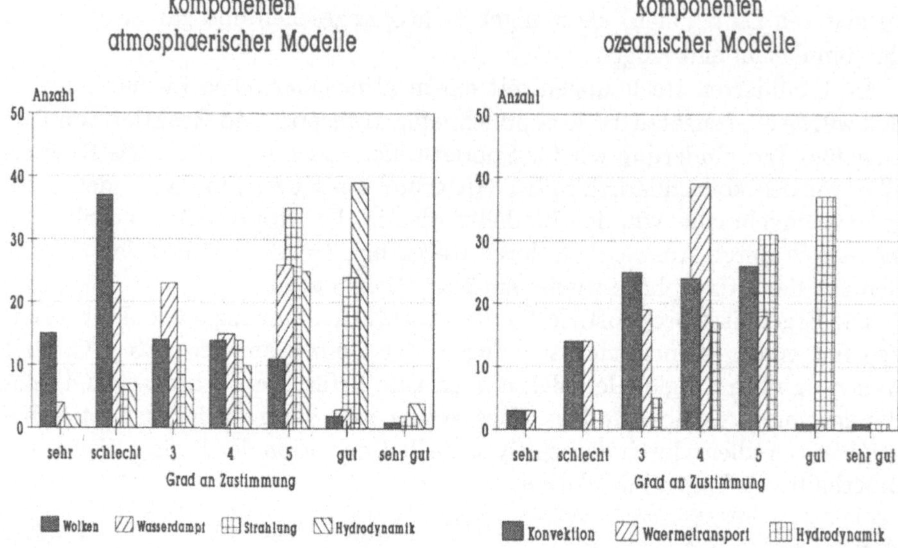

Abb. 6.26. *Links*: Zutrauen in die Darstellung der Prozesse *Hydrodynamik, Strahlung, Wasserdampf* und *Wolken* in atmosphärischen Modellen auf einer Skala von 1 bis 7, mit 1 = sehr schlecht, 7 = sehr gut. *Rechts*: Zutrauen in die Darstellung der Prozesse *Hydrodynamik, Wärmetransport* und *Konvektion* in ozeanischen Modellen. (Nach Bray und von Storch, 1999)

nauso verhalten wird. Diese Frage ist bis auf Weiteres nicht mit Sicherheit, sondern nur im Rahmen gewisser Annahmen zu beantworten (Kapitel 7).

In dieser Situation ist es sinnvoll, empirisch nach dem Grad an Konsens in der wissenschaftlichen Gemeinschaft zu fragen. Dies geschah u.a. in einer Umfrage unter deutschen und nordamerikanischen Klimaforschern. Etwa 400 von 1000 angeschriebenen Experten haben sich zur Frage der Brauchbarkeit von Klimamodellen geäußert (Bray und von Storch, 1999). Von diesen 400 haben sich 94 als „Modellierer" bezeichnet. Eine Ausdehnung auf dänische und italienische Wissenschaftler brachte ähnliche Ergebnisse.

Die Experten wurden nach ihrem Grad an Zustimmung zu Angaben gefragt, wie gut die Hydrodynamik, die Strahlung, der Wasserdampf oder die Wolken in atmosphärischen Modellen dargestellt wären. Vorgegeben war eine Skala zwischen 1 und 7, wobei 1 „sehr schlecht" bedeuten soll und 7 „sehr gut". Das Resultat der Umfrage ist in Abb. 6.26 dargestellt. Das meiste Vertrauen wird den großskaligen Prozessen der Hydrodynamik und der Strahlung entgegengebracht, während die Skepsis gegenüber dem Wasserdampf und insbesondere den Wolken deutlich ausgeprägt erscheint. Die Option „sehr gut" wird in allen Fällen nur von einer verschwindenden Minderheit gewählt. Dies drückt vermutlich nur die triviale Tatsache aus, daß praktisch alle mit Kli-

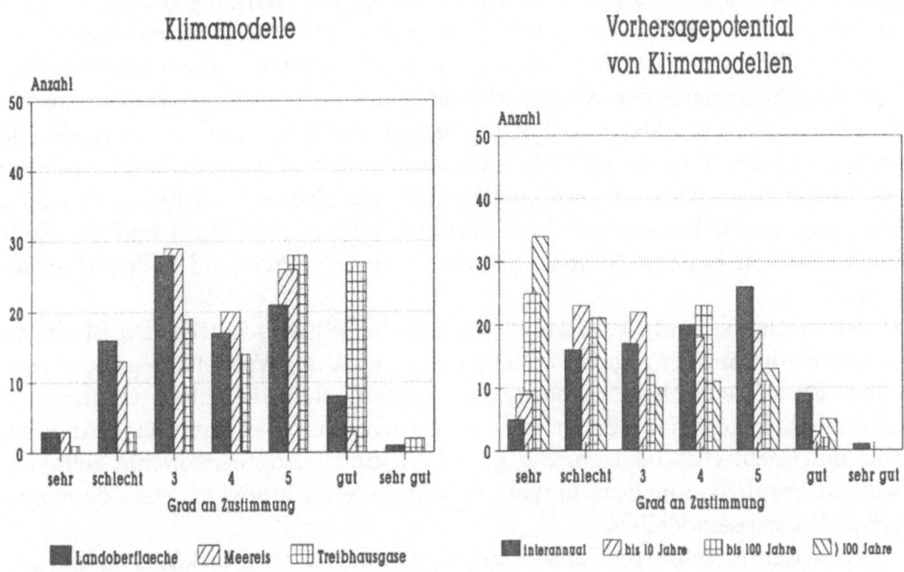

Abb. 6.27. *Links*: Zutrauen in die Darstellung der Wirkung von Treibhausgasen, und der Simulation von *Meereis* und von Prozessen in der *Landoberfläche* in Klimamodellen. *Rechts*: Zutrauen in die Fähigkeit heutiger Klimamodelle, vernünftige Abschätzungen der *Klimavariabilität* auf verschiedenen Zeithorizonten zu generieren. (Nach Bray und von Storch, 1999)

mamodellierung befaßten Wissenschaftler davon ausgehen, daß immer noch weitere Verbesserungen möglich sind (im Falle der Hydrodynamik z.B. die Darstellung der regionalen Skala).

Ähnliche Resultate findet man für den Stand der Ozeanmodellierung; hier wurde nach Hydrodynamik, Wärmetransport und Konvektion gefragt (Abb. 6.26). In die Darstellung der Hydrodynamik besteht großes Zutrauen, in Bezug auf die Fähigkeit, den Wärmetransport richtig darzustellen, gibt es Zweifel und im Falle der Konvektion überwiegen Zweifel. Wiederum wird die Option „sehr gut" kaum abgegeben.

In beiden Fällen – für die Atmosphäre wie für den Ozean – wird Vertrauen besonders der Darstellung der Hydrodynamik, d.h. den großskaligen aufgelösten Strömungen, entgegengebracht. Je stärker die Prozesse von Parametrisierungen abhängen, desto größer ist die Skepsis, was sich besonders in den Antworten zum Niederschlag und zur Konvektionsformulierung niederschlägt.

Es wurde auch gefragt, wie groß das Zutrauen im Hinblick auf die Beschreibung der Wirkung von Spurengasen, auf die Darstellung von Meereis und der Prozesse an der Landoberfläche (im Hinblick auf Energie und Wasserspeicherung und -abgabe) sei (Abb. 6.27). In Bezug auf Meereis und Landoberflächen gibt es Vorbehalte, während die Beschreibung der Wirkung der Spurengase als zwar verbesserungsfähig, aber dennoch brauchbar angesehen wird.

Schließlich wurde noch gefragt, inwieweit heutige Klimamodelle vernünftige Abschätzungen der Klimavariabilität auf verschiedenen Zeithorizonten gestatten würden (Abb. 6.27). Offenbar ist das Zutrauen um so größer, je kürzer der Zeithorizont ist. Für interannuale Schwankungen (Jahr-zu-Jahr) ist die häufigste Antwort noch „mäßig gut", bis 10 Jahre wählten die meisten mit Klimamodellierung befaßten Wissenschaftler „schlecht", und für Zeithorizonte von hundert Jahren und mehr wird überwiegend „sehr schlecht" gewählt.

Zusammenfassend ist festzuhalten, daß die Wissenschaftler den Modellen durchaus distanziert gegenüberstehen und vielfältige Vorbehalte geltend machen. Es sollte auch nicht übersehen werden, daß eine solche Umfrage zu „Einschätzungen" immer nur relative Antworten geben kann, eine Angabe, was nun „schlecht" oder „mäßig gut" bedeutet, wird ebensowenig gelingen, wie ein Vergleich mit Einschätzungen von anderen Modellen, etwa ökonomischen Prognosemodellen.

Trotz der aufgeführten Einschränkungen und der oben diskutierten Skepsis unter der Klimaforschern gibt es eine Reihe von heuristischen Argumenten, die die Hypothese stützen, daß realitätsnahe Klimamodelle relevante Segmente der Klimadynamik beschreiben. Wir möchten diese hier zusammenfassen.

1. Klimamodelle erfassen auf vollständigste Weise unser physikalisches Verständnis von der Klimadynamik. Diese Modelle und ihre Parametrisierungen verkörpern in weiten Bereichen physikalische Grundkenntnisse. Im Kern der Modelle stehen die Grundprinzipien der Physik wie die Erhaltungssätze für Masse, Energie und Impuls.

Diesem wichtigsten Argument kann entgegengehalten werden, daß es ja „unphysikalische" Ansätze wie die Flußkorrektur und Konstanten in den Parametrisierungen gäbe, die unter Aspekten der Praktikabilität und Wirksamkeit im Hinblick auf die Reproduktion gewisser Erscheinungsformen bestimmt würden (z.B. um die beobachtete global gemittelte bodennahe Lufttemperatur zu reproduzieren). Dies Gegenargument ist zulässig, aber man sollte sich vergegenwärtigen, daß die Anzahl dieser unphysikalischen Eingriffsmöglichkeiten beschränkt ist (deutlich geringer als in ökologischen oder ökonomischen Modellen).

Wichtige Eigenschaften der Modelle aber, wie etwa die Sensitivität gegenüber veränderten Konzentrationen von Treibhausgasen, hängen ab von den parametrisierten Ansätzen (die auf einer Mischung von Plausibilität, Vereinfachung und Zweckmäßigkeit in Bezug auf die Reproduktion gewisser Eigenschaften des Simulationsresultats beruhen). Diese Begrenzungen disqualifizieren das Werkzeug nicht, aber man sollte sie bei seinem Einsatz und bei der Weiterverwendung der entstandenen Produkte im Hinterkopf behalten.

2. Klimamodelle reproduzieren den Jahresgang des Klimas gut. Immerhin ist der Jahresgang das stärkste Klimasignal auf der Zeitskala bis hin zu

Jahrhunderten. Ein Kritiker wird dazu aber anmerken, daß die Parametrisierungen gerade so angepaßt worden sind, daß der Jahresgang stimmt. Das oft als banal erachtete Nachempfinden des Jahresgangs ist aber keineswegs trivial: Bei der Vielzahl der involvierten Prozesse wie Niederschlagsbildung und der Albedoveränderung durch eine Schneedecke stellt dies eine recht gute Kontrollmöglichkeit dar.

3. Klimamodelle bewähren sich täglich in der Wettervorhersage und beginnen wertvolle Vorhersagen auf der saisonalen Skala (ENSO) zu liefern. Dieses Argument ist nicht sehr stark; der Erfolg der Wettervorhersage beruht nur z.T. auf der Darstellung dynamischer Prozesse in atmosphärischen Modellen, aber im erheblichen Maße auf der korrekten Analyse des Anfangszustandes. Im Falle der saisonalen Vorhersagen sollte man noch abwarten, ob der derzeitige Optimismus gerechtfertigt ist. Die Bewertung der Güte einer Vorhersage eines komplexen Systems erfordert viele unabhängige Ereignisse; für die Wettervorhersage gibt es jeden Tag ein neues unabhängiges Ereignis, aber für die saisonale Vorhersage liefert erst der nächste Winter solch einen neuen, unabhängigen Fall.

4. Verschiedene Klimamodelle liefern ähnliche Resultate. Auch dieses Argument ist problematisch, da die Modellentwicklungen an den verschiedenen wissenschaftlichen Zentren nicht unabhängig voneinander ablaufen. Die Wissenschaftler tauschen sich beständig aus, und grobe Abweichungen im Modellverhalten werden intensiv diskutiert und in der Regel ein Konsens gefunden, der die Modelle wieder zusammenbringt. Diese enge Zusammenarbeit manifestiert sich insbesondere in einer Vielzahl von in jüngster Zeit entstandenen internationalen Modellvergleichsprojekten (z.B. das Atmospheric Model Intercomparison Project, AMIP). In diesen Projekten werden Zirkulationsmodelle oder auch nur Komponenten daraus (z.B. die Strahlungs- oder die Wolkenparametrisierung) systematisch verglichen, indem Simulationsexperimente mit genau vorgeschriebenem Protokoll durchgeführt werden. In diesen Experimenten fallen „Außenseiter" relativ leicht auf und gelangen unter Erklärungszwang. Neben einer Tendenz zur Vereinheitlichung der Modelle haben diese Vergleichsprojekte natürlich auch den positiven Effekt, daß echte Modellfehler leichter erkannt werden, insbesondere auch wenn die Modellergebnisse mit Beobachtungen konfrontiert werden.

Zudem ist festzuhalten, daß die meisten atmosphärischen Modelle auf den gleichen Ursprung zurückgehen, nämlich auf das Modell des australischen Wissenschaftlers Bill Bourke. Die Modelle sind also nicht unabhängig voneinander entwickelt worden. Im Falle der Ozeanmodelle liegt eine ähnliche konzeptionelle Verwandtschaft vor. Fast alle globalen Ozeanmodelle stammen vom Princeton-Modell von Kirk Bryan bzw. seiner moderneren Variante von Cox und Bryan ab. Praktisch gibt es nur zwei weitere konzeptionell andersartige Ozeanmodelle, die beide aus dem Hamburger Max-Planck-Institut für Meteorologie stammen: das „Large Scale Geostrophic Model" (LSG) von Maier-Reimer et al. (1993) und das „Isopyknische Modell" (OPYC) von Oberhuber (1993).

Dieses Spektrum verschieden starker Argumente spricht für die Klimamodelle und ihre Fähigkeit, Vorgänge in der Natur systemanalytisch brauchbar darzustellen, also durch Verknüpfung von Einzelprozessen wie Einstrahlung, Konvektion und Advektion von Tiefenwasser beobachtete Phänomene wiederzugeben. Obwohl die Klimamodelle (wie die meisten Modelle in Bereichen wie Umwelt oder Volkswirtschaft) nicht verifizierbar sind, sind sie doch wertvolle und unersetzliche Werkzeuge nicht nur für den wissenschaftlichen Fortschritt, sondern auch für die öffentliche Debatte über klimatische Gefahren und Möglichkeiten.

7 Anthropogene Klimaänderung

7.1
Übersicht

In den 60er und 70er Jahren war das Interesse der Klimaforschung an Fragen des Klimawandels eher gering. Daran änderten auch die damals vorgebrachten Sorgen nichts, die Erde bewege sich auf eine neue Eiszeit zu. Erst in den 80er Jahren, als die Mauna Loa Kurve (Abb. 2.24) den unzweifelhaften Anstieg der atmosphärischen CO_2-Konzentration belegte, entstand ein breites Interesse an Klimaänderungen auf Zeitskalen von Jahrzehnten und Jahrhunderten.

Das wachsende Interesse der Öffentlichkeit und die sich damit verbessernde Finanzierung der Klimaforschung führte zu einem Paradigmenwechsel in der Forschung. Nicht mehr die Prozesse standen im Vordergrund – das bundesdeutsche Ministerium für Forschung und Technologie förderte Grundlagenforschung nur noch in einem Umfang, wie es für die eigentlich gemeinten Fragen der Angewandten Forschung erforderlich schien. Da es sich um zukünftige Ereignisse handelte, von denen das Bedrohungspotential ausging, waren möglichst realistische Modelle gefordert, und diese hielt die physikalische Klimaforschung bereit.

Als Ausgangsbasis für solche Szenarien sind Annahmen über die zukünftige Entwicklung der Emissionen der strahlungsaktiven Substanzen notwendig. Da diese Substanzen aber nicht zu 100% in der Atmosphäre akkumulieren, sondern durch Reaktion sowie Aufnahme u.a. in den Ozean und die Landbiosphäre auch aus der Atmosphäre entfernt werden, muß versucht werden, diese Prozesse zu beschreiben. Dies geschieht beispielsweise für CO_2 durch Kohlenstoffkreislaufmodelle, so daß man erwartete Werte für die verbleibende atmosphärische CO_2-Konzentration errechnen kann (Abschnitt 7.2).

Mit diesen Werten kann man nun realitätsnahe Klimamodelle betreiben, und zukünftige, mögliche Klimaänderungen und Zustände erarbeiten (Abschnitt 7.3). Die wesentliche Frage in diesem Zusammenhang ist, mit welchen Veränderungen im Klimasystem in welcher Zeit plausiblerweise zu rechnen ist. Für gesellschaftlich relevante Variablen wie der bodennahen Lufttemperatur, dem Niederschlag und dem Wasserstand ist dabei neben der Geschwindigkeit der Änderung das räumliche Muster von Interesse. Außerdem wird nicht nur nach zeitlichen Mittelwerten gefragt, sondern auch nach Standardabweichungen oder der Wahrscheinlichkeit für extreme Ereignisse, um Aussagen über die Schwankungsbreite zu erhalten.

Abschnitt 7.4 beschäftigt sich mit der Frage, inwieweit sich Signale einer globalen, emissionsbedingten Klimaänderung bereits heute in den vorhandenen Temperaturaufzeichnungen nachweisen lassen und welche Schwierigkeiten und Unsicherheiten hiermit verbunden sind. Um schließlich abzuschätzen,

mit welchen konkreten Implikationen der antizipierte globale Wandel einhergehen könnte, ist es erforderlich, die Szenarien auf der regionalen und lokalen
Skala zu konkretisieren. Methoden für diesen Zweck werden in Abschnitt 7.5
dargestellt.

Wir beschränken uns in diesem Kapitel auf den Fall der Erwärmung
des Erdklimas aufgrund durch menschliche Emissionen erhöhter atmosphärischer Konzentrationen von Treibhausgasen wie Kohlendioxid oder Methan,
da dies die derzeit wichtigste Frage der angewandten Klimaforschung mit
weitreichenden Verknüpfungen in das wirtschaftliche und politische System
darstellt. Auf Veränderungen aufgrund von Landnutzung (Abholzen von
Wäldern etc.) werden wir nicht eingehen, da dies klimatisch gesehen geringere
Wirkungen als der anthropogene Treibhauseffekt erwarten läßt, wenngleich es
deutliche Wirkungen im Umfeld der veränderten Landnutzung geben kann.

7.2
Emissions- und Konzentrations-Szenarien

7.2.1
Szenarien zukünftiger Emissionen

Die Klimaänderungsszenarien basieren auf Erwartungen über die zukünftigen Emissionen von Treibhausgasen, also auf relativ groben Annahmen über
die wirtschaftliche und gesellschaftliche Entwicklung auf der Erde. Diese angenommenen zukünftigen Veränderungen basieren ihrerseits auf Daten der
aktuellen Emissionen, die ebenfalls mit Unsicherheiten behaftet sind. Das Zusammentragen der Daten und Erstellen der Szenarien wird maßgeblich vom
Intergovernmental Panel on Climate Change (*IPCC*) koordiniert. Dieses Gre-
mium der Vereinten Nationen, in dem eine große Anzahl von Wissenschaft-
lern mitarbeitet, wurde 1988 gegründet, um eine Darstellung des derzeitigen
Wissens zum Treibhauseffekt zu geben. Dabei sollen in einer möglichst ge-
schlossenen Zusammenfassung sowohl konsensfähige als auch strittige unklare
Bereiche erfaßt werden (IPCC-Berichte: Houghton et al., 1990, 1992, 1996).

Für den ersten IPCC-Bericht, der 1990 erschien, wurden einige solche
Emissionsszenarien entwickelt (Abb. 7.1):

- Im *Szenario A* (business as usual) wird ein exponentielles Emissions-
  wachstum von 1,3% pro Jahr für den Fall, daß keinerlei staatliche Eingriffe in den Gebrauch fossiler Brennstoffe stattfinden, erwartet. Ein
  solches Szenario wird in der Regel als Referenzfall für das Ausbleiben
  eines politischen Eingriffs in den Planspielen verwendet.
  Ob ein solcher neoklassischer Ansatz des ungehemmten Wirtschafts-
  wachstums nach den Erfahrungen mit entsprechenden Prognosen zum
  Bedarf an Energie in den 70er Jahren angemessen ist, bleibt schwierig
  zu beurteilen.

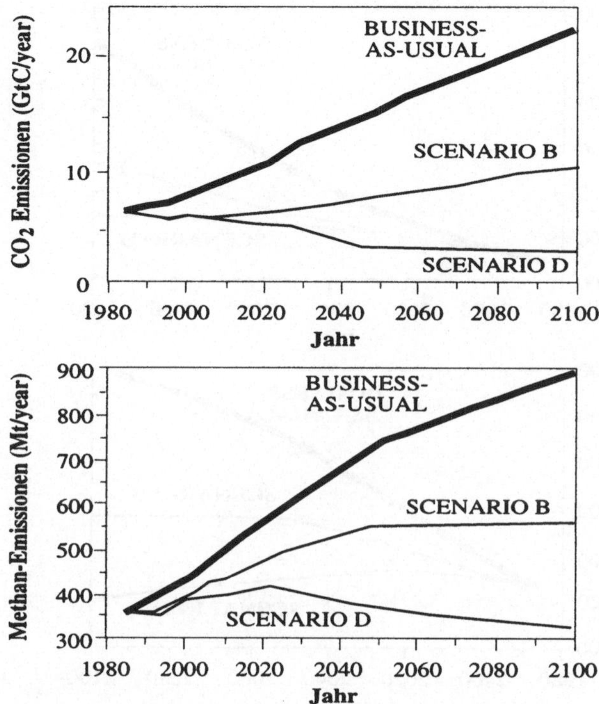

Abb. 7.1. Emissionsszenarien von Kohlendioxid (*oben*) und Methan (*unten*), wie sie vom *Intergovernmental Panel on Climate Change* in seinem 1990er Bericht als plausibel vorgegeben wurden. (Nach Houghton et al., 1990)

- Das zweite *Szenario B* geht von einer moderaten Reduktion der Emissionen aus.

- *Szenario D* („drakonische Maßnahmen") beschreibt eine dramatische Reduktion.

In späteren Einschätzungen hat das IPCC weitere differenziertere Emissionsszenarien erarbeitet. Ein wesentlicher Aspekt dieser revidierten Szenarien ist die Berücksichtigung von Aerosolen, die ja auch ein Nebenprodukt von heutiger industrieller Ressourcennutzung sind (z.B. Verbrennung von Kohle, Autoverkehr). Solche Abschätzungen der zukünftigen Aerosolbelastung gestalten sich äußerst schwierig und hängen stark von Annahmen über die zukünftige Wirtschafts- und Technologieentwicklung ab. Es wird angenommen, daß in den industrialisierten Gebieten der Nordhemisphäre der Abkühlungseffekt dominiert und lokal zeitweise den zusätzlichen Erwärmungseffekt der Treibhausgase kompensieren kann.

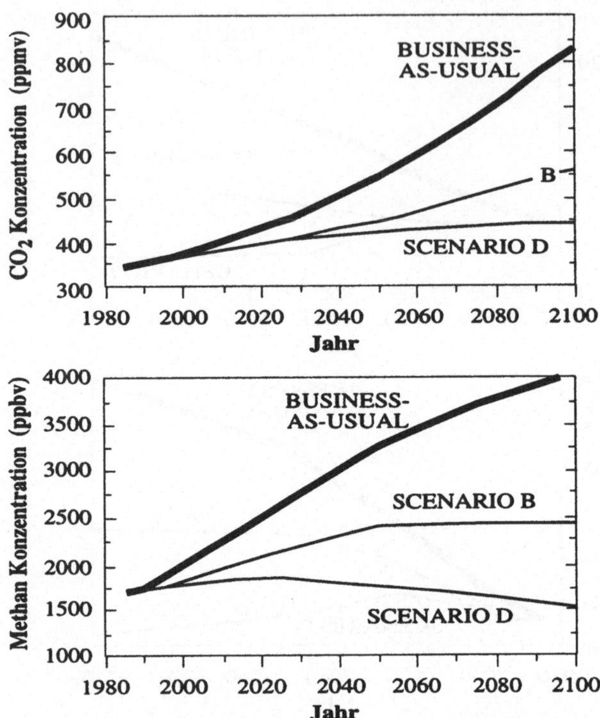

Abb. 7.2. Zeitliche Entwicklungen für die atmosphärischen Konzentrationen von Kohlendioxid (*oben*) und Methan (*unten*), wie sie aus den Emissionsszenarien (Abb. 7.1) abgeleitet wurden. (Nach Houghton et al., 1990)

7.2.2
Erwartete Konzentrationen der Treibhausgase

Der beobachtete Anstieg der atmosphärischen CO_2-Konzentration entspricht nur etwa 50% der anthropogen freigesetzten Kohlenstoffmengen. Die verbleibenden 50% werden von Ozean und Landbiosphäre aufgenommen. Unglücklicherweise sind die relativen Beiträge dieser beiden Kohlenstoffspeicher nur ungenau bekannt. Im Ozean spielt dabei der Transfer von Überschuß-CO_2 in die Tiefe durch vertikale Mischung und Tiefenwasserbildung die entscheidende Rolle. In der Landbiosphäre werden verschiedene Faktoren genannt, die zu einer Speicherung von anthropogenem CO_2 führen könnten, über die jedoch nur ungenügende Kenntnis vorliegt, wie z.B. den CO_2-Düngeeffekt (siehe Abschnitte 2.4 und 6.2.5).

Die erwarteten oder für möglich gehaltenen Entwicklungen der atmosphärischen Konzentration der strahlungsaktiven Gase werden mit Modellen der Stoffkreisläufe als Reaktion auf antizipierte anthropogene Emissionen dieser Gase berechnet. Die so erhaltenen Zeitverläufe der erwarteten Konzentrationen sind in Abb. 7.2 für die oben diskutierten Emissionsszenarien dargestellt.

Die errechneten Konzentrationen können aber nur mit relativ großen Fehlerspannen angegeben werden, da man von einem ausreichenden Verständnis des Umweltverhaltens der Spurenstoffe noch weit entfernt ist. So ist nicht ausreichend geklärt, wie sich Änderungen der physikalischen Klimaparameter wie Temperatur, Niederschlag, u.a. auf die Quellen- und Senkenprozesse und damit auch auf die Konzentrationen der strahlungsaktiven Spurenstoffe auswirken. Zum Beispiel könnte in Folge einer Erwärmung der Permafrostboden in der Arktis schmelzen und dabei große Mengen Kohlendioxid und Methan freigesetzt werden. Aufgrund dieser Unsicherheiten und der nur unbefriedigenden Datenbasis zur Kalibrierung und Validierung der Modelle sind Rückkopplungen eines veränderten Klimas auf den Kohlenstoffkreislauf für die Szenarienerstellung noch kaum berücksichtigt.

Die Auswirkungen der anderen Spurengase wie Methan und Lachgas (siehe Tabelle 2.8) wurden bisher in Klimamodellen meist nicht gesondert betrachtet, sondern ihre Wirkung auf den Strahlungshaushalt wird in einer virtuellen Größe als CO_2-Äquivalent zusammengefaßt.

7.3
Klimaszenarien realitätsnaher Modelle

7.3.1
Transiente Szenarienrechnungen

In Szenarienläufen wird ein realitätsnahes Klimamodell über mehrere Jahrzehnte gerechnet, wobei sich die Parameter für die atmosphärischen Beimengungen an Treibhausgasen und gegebenenfalls auch Aerosolen in der vorgeschriebenen Weise ändern. Wegen der Variabilität der Konzentrationen spricht man von *transienten Szenarien* im Gegensatz zu den $2 \times CO_2$-Szenarien (vgl. Abschnitt 7.3.4), in denen von einer festen Konzentration schlagartig auf eine andere umgestellt wird. Ein Standardfall für die Änderungen der Konzentration der Beimengungen ist das oben genannte Szenario A (siehe Abb. 7.1). Für die strahlungsaktiven Gase werden meist CO_2-Äquivalente verwendet, diese zeitlich veränderliche Größe wird in das Klimamodell als Parameter eingesetzt.

Die Anfangsbedingungen für die Szenarienrechnungen werden recht willkürlich bestimmt durch zufällige Auswahl eines Zustandes aus dem Kontrollauf (Abschnitt 6.3.1). Idealerweise würde man den drei-dimensionalen Zustand von Ozean, Atmosphäre, Meereis etc. des Jahres 1990 als Anfangsbedingung benutzen, aber dieser Zustand ist praktisch nicht bestimmbar, insbesondere im Hinblick auf den tiefen Ozean.

Die in Deutschland erzeugten Szenarienrechnungen wurden am *Deutschen Klimarechenzentrum (DKRZ)* durchgeführt. Die Modelle, das *ECHAM*-Atmosphärenmodell und das ozeanische *LSG* sind im wesentlichen am *Max-Planck-Institut für Meteorologie* entwickelt worden. Das gekoppelte Klimamodell hat ein Modul für Meereis und eine einfache Beschreibung der Speicher-

vorgänge in der Landoberfläche. Diese Szenarienrechungen sind beschrieben
in Cubasch et al. (1992, 1994, 1995b). Eine populärwissenschaftliche Darstellung bietet Cubasch et al. (1995).

7.3.2
Ergebnisse eines exemplarischen Klima-Szenarios

Im folgenden fassen wir Ergebnisse von der von Cubasch et al. (1992) beschriebenen Rechnung für Szenario A zusammen. Das Modell wurde mit CO_2-
Äquivalenten für die Konzentrationen von 1985 gestartet und über 100 Jahre
bis zum Jahr 2085 mit stetig ansteigender CO_2-Konzentration vorwärtsge-
rechnet (Abb. 7.2). Zu Vergleichszwecken zeigen wir auch einige wenige Ergebnisse vom Senario D. Das Atmosphärenmodell hatte eine T21-Auflösung
(vergleiche Abb. 5.5), und das Ozeanmodell operierte mit Gitterboxen der
Größe 5,6°.

Abb. 7.3 zeigt die zeitliche Entwicklung der Änderung der global gemittelten Temperatur und des Wasserstandes in der Rechnung für Szenario A
mit ungehemmter Emission von Treibhausgasen in die Atmosphäre und Szenario D mit drastisch reduzierten Emissionen. Die Details der Kurven, also
das kurzfristige Auf-und-Ab, spiegeln interne Variationen im System wider,
die vom chaotischen Charakter des Klimasystems herrühren. Der mittlere
Anstieg aber kann als eine mittlere Reaktion auf die erhöhte Konzentration
verstanden werden.

Das exponentielle Wachstum der CO_2-Konzentration in Szenario A wird
nach einer anfänglichen Phase schwacher Reaktion in lineares Wachstum
in beiden Größen umgewandelt. Zum Zeitpunkt der Verdopplung der CO_2-
Konzentration (ca. 2050) ist die Temperatur um 1,5°C und der Wasserstand
um etwas mehr als 5 cm gestiegen, bei der Verdreifachung (ca. 2080) um
2,5°C und ca. 17 cm. In Szenario D greifen die drastischen Reduktionsmaß-
nahmen erfolgreich, und es kommt nur zu geringfügigen Erwärmungen bzw.
Ansteigen des Wasserstandes. Im folgenden werden wir dies Szenario D nicht
weiter erörtern, weil nur geringe Veränderungen im Klimasystem eintreten.

Abb. 7.4 zeigt detaillierter die zeitliche Entwicklung der bodennahen Temperatur, die diesmal für jede geographische Breite (man beachte, daß die Modellwelt nur für 32 diskrete Breitengrade in einem Abstand von 5,6° definiert
ist.) zonal gemittelt ist. Die Erwärmung geht offenbar am schnellsten in den
subpolaren und polaren Breiten vonstatten, wo Meereis schmilzt und relativ
warmes Meerwasser unter der kühlen Luft zu liegen kommt. Deutlich ist auch
die etwas verzögerte Reaktion der Erwärmung.

Die Entwicklung des horizontal verteilten „Signals" der Klimaänderung
wird in Abb. 7.5 als „Karte" dargestellt. In den ersten 50 Jahren erwärmt sich
die bodennahe Luft fast überall auf dem Globus mit Ausnahme von kleineren
Gebieten über den subpolaren Ozeanen. Über Land geht die Erwärmung
schneller vonstatten, mit Werten von oft über 1°C, als über See (mit Werten
meist unter 1°C). Im Bereich des nord- und südhemisphärischen Meereises

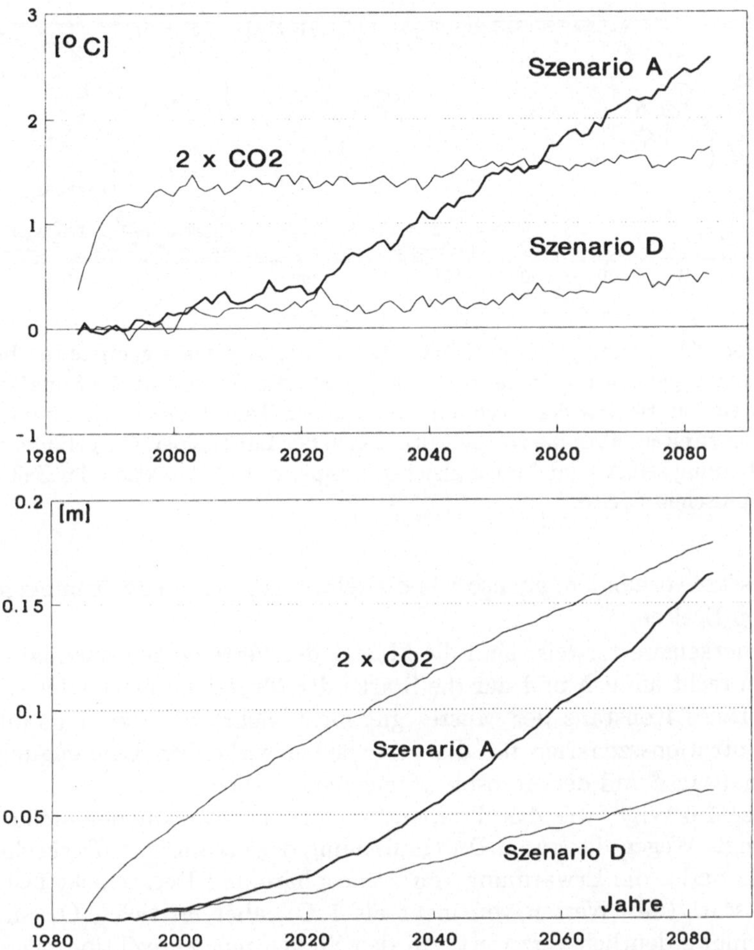

Abb. 7.3. Zeitliche Entwicklung der Änderung der global gemittelten bodennahen Lufttemperatur (in °C, *oben*) und des Wasserstandes (in m, *unten*) im Kli-
maänderungsszenario A (business as usual) und D (draconian measures). Beide
Szenarien wurden über 100 Jahre integriert mit einer zeitlich veränderlichen CO_2-
Konzentration wie in Abb. 7.2 dargestellt. Zu Vergleichszwecken ist auch die Tem-
peraturentwicklung nach einer schlagartigen Verdopplung der CO_2-Konzentration
(„2 × CO_2") dargestellt.

kommt es zu stärkeren Erwärmungen durch Abschmelzen von Meereis und
die positive Rückkopplung über die erniedrigte Albedo. Nach 90 Jahren der
Simulation, also in der Dekade 2076–2085, hat sich das Erwärmungssignal
deutlich verstärkt, wobei wiederum die Landmassen führen (meist mehr als
2,5°C) gegenüber dem Ozean, wo in weiten Bereichen Werte zwischen 1°C
und 2,5°C simuliert werden. Das Minimum im Bereich des Nordatlantik ist

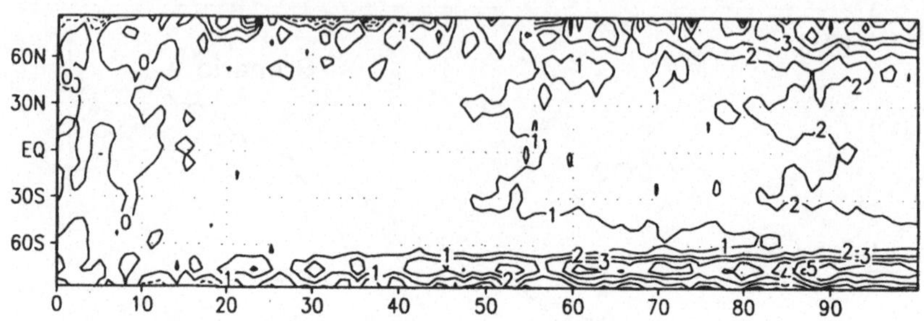

Abb. 7.4. Darstellung der zeitlichen Entwicklung der zonal gemittelten bodennahen Lufttemperatur im Szenario A. Die horizontale Achse gibt die Simulationszeit in Jahren seit Beginn der Rechnung an. Die vertikale Achse markiert die geographischen Breiten, über die zonale Mittelwerte der Lufttemperatur gebildet wurden. Die Abildung selbst zeigt Linien gleicher Temperatur als Funktion der Zeit und der geographischen Breite.

fortgesetzt vorhanden, ebenso wie die relativ stärkeren Erwärmungen in den polaren Breiten.

Bemerkenswerterweise sind die Muster der Verteilungen nach 50 und 100 Jahren recht ähnlich und nur die Stärke der Muster unterscheidet sich markant. Diese Konstanz der Muster gilt nicht mehr, wenn zwei unabhängige Konzentrationsszenarien für die verschieden wirkenden Beimengungen der Treibhausgase und der Aerosole vorgegeben werden.

Abb. 7.6 zeigt, wie das Temperatursignal langsam in den tiefen Ozean eindringt. Wegen der guten Durchmischung der ozeanischen Deckschicht des Ozeans findet die Erwärmung von Atmosphäre und Deckschicht fast gleichzeitig statt (mit Werten von mehr als 1°C), aber im tiefen Ozean ist die Erwärmung deutlich verzögert. An den Stellen mit Konvektion, also in den subpolaren Ozeanen auf der Nord- und Südhalbkugel, dringt das Signal viel effizienter ein als in Gebieten mit geringem vertikalen Austausch (v.a. Tropen und Subtropen), wo im Ozean die unteren Schichten von den oberen deutlich isoliert sind.

Die in den Abbildungen 7.5 und 7.6 gezeigten Verteilungen stellen kein Gleichgewicht dar. Vielmehr erwärmt sich der Ozean noch über lange Zeit weiter, und diesem Trend folgt die in erster Näherung im Gleichgewicht zum gegebenen Ozeanzustand befindliche Atmosphäre.

Die Veränderung der Temperatur oberhalb des Bodens ist in Abb. 7.7 anhand zonal gemittelter Veränderungen dargestellt. Demnach finden sich maximale Erwärmungen von 4°C und mehr am Oberrand der tropischen und subtropischen Troposphäre nach 100 Jahren im Szenario A. Deutliche Abkühlungen simuliert das Klimamodell darüber in der Stratosphäre.

Über die Veränderung der Sturmtätigkeit, der Niederschlagsstatistik und Extremwerte, treffen wir anhand der hier gezeigten unmittelbaren Modell-

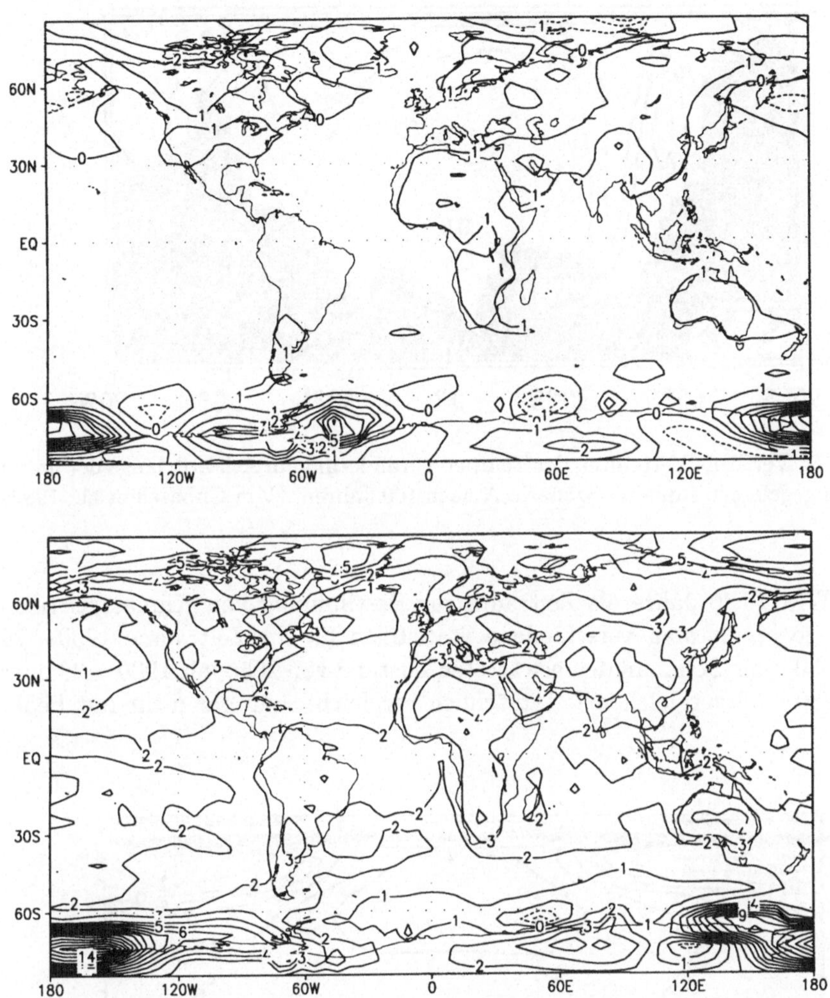

Abb. 7.5. Verteilung der Temperaturänderung im Szenario A in der bodennahen Luft nach 50 Jahren (*oben*) und nach 100 Jahren (*unten*) in °C.

Variablen noch keine Aussagen, weil ein Klimamodell mit dieser raumzeitlichen Auflösung zwar Zahlen dieser Art erzeugt, diese aber nicht belastbar sind (vergleiche Abschnitt 6.3.4). In manchen Fällen ist aber eine *Nachbearbeitung* (*post-processing*) des Modell-Outputs möglich, um trotzdem noch Aussagen zu gewünschten Variablen machen zu können (7.5).

Da wir oben „Änderungen" gezeigt haben, ist auch nach dem Referenzwert zu fragen, auf den diese Änderungen bezogen sind. Diese auf den ersten Blick triviale Frage ist durchaus nicht trivial – wiederum wegen der natürlichen Klimavariabilität. Wenn man wie die World Meteorological Organisa-

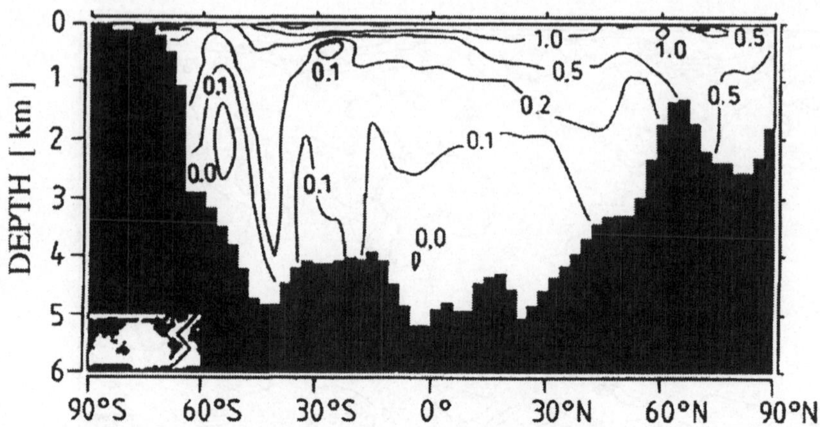

Abb. 7.6. Vertikale Verteilung der Temperaturänderung im Atlantik längs der unten
links angegebenen Linie im Szenario A nach 100 Jahren. (Von Cubasch et al., 1992)

tion (WMO) 30 Jahre als Zeitraum zur Bestimmung von Klimastatistiken
wählt, so erhält man verschiedene Statistiken für die Zeiträume 1900 – 29
und 1930 – 59. Soll man den erwarteten Zustand von 2056 mit 1900 – 29 oder
mit 1930 – 59 vergleichen ? Tatsächlich vergleicht man gar nicht mit beob-

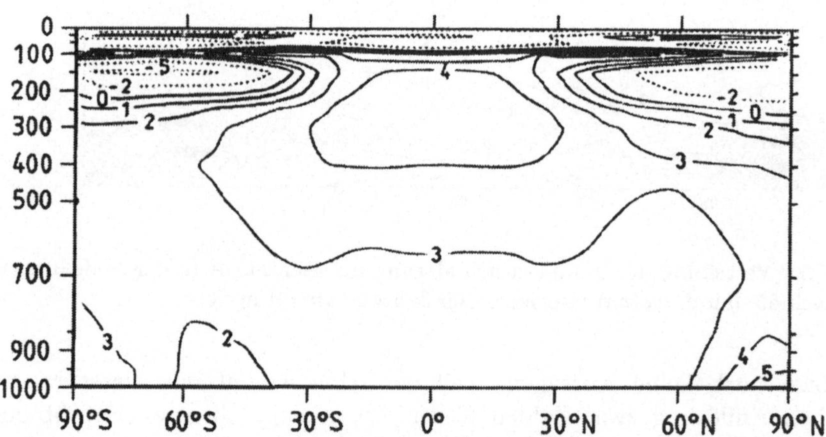

Abb. 7.7.   Vertikale Verteilung der zonal gemittelten Temperaturänderung nach
100 Jahren im Szenario A. Die vertikale Achse ist in Druckeinheiten angegeben,
d.h. die Abbildung gibt die Temperatur an in jener Höhe, in der der auf der y-
Achse aufgetragene Luftdruck simuliert wird. Die 500 hPa Schicht liegt in einer
Höhe von zumeist 5 bis 6 km Höhe, die 200 hPa Schicht zwischen 9 bis 14 km. (Von
Cubasch et al., 1992)

achteten Daten, weil die Klimamodelle ja *systematische Fehler* gegenüber den Beobachtungen aufweisen – in einigen Gebieten ist es systematisch zu warm, in anderen zu kalt. Daher vergleicht man den simulierten Zustand „2056" entweder mit dem Zeitmittel des Kontrollaufs oder mit dem Zeitmittel der ersten Dekade in der Szenarienrechnung selbst.

7.3.3
Problem Kaltstart

Die bisher besprochenen Simulationen sind von der Annahme ausgegangen, daß das Klimasystem zu Beginn der Simulation, im konkreten Falle also im Jahre 1985, im *Gleichgewicht* gewesen sei. Man spricht von *Kaltstart*. Diese Annahme ist insofern problematisch, als daß die Menschheit ja schon seit Jahrzehnten daran arbeitet, die atmosphärische Konzentration von Treibhausgasen zu erhöhen, so daß das System also schon seit längerem von seinem *präindustriellen Gleichgewicht* weggetrieben wird und insofern nicht im Gleichgewicht ist.

Um diese Annahme zu testen, wurde eine weitere Simulation *EIN = Early INdustrialisation* (Cubasch et al., 1995b) durchgeführt. Von einem fiktiven vorindustriellen Gleichgewicht ausgehend wurde das obige Klimamodell über 150 Jahre integriert. In den ersten 50 Jahren wurden Konzentrationen entsprechend den Beobachtungen von 1935 bis 1985 vorgeschrieben. Danach wurden die schon im Szenario A verwendeten Steigerungsraten von jährlich 1,3% vorgeschrieben.

In Abb. 7.8 kann man sehen, daß in der Rechnung EIN die Erwärmung bzw. die Vergrößerung des Volumens des Meerwassers (aufgrund der thermischen Ausdehnung) schneller vonstatten geht als in Szenario A, obwohl beide Simulationen im überlappenden Zeitraum von 1985 bis 2085 mit den gleichen Konzentrationssteigerungen laufen. Dies läßt sich so deuten, daß das Klima zum Anfangszustand „1985" durchaus nicht im Gleichgewicht ist, sondern daß die vorherigen Konzentrationserhöhungen bereits zu einem Ungleichgewicht geführt haben, das eine schnellere Veränderung begünstigt. Man spricht vom *Kaltstart-Problem*, wonach eine Verzögerung des Klimaänderungssignals in den Modellen erscheint. Man kann diesen Modelldefekt mit Hilfe physikalischer Prinzipbetrachtungen abschätzen (Hasselmann et al., 1993). Das Ergebnis einer solchen Studie sind die vereinfachten Korrekturen, die in Abb. 7.8 als gestrichelte Linien skizziert sind. Offenbar ist der Kaltstart-Effekt signifikant, vor allem bei langsam reagierenden Größen wie Wasserstand, und die Vorverlegung des Startzeitpunkts von 1985 auf 1935 löst das Problem nur zum Teil.

Es sind später weitere Szenariensimulationen durchgeführt worden mit noch früheren Anfangszeitpunkten, was aber die Erwärmung nur noch geringfügig beschleunigt hat.

Abb. 7.8 zeigt eine Zeitreihe über z.T. schon verstrichene Zeiten, und man könnte versucht sein, die Entwicklung 1935 – 1985 mit der beobachteten

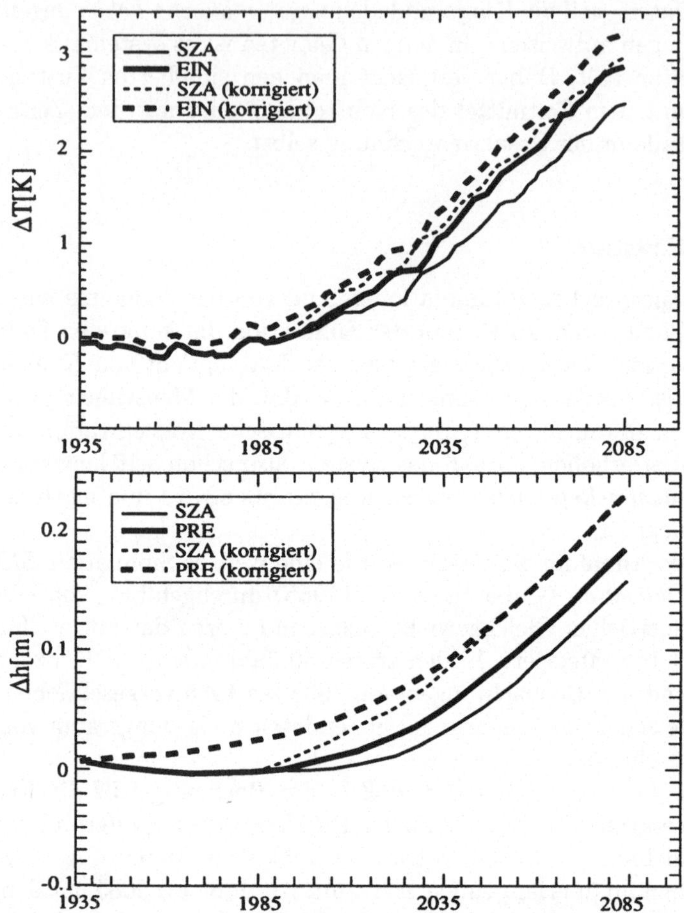

Abb. 7.8. Änderung der global gemittelten bodennahen Lufttemperatur (*oben*) und des global gemittelten Wasserstandes (*unten*) im EIN-Experiment, in dem das Klimamodell von 1935 bis 1985 mit beobachteten Treibhausgaskonzentrationen und danach gemäß dem Konzentrationsszenario A (siehe Abb. 7.2) angetrieben wurde. Die nicht korrigierten Ergebnisse sind durchgezogen gezeichnet. Die Ergebnisse nach einer abgeschätzten Kaltstartkorrektur (Hasselmann et al., 1993) für das Szenario A (SZA) und das 1935 beginnende Szenario (EIN) sind gestrichelt eingetragen.

Entwicklung der Vergangenheit zu vergleichen. Dies ist nicht sinnvoll, da die Zeitangabe „1961" ausschließlich darauf hinweist, daß im mit „1961" bezeichneten Simulationsjahr die atmosphärischen Beimengungen der Treibhausgase wie im wirklichen Jahr 1961 spezifiziert wurden. Der Klimazustand im Jahr 1961 wurde aber nicht nur durch diese Beimengungen bestimmt, sondern vor allem durch die natürliche Klimavariabilität zu dieser Zeit, von der das Klimamodell aber nichts „weiß" und insofern auch nichts reproduzieren kann.

7.3.4
2 × CO_2–Simulationen

Als man abzuschätzen begann, mit welchen klimatischen Wirkungen eine anthropogene Erhöhung der atmosphärischen CO_2-Konzentration einhergehen würde, standen noch keine realitätsnahen Klimamodelle zur Verfügung. Die erste Rechnung zu diesem Problem stellte Arrhenius in seiner 1896er Arbeit vor. Er berechnete mit einem Energiebilanzmodell (EBM), daß eine Verdopplung der CO_2-Konzentration zu einer Erwärmung von etwa 4°C führen würde. Als das Thema in den 1970er Jahren wieder aktuell wurde, waren EBMs zunächst wichtigstes Werkzeug.

Mit einem atmosphärischen EBM alleine kann aber das langsame Eindringen der Erwärmung in den Ozean nicht beschrieben werden. Man kann nur ein Gleichgewicht beschreiben, d.h. darstellen, wie das heutige Gleichgewichtsklima und ein zukünftiges mit stabilisierter, veränderter CO_2-Konzentration im Gleichgewicht befindliches Klima aussehen würde. Erst seitdem realitätsnahe Klimamodelle mit dynamisch aktivem Ozeanmodul verfügbar sind, kann man – wie in Abschnitt 7.3.1 beschrieben – den relevanten transienten Fall behandeln.

Aus diesem Grunde wurde in den früheren Jahren der Klimaforschung mit dem Gleichgewichts-Konzept „2 × CO_2" gearbeitet – also nicht weil an „2 × CO_2" irgendetwas Besonderes ist, sondern weil man den interessanten transienten Fall – wie Szenario A – modellmäßig nicht behandeln konnte. Einige Zeit später wurden dann realitätsnahe atmosphärische Modelle eingesetzt – mit einer rudimentären Beschreibung des Ozeans, der entweder als „Sumpf-Ozean" oder als eine durchmischte ozeanische Deckschicht parametrisiert wurde (Abschnitt 6.2.2). Aber auch mit diesen Modellen konnte nur der Gleichgewichtsfall behandelt werden, da die Deckschicht relativ schnell reagiert im Vergleich zum tiefen Ozean. In der Rückschau ergaben sich folgende Resultate aus diesen Untersuchungen (nach Schlesinger und Mitchell, 1987):

- Energiebilanzmodelle und ein- bzw. zwei-dimensionale Strahlungs-Konvektions-Modelle berechneten für eine verdoppelte CO_2-Konzentration eine Erwärmung von +0,5°C bis +4,2°C. Diese weite Spanne ist auf die unterschiedliche Formulierung der Rückkopplungs-Parameter zurückzuführen.

- Mit realitätsnahen atmosphärischen Modellen mit „Sumpf-Ozean" errechnete man eine Erwärmung in Bodennähe von global +1,3°C bis +3,9°C und eine Abkühlung in der Stratosphäre.

- Fügte man eine ozeanische Deckschicht hinzu, so kam man auf eine Zunahme der bodennahen, global gemittelten Temperatur von +3,5°C bis +4,2°C, von den Tropen zu den Polen hin zunehmend.

- Auch mit gekoppelten Ozean-Atmosphären-Modellen wurde das $2 \times CO_2$-Format getestet und die früheren Ergebnisse qualitativ bestätigt. Abb. 7.3 zeigt die zeitliche Veränderung der Temperatur, die mit dem schon in Abschnitt 7.3.1 benutzten Klimamodell als Antwort auf eine schlagartige Verdopplung der CO_2-Konzentration simuliert wurde (Cubasch et al., 1992). In den ersten zwanzig Jahren erwärmt sich im globalen Mittel die bodennahe Luft um ca. 1,4°C, in den folgenden Dekaden steigt die Temperatur dann noch weiter an. Dies Nachlaufen rührt daher, daß der tiefe Ozean sich erst langsam erwärmt, und ein neuer Gleichgewichtszustand auch nach hundert Jahren noch nicht erreicht ist. Dieser Sachverhalt drückt sich übrigens auch im Anstieg des Wasserstandes aus – auch nach 100 Jahren ist der Wasserstand in Abb. 7.3 eindeutig noch nicht im Gleichgewicht, sondern steigt noch stetig an.

Der Zugang zum Problem der globalen anthropogenen Erwärmung über das Gleichgewichtsproblem war historisch erforderlich, weil dies damals die einzige Möglichkeit war. Mit der Verfügbarkeit von realitätsnahen Klimamodellen mit dynamisch aktivem Ozean ist das „$2 \times CO_2$" Format für die Ableitung realitätsnaher Szenarien weitgehend überflüssig geworden. Es wird nur noch zu Darstellungszwecken verwendet, siehe etwa Abschnitt 7.5.1.

7.3.5
Informationswert von Szenarienrechnungen

Die Veränderungen in der horizontalen Verteilung etwa der Lufttemperatur werden meist als gewöhnliche geographische Karten dargestellt (siehe z.B. Abb. 7.5), und man könnte daher versuchen, für beliebige Punkte auf der Erde die Temperaturänderungen abzulesen. Da aber weder die kalte Zugspitze noch ein exponierter Südhang der Alpen im dargestellten Feld repräsentiert werden, ist dies so einfach nicht möglich. Die groben Modelle enthalten ja nicht einmal die Alpen; gleiches gilt natürlich auch für Inseln im Ozean oder Seen an Land.

In solchen kartenartigen Abbildungen werden zwei Informationen angeboten, zum einen Linien gleicher Temperaturänderung und zum anderen die heutige Küstenlinie. Die Darstellung der Küstenlinie ist eine echte „Karte" in dem Sinne, daß es möglich ist, der angegebenen Linie in der Realität zu folgen und so immer der Küste entlang zu wandern. Die Isolinien der Temperatur stellen keine kontinuierliche Verteilung dar, da die Temperatur ja nur an endlich vielen (im Falle von Abb. 7.5: 2048) Gitterboxen gegeben ist. Und da es schwierig ist, eine 64×32 Matrix zu lesen, interpoliert man zur deutlicheren Darstellung Linien gleicher Temperatur zwischen den Gitterpunkten.

Ein weiterer wichtiger Punkt ist zu betonen: Szenarien sind keine Vorhersagen. Die oben gezeigten Abbildungen deuten an, es gäbe einen festen Zusammenhang zwischen Zeit und dem Klimazustand von der Art, daß, sofern die Konzentrationen sich entwickeln wie in Szenario A beschrieben, man

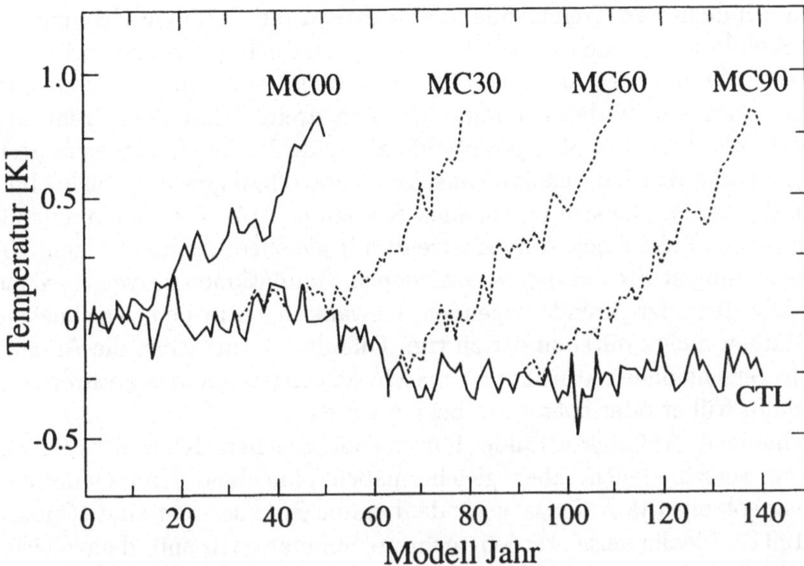

Abb. 7.9.   Entwicklungen der global gemittelten bodennahen Lufttemperatur in vier verschiedenen Simulationen mit dem gleichen Klimamodell und dem gleichen Konzentrationsszenario A, die sich nur um den Anfangszustand unterscheiden. CTL bezeichnet die Kontrollsimulation, deren Zustand nach 0, 30, 60 und 90 Jahren als Anfangsbedingung für ein Szenario mit ansteigenden Konzentrationen (MC00, MC30, MC60, MC90) benutzt wurde.

im Jahre 2056 eine Änderung der globalen Mitteltemperatur von 2,396°C haben würde. Eine solche Zuordnung ist aber prinzipiell nicht möglich, da zwei konkurrierende, unabhängige Prozesse additiv auf die Klimaentwicklung wirken:

- Interne dynamische Vorgänge, z.B. El Niño und die Wetterfluktuationen, verursachen die natürliche Klimavariabilität, die unabhängig vom Antrieb durch strahlungsaktive Gase signifikante Schwankungen hervorbringt, die nur über Tage bzw. einige Monate vorhersagbar sind (Abschnitte 3.2 und 4.6).

- Die extern auf das Klimasystem einwirkenden Faktoren werden durch das vorgegebene Konzentrationsszenario geschätzt. Das Emissionsszenario ist stilisiert (durch einen zeitlich „glatten"' Verlauf, der nichts von Ölkrisen und Weltkriegen weiß), so daß diese Szenarien nur sehr bedingt als „Vorhersagen" gewertet werde können. Dazu kommen noch unvorhersagbare externe Faktoren wie Vulkanismus.

Die Kurven in Abb. 7.3 müssen also als eine mögliche, plausible Entwicklung interpretiert werden, die aber im Detail so nicht eintreten wird.

Wenn ein Klimamodell zweimal gerechnet wird, mit dem einzigen Unterschied, daß sich die Anfangszustände geringfügig unterscheiden, so ähneln die extern induzierten Trends einander, während die Detailentwicklungen in beiden Simulationen nach kurzer Rechenzeit unabhängig voneinander sind. Dies haben Cubasch et. al. (1994) in einer Reihe von Simulationen dokumentiert. Dazu wurde das Klimamodell noch dreimal mit dem Szenario A gerechnet, allerdings nur über jeweils 50 Jahre, um Rechenzeit zu sparen. Als Anfangszustand wurden Zustände aus dem Kontrollauf gewählt, die 30 Jahre auseinander lagen. Die sich ergebenden Kurven in Abb. 7.9 ähneln einander insofern, als daß alle einen Aufwärtstrend mit gleichem Anstieg zeigen, aber die Entwicklung startet in den verschiedenen Simulationen zu verschiedenen Zeiten. Die über den Trends liegenden Schwankungen in den verschiedenen Läufen haben nichts miteinander zu tun. Offenbar verursachen die Anfangszustände verschiedene natürliche Klimaschwankungen, die das anthropogene Signal dann früher oder später erscheinen lassen.

Verschiedene Anfangszustände führen bei gleichen Konzentrationsszenarien zu verschiedenen, aber gleichermaßen plausiblen Klimaänderungsszenarien, solange die Anfangszustände dynamisch konsistent sind (Cubasch et al. 1994). Idealerweise werden mehrere Simulationen mit dem gleichen Konzentrationsszenario gerechnet, um so aus dem Ensemble der plausiblen Entwicklungen die Spannbreite der möglichen Klimaänderungen abschätzen zu können. Die hinter dieser Spannbreite stehende Unsicherheit ist nicht Ausdruck von Fehlern sondern Ausdruck der Tatsache, daß das Klima unabhängig von externen Faktoren variiert.

7.3.6
Kritische Bewertung der Szenarien

Es spricht einiges dafür, daß realitätsnahe Klimamodelle das jetzige Klima dynamisch richtig darstellen (vergleiche Abschnitt 6.6). Für die Richtigkeit der Modellantworten bzw. der Modellsensitivität auf die vorgegebenen Konzentrationsänderungen von atmosphärischen Treibhausgasen gibt es gute indirekte Argumente, aber der empirische Nachweis für die Richtigkeit der Modellantwort kann bis auf weiteres nicht erbracht werden. Immerhin sind die Modellszenarien konsistent mit den in den letzten Jahrzehnten beobachteten Klimaänderungen (siehe Abschnitt 7.4).

Allerdings gibt es auch einzelne Klimaforscher, die die These vertreten, daß die Parametrisierungen in den Klimamodellen eine unrealistisch hohe Sensitivität erzeugten und damit das anthropogene Treibhausproblem gravierender erscheinen ließen als es wirklich sei. Ein namhafter Repräsentant dieser Gruppe ist Richard Lindzen. Die Mehrheit der Wissenschaftler, inbesondere auch das renommierte Intergovernmental Panel on Climate Change (IPCC), bejahen die Hypothese einer globalen anthropogenen Erwärmung. Im Rahmen der in Abschnitt 6.6 erwähnten Umfrage unter Klimaforschern stimmten 62% der etwa 400 Klimaforscher der Hypothese „Ohne eine Änderung des menschlichen Verhaltens wird es in der Zukunft zu globaler anthropogener Erwärmung kommen" zu. 15% lehnten die Hypothese ab.

Wie in Abschnitt 6.3.4 ausgeführt, ist der Grad an Realitätsnähe – unabhängig davon ob nun der Einfluß der Treibhausgase richtig simuliert wird oder nicht – unterschiedlich für verschiedene Variablen und räumliche wie zeitliche Skalen. Die großskalige Verteilung der Temperatur wird vermutlich „gut" dargestellt, ebenso wie Aussagen über die atmosphärische Zellenstruktur oder die Strahlströme, die ozeanische Zirkulation (also die „Hydrodynamik" in Ozean und Atmosphäre, vgl. Abschnitt 6.6) und die thermische Ausdehnung des Meerwassers.

Niederschlagsdaten sind problematisch (vgl. wieder Abschnitt 6.6), und zwar umso mehr, je kürzer die Zeitskalen sind (d.h. Monatsmittel sind zuverlässiger dargestellt als Tageswerte und die daraus berechnete monatliche Standardabweichung). Standardmodelle mit einer T21-Auflösung sind zu grob, um belastbare Aussagen über die Sturmtätigkeit in mittleren Breiten abzuleiten. Für diesen Zweck wird ein T42-Modell für ausreichend gehalten, aber diese Auflösung ist unzureichend für die Darstellung tropischer Stürme (Hurricanes). Generell ist Vorsicht geboten bei Extremwerten, also Angaben von der Art „Erwarteter maximaler Niederschag in 100 Jahren", oder „Wahrscheinlichkeiten für das Überschreiten gewisser großer Schwellenwerte innerhalb von 50 Jahren".

Als besonders problematisch anzusehen sind Angaben zum mittleren *Wasserstand*. Diese Größe wird im wesentlichen von drei Prozessen bestimmt, die sich räumlich und zeitlich stark unterschiedlich auswirken.

Zum einen spielt Hebung und Senkung von Landmassen aufgrund sehr langsamer geologischer Vorgänge ein Rolle. Regionale Absenkung tritt aber auch als Folge der Förderung von Erdöl und Erdgas auf. Lokal kann es auch noch zu Änderungen kommen aufgrund vertiefter Fahrrinnen und anderer wasserbaulicher Maßnahmen, was insbesondere vor dem Hintergrund der Datenhomogenität zu berücksichtigen ist (Abschnitt 3.4). Diese Prozesse werden in einem Klimamodell natürlich nicht berücksichtigt.

Zum zweiten ist die thermische Ausdehnung des Meereswassers von Bedeutung. Das Volumen von Wasser vergrößert sich bei steigender Temperatur zwar nur geringfügig, wenn aber eine 1000 m tiefe Wassersäule um 1°C erwärmt wird, so dehnt sich diese um immerhin etwa 30 cm aus. Dieser Vorgang wird von Klimamodellen wiedergegeben.

Zum dritten verändert sich die Masse des im Ozean enthaltenen Wassers. Da der Ozean mit der Atmosphäre Wasserdampf austauscht, ist die Wassermasse im Ozean nicht konstant. Die Atmosphäre deponiert Wasser für sehr lange Zeiten auf den großen Gletschern (Eisschilde) wie der Antarktis. Dadurch sinkt der Wasserstand, und tatsächlich war der Wasserstand während der letzten Eiszeit etwa 100 m unter dem heutigen. Wenn die Gletscher schmelzen, wird dem Ozean wieder Wasser hinzugefügt, und der Wasserstand steigt. Das Verhalten der kleinen Gletscher etwa in den Alpen ist dagegen relativ belanglos für die Frage des Wasserstandes. Heutige Klimamodelle beschreiben den Prozeß der Speicherung von Wasser auf Eisschilden und des Abschmelzens bzw. Kalbens von Eisbergen nicht, so daß keine Aus-

sagen gemacht werden können, ob die Eisschilde wachsen (weniger Wasser
im Ozean) oder schrumpfen (mehr Wasser im Ozean). Weitere nicht zu ver-
nachlässigende Terme im Budget des Ozeanvolumens sind Änderungen des
auf dem Festland gespeicherten Grund- und Oberflächenwassers. Einerseits
wird durch Staudämme mehr Wasser an Land zurückgehalten, andererseits
wird durch Förderung von Grundwasser mehr Wasser über Verdunstung und
Oberflächenabfluß an Ozean beziehungsweise Atmosphäre abgegeben.

Klimamodelle haben systematische Fehler, wie wir in Kapitel 6 demonstriert haben. Trotzdem kann man mit solchermaßen fehlerhaften Modellen
sinnvolle Sensitivitätsexperimente machen, in diesem Falle zur Bestimmung
der Empfindlicheit des Klimasystems gegenüber Veränderungen in der atmosphärischen Beimengung von strahlungsaktiven Gasen.

Das Argument basiert auf einem Vergleich von Größenordnungen. Zum
einen sind die wesentlichen Merkmale des ozeanischen wie des atmosphärischen Zustandes richtig dargestellt. Die Fehler sind im Vergleich zum absoluten Klimazustand klein: die absolute Temperatur ist in der Größenordnung
von 280 K, die Fehler dagegen nur wenige Grad; die Windgeschwindigkeiten sind bis zu mehrere 10 m/s groß, die Fehler betragen schlimmstenfalls
wenige m/s. Zum andern ist die darzustellende Änderung ebenfalls klein, in
der Größenordnung von wenigen °C bzw. m/s. Deshalb spielen nichtlineare
Effekte, die möglicherweise die Wirkung von systematischen Fehlern auf die
Änderung überproportional groß werden lassen können, eine geringe Rolle.
Somit hat man einen guten Grund, die simulierte Änderung als eine Näherung
für die wirkliche Änderung heranzuziehen.

7.4
Nachweis anthropogener Klimabeeinflussung

7.4.1
Zielsetzung

Da Treibhausgase schon seit Jahrzehnten in das Klimasystem eingebracht
werden, muß man davon ausgehen, daß dadurch verursachte anthropogene
Klimaänderungen schon stattfinden. Es stellt sich nun die Frage, ob sich
diese Effekte bereits jetzt in den vorhandenen Beobachtungsdaten feststellen lassen. Zentrales Hindernis bei einem solchen Nachweisversuch sind die
immer gegenwärtigen natürlichen Klimaschwankungen, von denen man eine
anthropogene Klimaänderung trennen muß.

Man wird eine allgemeine Klimaänderung dann konstatieren, wenn Ereignisse mit veränderter Häufigkeit eintreten, und insbesondere wenn Ereignisse
eintreten, die es früher nicht gab (*Nachweis, detection*). In diesem Sinne bestehen keine Schwierigkeiten festzustellen, daß das Klima der 1980er Jahre
anders als das der 1970er Jahre war. Sehr viel schwieriger zu beantworten
ist aber die Frage, ob diese Änderungen natürlicher Art oder anthropogen
waren. Diese Unterscheidung ist keineswegs nur von akademischem Interes-

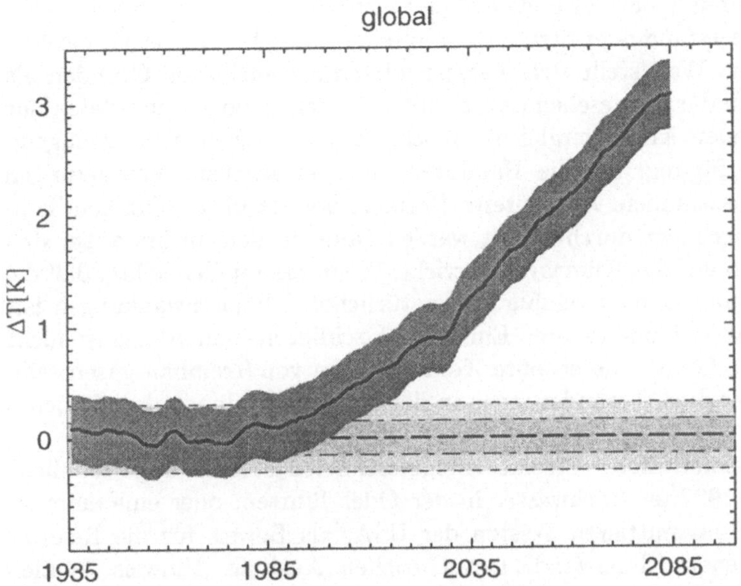

Abb. 7.10. Das Nachweisproblem in der Welt des Klimamodells. Die global gemittelte Modelltemperatur ist gegen die Zeit aufgetragen. Die grauen horizontalen
Bänder deuten die Spannbreite der Variationen an, die sich im Kontrollauf aufgrund modellinterner Vorgänge entwickeln. Das inndere Band gibt dabei die Breite
der einfachen Standardabweichung wieder, das äußere die der zweifachen. Die aufsteigende dicke Linie stellt eine Rechnung für die Erwärmung nach Szenario A dar;
das schraffierte Band deutet die hierzu gehörigen Variationen an, die Bandbreite
ist gleich derjenigen des Kontrollaufs angenommen. (Von Cubasch et al., 1995b)

se: Sind die Änderungen natürlicher Art, dann werden den warmen Jahren
wieder kalte folgen; sind sie anthropogen, muß man damit rechnen, daß den
warmen 1980er Jahren weitere wärmere Dekaden folgen werden.

Um diese Frage anzugehen, beschränken wir die Problemstellung zunächst
auf ein virtuelles Klimasystem, wie es durch ein realitätsnahes Klimamodell
repräsentiert wird (Abb. 7.10). In der Welt des Klimamodells (für das Szenario A) ist die Frage recht einfach zu beantworten. Man bestimmt zunächst aus
dem Kontrollauf die Bandbreite der natürlichen Schwankungen. Danach wird
festgestellt, wann die Entwicklung der bodennahen Lufttemperatur für das
Erwärmungsszenario die Bandbreite der natürlichen Schwankungen verläßt.
Dies ist, je nach Realisierung, irgendwann zwischen den Modelljahren 1985
und 2015 der Fall. Die Darstellung in Abb. 7.10 ist eindeutig: im Szenario A wird das stationäre Klima des Kontrollaufs verlassen. In der Modellwelt würden die Zahlen irgendwann zwischen 1985 und 2015 klar auf die anthropogenen Erwärmung deuten. Die hier verwendete Zeitserie der globalen

Mitteltemperatur wird als *Nachweisvariable* (*detection variable*) bezeichnet. Natürlich könnten neben der bodennahen Lufttemperatur auch andere Variablen, wie Wasserstand oder Stratosphärentemperatur, herangezogen werden.

In der realen Welt stellt sich dieses Problem aus mehreren Gründen als nicht so einfach dar. Abgesehen davon, daß man den Beobachtungsdaten nur bedingt vertrauen kann (vergleiche Abschnitt 3.4), stehen nicht genügend Daten zur Verfügung, um die Bandbreite der natürlichen Schwankungen verläßlich zu bestimmen. Als weiteres Problem kommt hinzu, daß kein kontrolliertes Experiment durchgeführt werden kann, in dem nichts außer den Treibhausgasen auf das Klimasystem wirkt. Wenn man finden sollte, daß die Klimaentwicklung nicht vereinbar mit natürlichen Klimaschwankungen ist, dann kann man auf eine externe Einwirkung schließen – allerdings ist nicht klar welche. Es könnte die erhöhte Konzentration von Treibhausgasen sein, es könnten aber auch Veränderungen in der Sonnenstrahlung oder ähnliches sein.

Es macht keinen Sinn, einzelne Ereignisse, seien es zwei ungewöhnliche Zyklonen, die 1997 zu Hochwasser in der Oder führten, oder eine einmalige Dürre 1988 im mittleren Westen der USA, als Beweis für die Realität von anthropogenem Klimawandel heranzuziehen. Auch als „Hinweis" können solche „irregulären" Einzelereignisse nicht verwendet werden, da aufgrund des nichtlinearen Charakters des Klimasystems nicht klar ist, was dann „reguläre" Ereignisse sind.

Hasselmann (1993) hat eine Nachweis-Strategie ausgearbeitet, die dann am Max-Planck-Institut für Meteorologie in Hamburg auf die Beobachtungsdaten angewandt wurde (Hegerl et al., 1996). Demnach ist der Erwärmungstrend in den letzten Jahrzehnten stärker, als man es aufgrund natürlicher Klimaschwankungen erwarten sollte. Die Ähnlichkeit des beobachteten Erwärmungstrends und der Modelsimulation läßt es plausibel erscheinen, daß diese ungewöhnliche Entwicklung auf die erhöhte Konzentration von Treibhausgasen in der Atmosphäre zurückzuführen ist. Die Studie macht allerdings eine Reihe von Annahmen, die problematisiert werden können. Im folgenden skizzieren wir Argumentation und Arbeitsschritte dieser Untersuchung. Eine aktuelle Übersicht über weitere methodische Ansätze bietet Zwiers (1998).

7.4.2
Natürliche Variabilität

Die Abschätzung der natürlichen Variabilität gestaltet sich schwierig, da nur wenige meteorologische und ozeanographische Größen über längere Zeiten registriert wurden. Eigentlich kommen nur die Lufttemperatur und der Luftdruck am Boden in Frage, da diese Größen an vielen Orten der Welt seit etwa 100 Jahren gemessen werden. Der Luftdruck ist in diesem Zusammenhang eine uninteressante Größe, da man in ihr keine nennenswerten globalen Änderungen aufgrund der erhöhten Treibhausgaskonzentrationen erwartet. Daher bietet sich die bodennahe Temperatur als zu analysierende

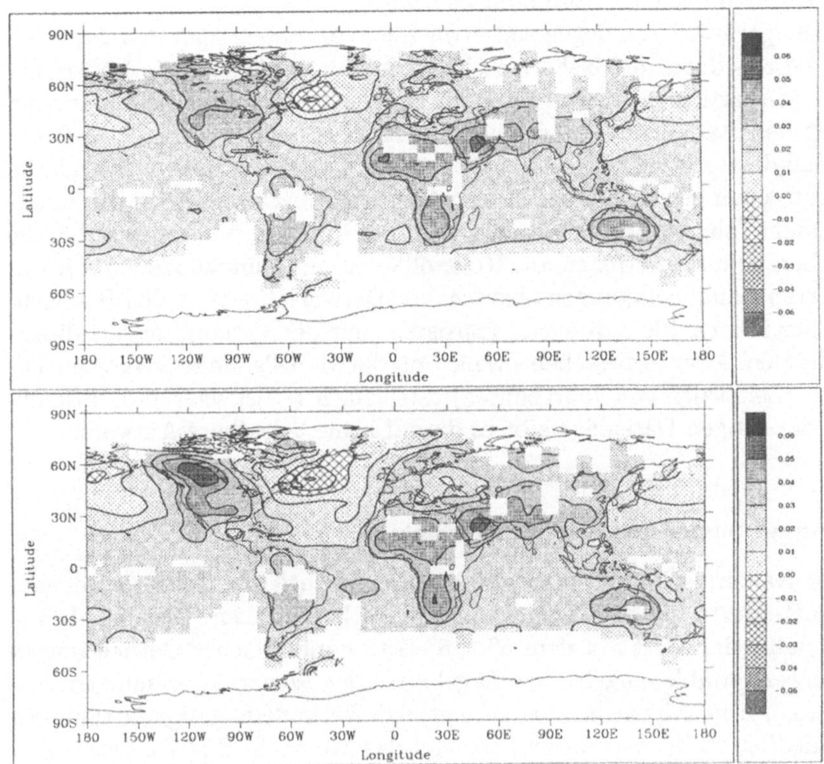

Abb. 7.11. *Oben*: Normiertes (also einheitenloses) Antwortmuster des Klimamodells auf eine CO_2-Erhöhung. Die weißen Gebiete sind ausgespart, weil es in den Gebieten zu wenig Werte in den Beobachtungsdaten gibt. Dieses Muster wird als *Gewichtungsmuster* in der Nachweisstrategie gebraucht. Es ist überall positiv außer in einem Gebiet südöstlich von Grönland, wo ozeanische Prozesse eine geringe Abkühlung bewirken. *Unten*: Das aus dem oberen Muster hervorgehende optimierte *Fingerabdruckmuster*, das die Unterscheidung zwischen anthropogenem Signal und der natürlichen Klimavariabilität wahrscheinlicher macht. (Von Hegerl et al., 1996)

Größe an. Hier wurden die oft benutzten Daten von Jones und Briffa (1992) verwendet, die eine Interpolation von Punktmessungen auf ein regelmäßiges $5° \times 5°$-Gitter darstellen, aber auch noch fehlende Werte beinhalten. Für diesen Nachweis wurde aber nicht die Temperatur selbst als Beobachtungsgröße gewählt, sondern der über jeweils 20 Jahre berechnete Temperaturtrend, weil erwartet wird, daß die Temperaturen vielleicht selbst gar nicht so ungewöhnlich sind, wenn man einen genügend langen Referenzzeitraum zugrunde legt, sondern vielmehr die Geschwindigkeit ihrer Änderung. Auch die Ergebnisse der Szenarienrechnungen, z.B. Abb. 7.5 sind ja im wesentlichen „Änderungen" bezogen auf einen bestimmten Zeitraum.

Die Temperaturdaten liegen seit etwa 1860 vor, haben aber den Nachteil, daß sie bereits durch die bisherige CO_2-Erhöhung beeinflußt sind oder sein könnten (die artifizielle Erwärmung an einigen meteorologischen Stationen als Folge des Stadteffekts (Abschnitt 3.4) kann eliminiert werden). Indirekte Klimaindikatoren (Proxy-Daten) wie Baumring- oder Eisbohrkerndaten sind nicht genau genug, um belastbare Aussagen über Veränderungen innerhalb weniger Jahrzehnte zu gewinnen. Um dies Problem zu lösen, wurden die natürlichen Klimavariationen aus Kontrolläufen mit Klimamodellen mit unveränderten Randbedingungen abgeschätzt. Die Variationen in den Beobachtungen der letzten 100 Jahre sind konsistent mit der Variabilität aus diesen Kontrolläufen. Aber es bestehen Zweifel, ob die Modelle die langfristigen Variationen (Zeitskalen von Jahrzehnten) tatsächlich realistisch repräsentieren. Bei der derzeitigen Datenlage gibt es darauf keine belastbare Antwort.

7.4.3
Gewichtungsmuster und Nachweisvariable

In erster Näherung könnte man als *Nachweisvariable* die Zeitserie der globalen Mittelwerte für die Temperatur-Trends heranziehen. Dies würde bedeuten, daß jeder Wert auf dem $5° \times 5°$-Gitter mit gleicher Gewichtung in die Nachweisvariable eingeht. Die Ergebnisse der Szenarienrechnungen, insbesondere in Abb. 7.5 hatten aber gezeigt, daß die Änderungssignale räumlich unterschiedlich stark sein würden. So zeigt das Muster in Bild 7.5 tendenziell höhere Werte über Land als über See. Es liegt daher nahe, die verschiedenen Punkte gewichtet in die Nachweisvariable eingehen zu lassen. Hegerl et al. verwenden ein *Gewichtungsmuster* (*guess pattern*), das aus einer Szenarienrechnung abgeleitet wurde. Es ist noch geeignet normiert worden, das Resultat zeigt Abb. 7.11 (oben). Dieses Muster ist außerdem beschränkt auf denjenigen Teil des Globus, für den genügend Daten vorliegen. Insbesondere der Südliche Ozean ist daher ausgeblendet.

Man kann das Gewichtungsmuster noch weiter optimieren, indem man die natürliche Variabilität („Rauschen") an den verschiedenen Gitterpunkten noch einbezieht. Gibt das obige Gewichtungsmuster an zwei Punkten gleiche Werte in Bezug auf die erwartete Klimaänderung, so können sie dennoch unterschiedlich stark von natürlicher Variabilität betroffen sein. Ein Punkt der sich durch geringere natürliche Variabilität auszeichnet ist für den Nachweis des Klimaänderungs-Signals besser geeignet und sollte deshalb stärker gewichtet werden. Dieses auf diese Weise nachbehandelte – optimierte – Gewichtungsmuster wird als *Fingerabdruckmuster* (*fingerprint*) bezeichnet, es ist in Abb. 7.11 unten dargestellt. Der Einsatz des Fingerabdruckmusters an Stelle des Gewichtungsmusters verbessert die Chancen, das anthropogene Signal von den natürlichen Schwankungen zu trennen – sofern es denn existiert.

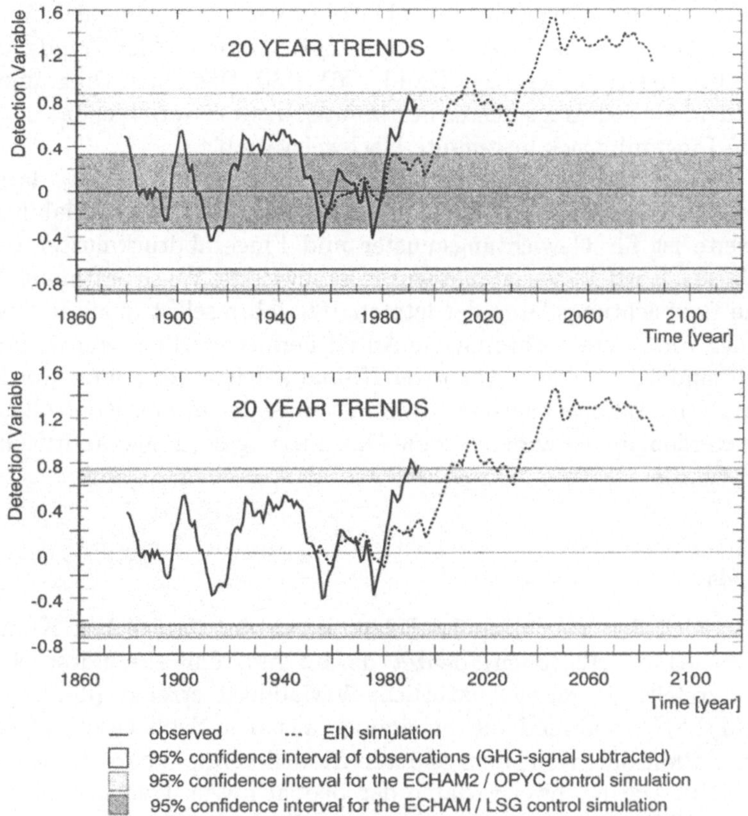

Abb. 7.12. Die zeitliche Entwicklung der Nachweisvariablen gebildet mit dem Gewichtungsmuster (*oben*) und dem Fingerabdruckmuster (*unten*) – vergleiche Abb. 7.11. Die dicke Linie zeigt die Nachweisvariable für die beobachteten Temperaturtrends über 20 Jahre; die punktierte Linie ist abgeleitet aus dem EIN-Szenario. Die punktierten Bänder sind verschiedene Schätzungen der natürlichen Klimavariabilität, einmal nur aus Beobachtungsdaten (nach Herausrechnen des vermuteten anthropogenen Anteils), und jeweils aus zwei Klimamodellrechnungen (ECHAM2/OPYC und ECHAM1/LSG). Die Wahrscheinlichkeit, daß die Kurve sich nach oben aus den Bändern herausbewegt, ist, wenn keine anthropogene Klimaänderung vonstatten geht und die natürliche Klimavariabilität richtig bestimmt ist, 2,5% und weniger. (Von Hegerl et al., 1996)

Um die Ausprägung dieses Erwärmungsmusters in den Meßdaten zu suchen, werden die Daten – also die Verteilungen der 20jährigen Temperaturtrends in jenen Gebieten, in denen genügend Beobachtungen vorliegen – auf das Gewichtungsmuster bzw. das Fingerabdruckmuster projiziert, und man erhält eine Zeitreihe, die angibt, wie sich das Erwärmungssignal in der Realität entwickelt hat (Abb. 7.12). Zu Vergleichszwecken ist auch die Nachweis-

variable für die in der Szenarienrechnung EIN simulierten Temperaturtrends
bestimmt worden. In Abb. 7.12 markiert die auf der horizontalen Achse angegebene Jahreszahl das letzte Jahr für die Bestimmung der Trends, d.h. die
Angabe bei 1980 markiert den Trend 1961 – 80. Das obere Diagramm zeigt
die mit dem Gewichtungsmuster bestimmte Nachweisvariable, das untere die
mit dem Fingerabdruck bestimmte Nachweisvariable.

Der Verlauf dieser Nachweisvariablen-Zeitreihe ist in Abb. 7.12 dargestellt
im Verhältnis zur Bandbreite der geschätzten natürlichen Variabilität (die
Bandbreite ist für Gewichtungsmuster und Fingerabdruckmuster verschieden). Diese natürliche Variabiliät wurde auf zweierlei Weise bestimmt. Einmal
sind die Beobachtungsdaten der letzten 100 Jahre selbst analysiert worden,
wobei der vermutete anthropogene Anteil herausgerechnet wurde. Im anderen Fall sind Kontrolläufe von zwei Klimamodellen verwendet worden. Im
Falle des Fingerabdruckmusters kann nur einer der beiden Kontrolläufe verwendet werden, da der andere für die Optimierung des Fingerabdruckmusters
benutzt wurde.

7.4.4
Nachweis

Der Vergleich der verschiedenen Schätzungen der natürlichen Klimavariabilität in Abb. 7.12 (oben) deutet darauf hin, daß zumindest eines der
beiden Modelle zu geringe natürliche Variabilität erzeugt (dunkles Band,
ECHAM/LSG), während die Schätzung aus den Beobachtungsdaten und
aus Simulationsdaten mit dem anderen Modell vergleichbare Zahlen erzeugt
(Abb. 7.12). Die Nachweisvariable der beobachteten Trends variiert innerhalb dieser Schwankungsbänder, erst gegen Ende der 1980er Jahre steigt die
Nachweisvariable an und verläßt das Band. Man beachte dabei, daß die Wahl
des Bandes „des Normalen" etwas willkürlich ist. Hier wurde gefordert, daß
die Wahrscheinlichkeit des Verlassens unter ungestörten Bedingungen (also
ohne anthropogenen Treibhauseffekt) 2,5% betragen solle – man hätte auch
5% wählen können. Der Effekt ist erwartungsgemäß deutlicher im Falle des
Fingerabdruckmusters (Abb. 7.12 unten). Demnach kann die Erwärmung der
letzten Jahre mit guter Wahrscheinlichkeit als nicht mehr normal (im Spektrum der natürlichen Klimavariation) angesehen werden.

Zu Vergleichszwecken wurde die gleiche Analyse auch mit simulierten Daten aus dem Szenario EIN durchgeführt (gestrichelte Linie in Abb. 7.12).
Man beachte, daß die Jahreszahlen sich nur auf die vorgeschriebene CO_2-
Konzentration beziehen, so daß daher der simulierte Trend, z.B. 1941-60, in
erster Näherung unabhängig vom beobachteten Trend 1941-60 ist. Die gestrichelte Kurve ähnelt in den allgemeinen Charakteristika der durchgezogenen
Linie. Anfänglich schwankt sie um die Null innerhalb des Bandes herum,
dann wächst sie an und verläßt das Band. Die gestrichelte Kurve kehrt noch
einmal für kurze Zeit in das Band zurück und verabschiedet sich ab dem Mo-
delljahr 2030 endgültig von der bisherigen Normalität. Ob die beobachtete

Nachweisvariable dereinst im 21. Jahrhundert einen vergleichbaren Anstieg präsentieren wird, weiß man heute natürlich nicht, aber die Klimamodelle zeigen, daß dies im Rahmen des Wahrscheinlichen liegt.

7.4.5
Beurteilung

Nach der Feststellung der „Nicht-Normalität" geht es darum, die „nicht-natürliche" Ursache zu bestimmen. Der Nachweis der „Nicht-Normalität" ist formal ein statistischer Hypothesentest, der die Eigenschaft hat, daß eine Inkonsistenz von Daten und Hypothese dokumentiert wird, aber nicht die Übereinstimmung von Daten und Hypothese. Daher sind Analysen, inwieweit die Nicht-Normalität durch den anthropogenen Treibhauseffekt oder etwa andere Faktoren bedingt ist, nicht mehr Sache der Statistik, sondern der Plausibiliät. Die Tatsache, daß es gerade das Gewichtungsmuster bzw. das Fingerabdruckmuster der Simulation zum anthropogenen Treibhauseffekt ist, das zum erfolgreichen Nachweis führt, ist ein gewichtiges Indiz, daß es eben der in der Simulation dargestellte Prozeß ist, der hinter der „nicht-normalen" klimatischen Entwickung steht.

Die eben beschriebene Studie war die wissenschaftliche Basis, auf der das Max-Planck-Institut für Meteorologie 1995 an die Öffentlichkeit trat und darstellte, daß die globale anthropogene Erwärmung schon jetzt zu einer signifikanten Klimaänderung führe. Da die „Bandbreite des Normalen" so gewählt wurde, daß nur je 2,5% der duch CO_2-Variationen ungestörten Klimaschwankungen oberhalb bzw. unterhalb dieser Normalität (also 5% außerhalb der Normalität) zu liegen kämen, wurde der Öffentlichkeit mitgeteilt, daß der beobachtete Erwärmungstrend mit einer Wahrscheinlichkeit von weniger als 5% natürliche Ursachen habe. Oder, in statistischer Terminologie: Die Nullhypothese natürlicher Ursachen wurde mit einem Signifikanzniveau von 95% zurückgewiesen. Diese Aussage ist statistisch wohldefiniert und korrekt – sofern die Schätzung der natürlichen Klimavariabilität richtig ist. In den Medien wurden daraus monströse Aussagen von der Art: „95% der in den letzten Jahrzehnten beobachteten Erwärmung ist anthropogenen Ursprungs".

Die diskutierte Studie hat für das Gewichtungsmuster nur simulierte Verteilungen von Temperaturänderungen benutzt, die durch erhöhte CO_2-Konzentrationen bedingt sind. Tatsächlich führten anthropogene Emissionen von Aerosolen, gerade in hochindustrialisierten Gebieten der Erde, zu regionalen Abkühlungen der bodennahen Lufttemperatur. Wegen dieses Mangels in der Spezifikation des „erwarteten Änderungsmusters" (= Gewichtungsmuster) ist die Schärfe (= statistische Irrtumswahrscheinlichkeit) des Nachweises derzeitiger anthropogener Klimaänderungen eher unterschätzt. Auch wird oft angemerkt, daß die Klimamodelle die natürliche Variabilität vermutlich unterschätzen, da sie nur ein eingeschränktes Spektrum an Prozessen umfassen.

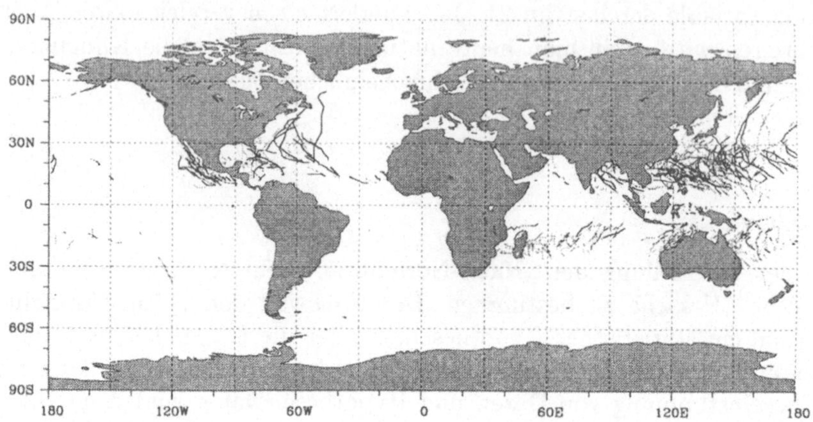

Abb. 7.13. Bahnen von tropischen Wirbelstürmen in einer Zeitscheiben-Simulation des gegenwärtigen Klimas mit einem hochauflösenden Modell (T106) der Atmosphäre. (Von Bengtsson et al., 1995)

7.5
Lokale und regionale Szenarien

Wir haben schon das Unvermögen der Klimamodelle dargestellt, auf der für die Klimafolgenforschung relevanten Skala von 100 und weniger Kilometern sinnvolle Aussagen zu machen (Robinson und Finkelstein, 1991). Da aber das regionale Klima sich ergibt aus der Wechselwirkung zwischen dem großskaligen Zustand des Klimasystems und den regionalen Gegebenheiten (z.B. Land-Meer-Verteilung, vgl. Abschnitt 6.3.4), ist in vielen Fällen zu erwarten, daß man zusätzliche kleinskalige, anwendungsorientierte Informationen durch eine geeignete Nachbehandlung der Ergebnisse der globalen Klimamodelle erhalten kann. Für diese Nachbehandlung sind drei verschiedene Ansätze entwickelt worden, die alle mit dem englischen Ausdruck *Downscaling* bezeichnet werden.

7.5.1
Hochaufgelöste Zeitscheibenexperimente

Hier wird ein globales atmosphärisches Modell mit hoher räumlicher Auflösung über relativ kurze Zeit gerechnet (Zeitscheibe). In diesem Ansatz wird davon ausgegangen, daß für den Gleichgewichtszustand der Atmosphäre nur die großräumige Struktur der Meeresoberflächentemperatur und der Meereisbedeckung relevant sind. Man nimmt an, daß die gewöhnlichen Klimamodelle mit ihrer groben räumliche Auflösung diese Verteilung hinreichend genau wiedergeben. Daher werden diese aus den normalen Klimasimulationen abgeleiteten Verteilungen als Randbedingungen für Rechnungen über kürzere Zeiträume mit einem reinen globalen Atmosphärenmodell ge-

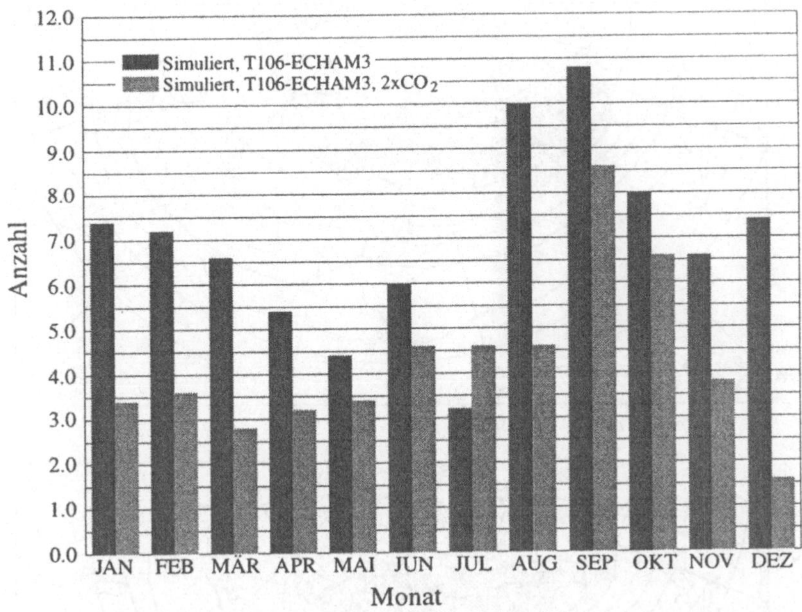

Abb. 7.14. Anzahl simulierter tropischer Wirbelstürme in einem Kontrollauf und in einem „2 × CO$_2$"-Zeitscheibenexperiment, nach Kalendermonaten sortiert. (Von Bengtsson et al., 1995)

nommen. Für diese Rechnungen werden dann die Auflösungen T42 oder die extrem rechenzeitaufwendige Darstellung T999@T106 (siehe Abb. 5.5) verwendet. Mit einer T106-Darstellung können dann Prozesse studiert werden, für die eine T21-Darstellung unangemessen ist.

Ein Beispiel sind die Untersuchungen von Bengtsson et al. (1995) zur Häufigkeit von Hurricanes im gegenwärtigen Klima und in einem möglichen zukünftigen, wärmeren Klima. Die erforderlichen Randbedingungen wie die Meeresoberflächentemperatur wurden aus der Simulation mit einem T21-Modell nach 60 Modell-Jahren bei kontinuierlich ansteigender CO$_2$-Konzentration entnommen (siehe Abschnitt 7.3.1).

Eine Bedingung für tropische Wirbelstürme sind Meeresoberflächentemperaturen über 26°C, die starke Verdunstung und Konvektion als Antrieb für die Stürme gewährleisten. Es wurde deshalb spekuliert, daß infolge globaler Erwärmung mehr tropische Wirbelstürme auftreten oder größere Gebiete betroffen sein würden.

Bengtsson et al. konnten in einem Kontrollauf zeigen, daß das T106-Modell die beobachtete Anzahl und geographische Verteilung von Hurricanes reproduziert (Abb. 7.13). Für das Erwärmungs-Szenario fanden sie entgegen der Erwartung weniger, aber nicht schwächere Hurricanes (Abb. 7.14). Eine Erklärung für den Rückgang ist, daß die Meeresoberflächentemperatur bei CO$_2$-

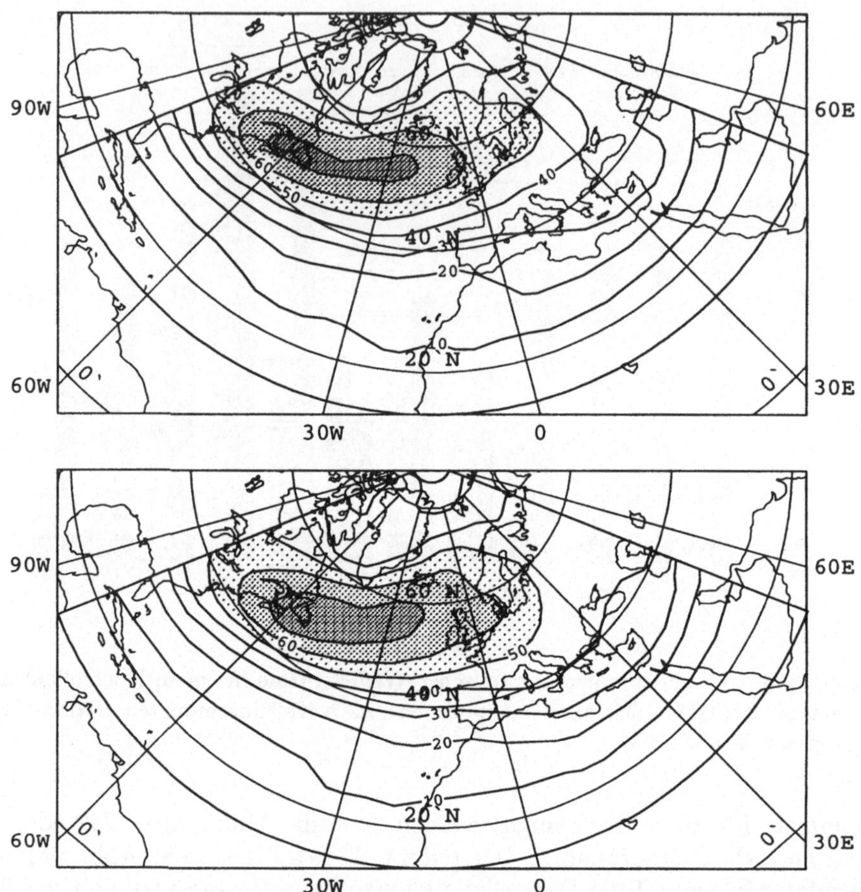

Abb. 7.15. Horizontale Verteilung der winterlichen Standardabweichung hochfrequenter täglicher Schwankungen des Geopotentials in 500 hPa im T106-Kontrollauf (*oben*) und im 2 × CO_2-Zeitscheibenexperiment (*unten*). (Von Beersma et al., 1997)

Erhöhung (wegen der Wärmespeicherung durch den Ozean) gar nicht so stark zunimmt, die Temperatur in der oberen Troposphäre aber deutlich mehr ansteigt (vergleiche Abb. 7.7). Dies führt zu einer höheren Stabilität der tropischen Atmosphäre und damit geringerer Neigung zu Konvektion (vgl. auch Lighthill et al., 1994).

Die gleichen Zeitscheibenexperimente wurden auch im Hinblick auf eine mögliche Veränderung der nordatlantischen Sturmtätigkeit ausgewertet (Beersma et al., 1997). Um die Sturmtätigkeit zu quantifizieren, wurde die Standardabweichung der Bandpaß-gefilterten Schwankungen im 500 hPa Feld bestimmt und in Abb. 7.15 als Horizontalverteilung gezeigt. Entsprechende Verteilungen aus Beobachtungen und einem anderen Modellauf haben wir schon in Abb. 6.14 gezeigt. Das T106-Modell reproduziert demnach auch die

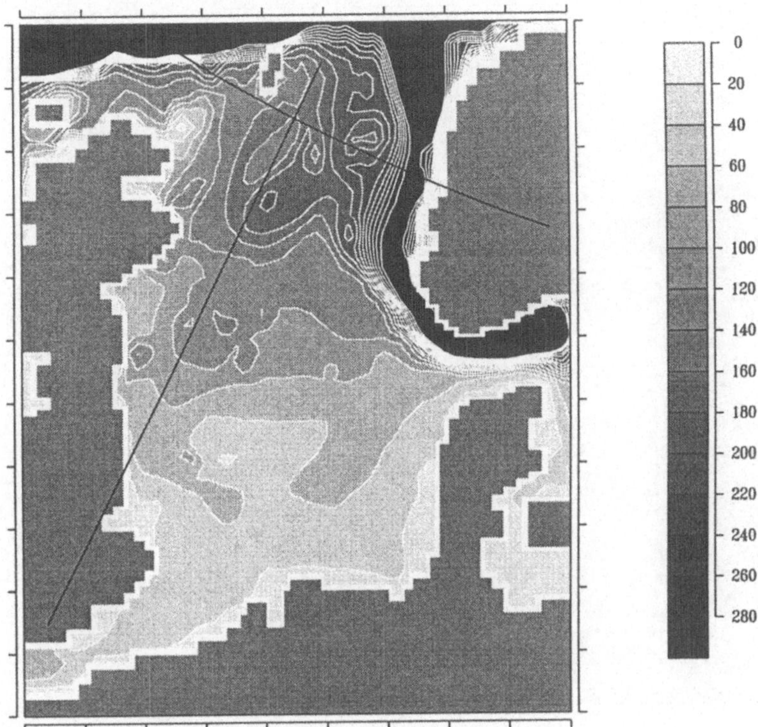

Abb. 7.16. Topographie der Nordsee im regionalen Ozeanmodell von Kauker und Oberhuber (1998). Die Skala auf der rechten Seite gibt die Tiefen in Meter an.

nordatlantische Sturmtätigkeit zufriedenstellend. Die etwa für das Jahr 2050 erwartete Verdopplung der CO_2-Konzentration geht dieser Modellsimulation nach nur mit einer geringfügigen (statistisch nicht signifikanten) Intensivierung des Sturmklimas im Nordatlantik einher.

7.5.2
Regionalmodelle

Man kann auch statt eines globalen dynamischen Modells ein regionales Modell einsetzen, das dann auf vorgeschriebene Bedingungen an seinen (seitlichen und oberen) Rändern reagiert, die einem globalen gröberen Klimamodell entnommen werden. Dieses Einbetten eines regionalen Modells in ein globales wird auch als *Nesten* bezeichnet. Dieser Ansatz löst das Problem der unzureichenden Darstellung kleinskaliger Prozesse – wie auch die Zeitscheiben-Experimente mit globalen, höher aufgelösten Modellen – nur bedingt, da solche Ansätze das Problem hin zu kleineren Skalen verschieben. Auch hoch-

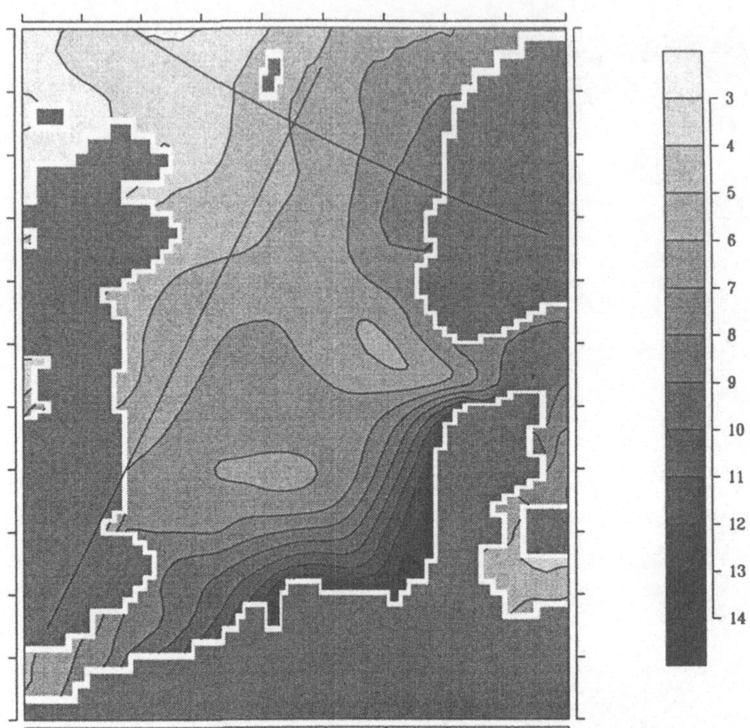

Abb. 7.17. Unterschied im winterlichen mittleren Wasserstand zwischen einem $2 \times CO_2$-Szenario und einem Kontrollauf mit einem regionalen Ozeanmodell (in cm). (Von F. Kauker)

aufgelöste Modelle haben das prinzipielle Problem, daß sie ihrerseits eine kleinste interpretierbare Skala aufweisen.

In der Wettervorhersage wird die Technik des Nestens schon seit längerem routinemäßig eingesetzt. Solche Ansätze werden nun auch für Klimamodelle verfolgt. Ein regionales Atmosphärenmodell wurde z.B. von Giorgi und Mearns (1991) vorgestellt, aber auch regionale Ozeanmodelle kommen neuerdings für diesen Zweck zum Einsatz. Im folgenden zeigen wir Ergebnisse, die mit einem solchen regionalen Ozeanmodell erzielt wurden.

Das Modell deckt den nordöstlichen Teil des Nordatlantiks ab und löst das Gebiet der Nordsee mit erhöhter räumlicher Auflösung von 0,1° (ca. 10 km) auf (Kauker und Oberhuber, 1998). Die Topographie und Berandung im Bereich der Nordsee zeigt Abb. 7.16. Anders als in der groben Darstellung der globalen Klimamodelle (vergleiche Abb. 5.5) werden in dieser Auflösung geographische Details wie Jütland, die Deutsche Bucht oder die Norwegische Rinne ausreichend dargestellt. Dem Modell wurden an seinen seitlichen Rändern Verteilungen von Temperatur und Salzgehalt vorgegeben, wie sie vom ge-

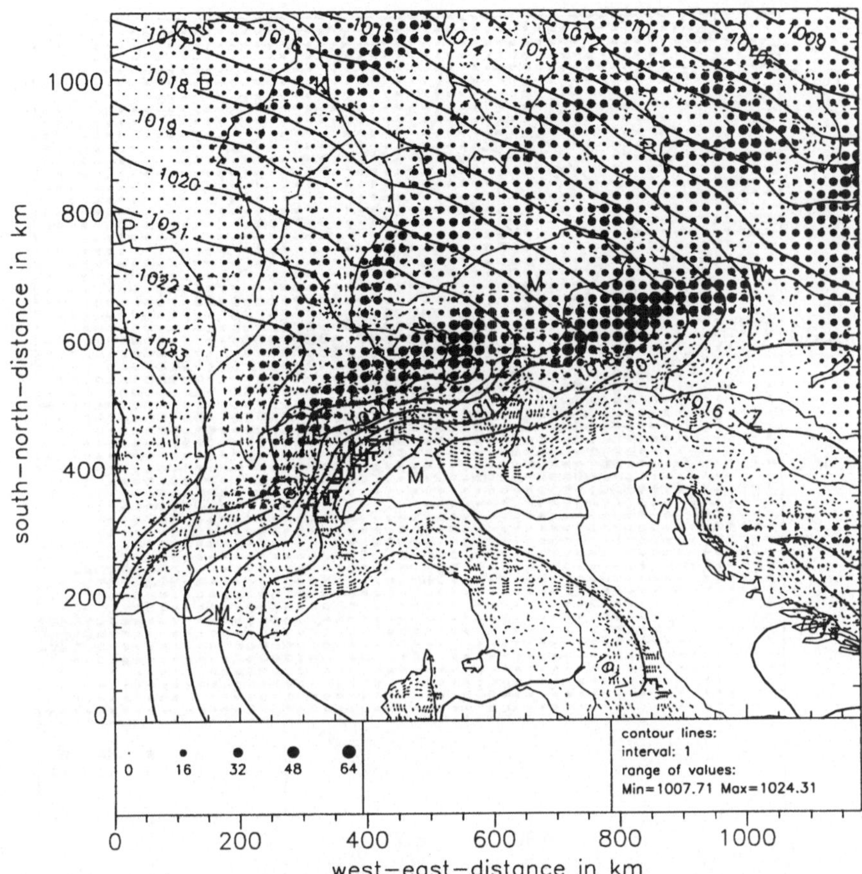

Abb. 7.18. Simulationsergebnis einer typischen 5tägigen Episode (18. bis 22.12.1988). Die Abbildung zeigt das Bodendruckfeld (Isolinien in hPa) und akkumulierten Niederschlag (Kreise, die Größe der Kreisfläche ist proportional zum Niederschlag in mm). Die gestrichelten Linien geben die Topographie an. (Von D. Heimann)

koppelten Atmosphäre-Ozean-Modell für den gegenwärtigen Zeitpunkt bzw. für den Zeitpunkt der erwarteten Verdopplung der atmosphärischen CO_2-Konzentration simuliert worden sind. An der Oberfläche des Ozeans wurden die Flüsse (Windschub, Wärme- und Frischwasserfluß, vgl. Abb. 6.6) aus der in Abschnitt 7.5.1 besprochenen atmosphärischen Zeitscheibenrechnung übernommen. Zusätzlich wurden noch atmosphärische Informationen genutzt, um den Abfluß der Flüsse in die Nordsee zu parametrisieren.

Das Resultat dieses Experiments zeigt Abb. 7.17 für den zeitlich gemittelten Wasserstand im Winter. Demnach steigt der Wasserstand überall in der Nordsee um einige Zentimeter an. Maximale Werte von +15 cm werden längs der Deutschen Bucht simuliert.

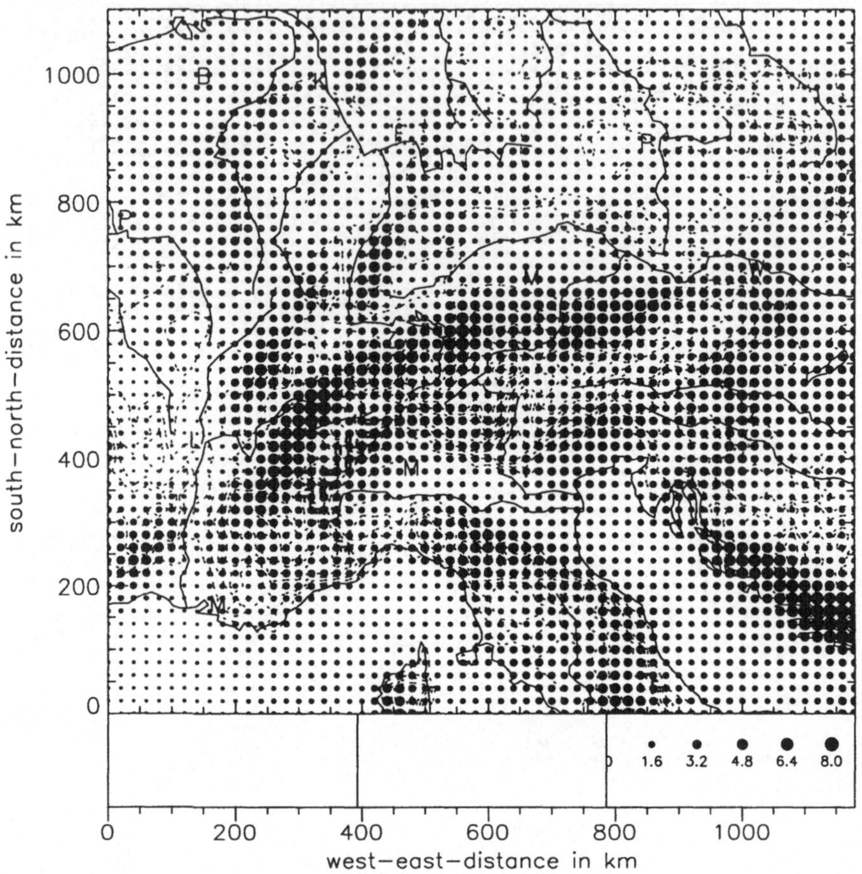

Abb. 7.19. Mittels der statistisch-dynamischen Regionalisierung abgeschätzte mitt-lere winterliche Niederschlagsraten im Alpenbereich für den Zeitraum 1981-92. Ver-gleiche mit Abb. 7.20. (Von D. Heimann)

Einen etwas anderen Weg geht die *statistisch-dynamische Regionalisierung.* Bei diesem Verfahren werden charakteristische Wetterlagen definiert, und für jede dieser Wetterlagen mit einem atmosphärischen Regionalmodell das cha-rakteristische Wetter berechnet. Fuentes und Heimann (1996) haben dies für die Alpen durchgeführt. Die Wetterlagen wurden dabei durch die Anströmung in der Höhe und die Stabilität der Schichtung definiert.

Bei diesem Verfahren wurde eine Klimaperiode von 10 bis 30 Jahren in Episoden von 2 bis 5 Tagen Dauer eingeteilt, so daß die großräumige Zirkula-tion (etwa gegeben durch Luftdruck und Feuchte in einer festgelegten Höhe) während dieser wenigen Tage näherungsweise unverändert ist. Diese Episo-den werden ihrer Länge nach sortiert und in Klassen ähnlicher Zirkulation eingeteilt. Auf diese Weise entstanden für die Wintersaison 22 Wetterlagen-klassen. Für jede so definierte Klasse wurde dann ein typischer Fall herausge-

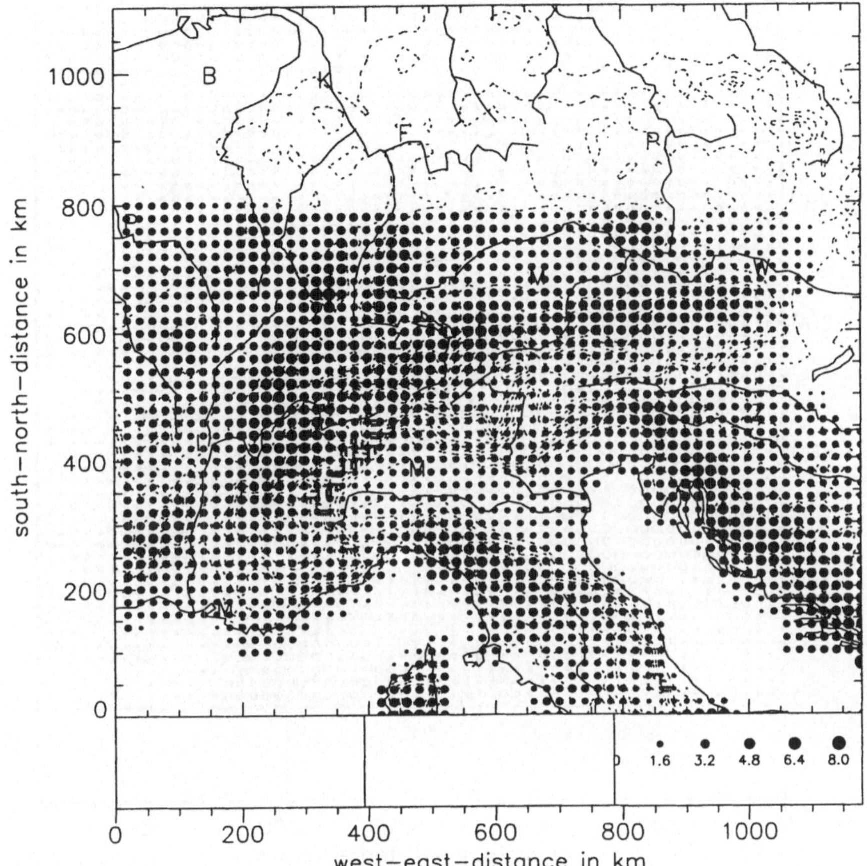

Abb. 7.20. Aus lokalen Beobachtungen abgeschätzte winterliche Niederschlagsraten. Vergleiche mit Abb. 7.19. (Von D. Heimann)

sucht. Diese typischen Fälle wurden dann mit einem dynamischen regionalen atmosphärischen Modell simuliert. Dazu wurde an den seitlichen Rändern und am Oberrand des regional begrenzten Modellgebietes die großräumige Zirkulation zeitabhängig vorgegeben.

Abb. 7.18 zeigt das Simulationsergebnis einer 5tägigen Episode mit einer Nordwestwind-Wetterlage mit Stauniederschlägen am Alpennordrand. Insgesamt 15 Episoden wurden im betrachteten Zeitraum 1981-92 dieser Klasse zugeordnet. Da jede Episode 5 Tage dauert, repräsentiert diese Klasse 15×5 = 75 Tage, also etwa 7% aller Wintertage.

Um eine Gesamtstatistik etwa der Niederschlagsmengen zu erhalten, bestimmt man schließlich die Häufigkeiten aller Klassen und summiert die simulierten Niederschläge, gewichtet mit der Häufigkeit der jeweiligen Wetterlagenklasse. Abb. 7.19 zeigt die Ergebnisse für die geschätzten mittleren Niederschlagsraten (in mm/Tag). Die aus lokalen Niederschlagsbeobachtungen

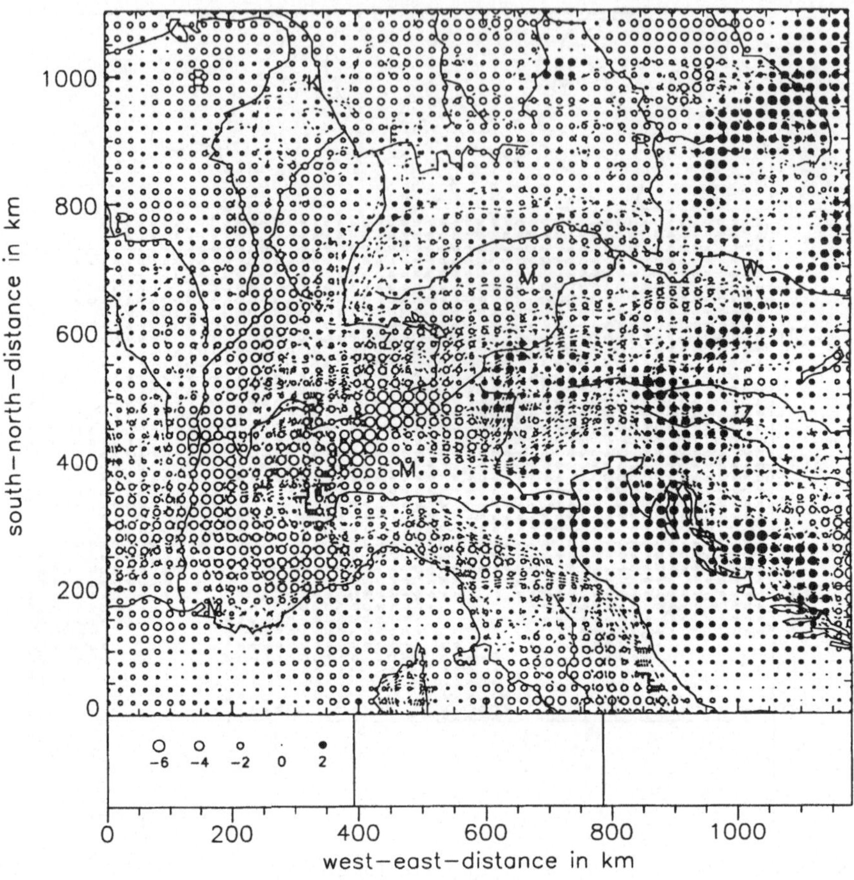

Abb. 7.21. Geschätzte Veränderungen in den sommerlichen Niederschlagsraten im Falle ungebremster Treibhausgasemissionen in den Jahren 2070–2099. Offene Kreise geben Reduktionen an, gefüllte Kreise Zunahmen. (Von D. Heimann)

abgeleiteten Werte zeigt dazu im Vergleich Abb. 7.20 für ein etwas kleineres Gebiet. Ein Vergleich der Abbildungen 7.19 und 7.20 ergibt einen mittleren Fehler von 1 mm/Tag.

In der Analyse von Fuentes und Heimann wurde schließlich abgeschätzt, mit welchen Niederschlagsänderungen im Gefolge der anthropogenen Erwärmung im Alpenbereich gerechnet werden kann. Dazu wurden die Ergebnisse einer langfristigen globalen Klimasimulation für die Jahre 1970–1999 und 2070–2099 getrennt in Wetterlagenklassen eingeteilt, die jeweils typischen Episoden regional simuliert und die Ergebnisse mit den dazugehörenden Häufigkeiten gewichtet. Die Abb. 7.21 zeigt die Änderung für die mittleren regionalen Niederschlagsraten während des 100jährigen Zeitraums unter der Annahme des „business as usual" (Szenario A) für die Emissionen der Treibhausgase. Abgesehen von der Adria deuten die Ergebnisse deutliche

Verminderungen im sommerlichen Niederschlag an.

Die Alternative zu dieser statistisch-dynamischen Regionalisierung bestünde darin, das regionale atmosphärische Modell über den gesamten Zeitraum mit einer vorgegebenen großskaligen Zirkulation anzutreiben. Dies wäre rechenzeitmäßig ein enormer Aufwand, die statistisch-dynamische Regionalisierung erfordert im Vergleich dazu nur etwa 10% der Rechenzeit.

7.5.3
Empirische Modelle

Eine ganz andere Klasse von Downscaling-Ansätzen wird durch den Einsatz statistischer Methoden ermöglicht. Dabei werden zwei Datensätze von Beobachtungen herangezogen: Ein Datensatz für die Variable auf der regionalen/lokalen Skala und einer für Klimavariablen auf der großräumigen Skala, die in globalen Modellen hinreichend gut simuliert werden. Zwischen diesen wird ein statistischer Zusammenhang gesucht, der dann genutzt werden kann, um die Simulationen der Klimamodelle, wie sie auf der großräumigen Skala erscheinen, für die lokale Skala zu „interpretieren"(von Storch et al., 1993).

Der einfachste Fall eines solchen statistischen Ansatzes ist in Abb. 7.22 für die mittlere Lufttemperatur im Januar dargestellt. Hier werden auf der lokalen wie auf der großskaligen Seite nur je eine Zeitserie verwendet. Auf der großen Skala wird ein Gebietsmittel von 60 Gitterpunkten aus Analysen verwendet, das einen Großteil von Europa abdeckt (von 40°N bis 65°N und von 25°W bis 20°O). Hierfür wird als Variable die Temperatur im Niveau von 850 hPa mit einer Auflösung von 5°×5°benutzt, da dieses Höhenniveau im Vergleich zur bodennahen Temperatur recht gut in Modellen simuliert wird. Lokale Variable ist die Lufttemperatur der Station Plön. In diesem einfachen Fall besteht der statistische Ansatz aus einer einfachen Regression zwischen der unabhängigen (großskaligen) und der abhängigen (lokalen) Variablen. Das Ergebnis der lokalen Schätzung ist in Abb. 7.22 mit eingetragen (Mitte, gestrichelte Linie). Der positive Regressionskoeffizient von über zwei zeigt, daß die Amplitude der Schwankungen der lokalen Variable, d.h. am Boden, deutlich größer ist als bei der großskaligen Variablen in der höheren Atmosphäre. Der Grund hierfür liegt in der dominierenden Rolle des Erdbodens bei der Absorption und Emission von Strahlung (Abschnitt 2.1.1).

In einer Weiterentwicklung dieses Ansatzes gehen statt nur einer großskaligen Zeitserie mehrere ein, z.B. an verschiedenen Gitterpunkten. Das statistische Modell wird damit eine multiple Regression mit mehreren unabhängigen Variablen (Prädiktoren), wobei man für jeden Gitterpunkt einen Regressionskoeffizienten erhält.

Schließlich kann man auch auf der lokalen Seite mehrere Variablen, z.B. verschiedene Stationen, gleichzeitig in die Analyse mit aufnehmen, die multiple Regression wird dann z.B. zur kanonischen Korrelation verallgemeinert. Dieses Verfahren wurde zur Ableitung von Niederschlag im Winter (Mittelwerte Dezember bis Februar) auf der Iberischen Halbinsel aus großskaligen

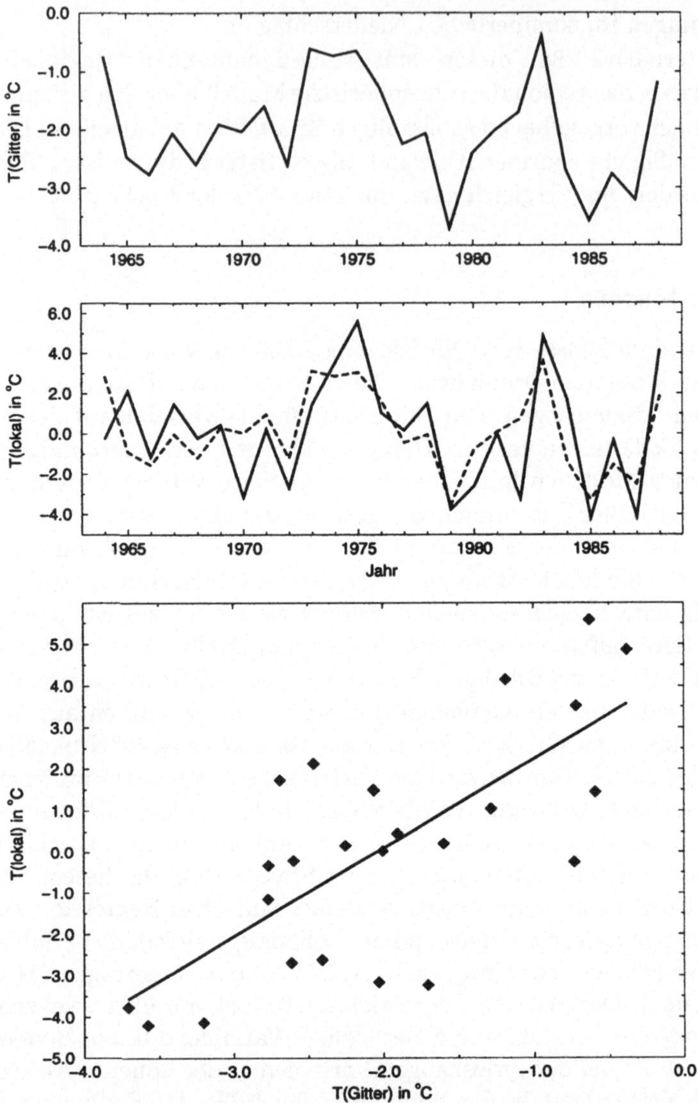

Abb. 7.22. Ableitung von lokalen Monatsmitteltemperaturen für Januar für die Station Plön über ein Regressionsmodell. *Oben*: Mittelwerte von Analysedaten auf einem Gitter von 5°×5° (von 40°N bis 65°N und von 25°W bis 20°O) im Höhenniveau von 850 hPa. *Mitte*: Lokale Januartemperatur in Plön, 54°N, 10,5°O (durchgezogene Linie) und mittels Regression aus den Analyse-Gitterdaten abgeschätzte Ergebnisse (gestrichelt). *Unten*: Regression der beiden Größen, die Steigung der Regressionsgeraden beträgt 2,15, die Korrelation 0,72.

Luftdruckdaten verwendet (von Storch et al., 1993). Die Ausdehnung der Gitterdaten und die Lage der Stationen können aus Abb. 7.23 entnommen werden.

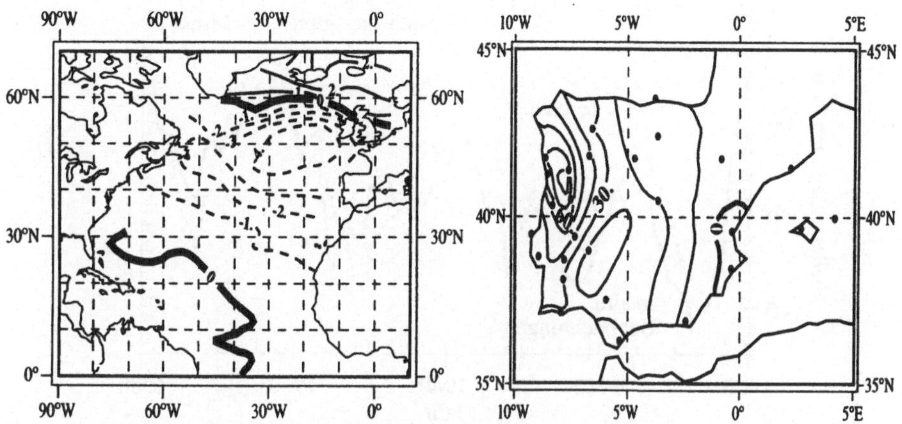

Abb. 7.23. *Links*: Feld der Koeffizienten (interpoliert) für den Luftdruck als großskaliger Prädiktor. *Rechts*: Interpolation der Koeffizienten für die Stationen der lokalen Niederschlagsbeobachtungen, die Stationen sind als Punkte angedeutet. Negative Werte sind durch gestrichelte Isolinien gekennzeichnet. (Von von Storch et al., 1993)

Die Berechnung der Koeffizienten wurde im Zeitraum 1950–1980 vorgenommen. Die Koeffizienten für den Luftdruck-Prädiktor sind in Abb. 7.23 (links) dargestellt, sie zeigen ein Gebiet mit niedrigerem Luftdruck nordwestlich der Iberischen Halbinsel. Die zugehörigen Koeffizienten des lokalen Niederschlags (Abb. 7.23, rechts) sind überwiegend positiv, weisen also auf erhöhte Niederschläge mit einem Maximum im Westen der Halbinsel hin. Auch die Interpretation der Koeffizientenmuster erscheint plausibel: Nach dem Modell der geostrophischen Druck-Wind-Beziehung (Abb. 2.10) ergibt sich südlich der Tiefdruckregion westlich von Portugal eine auf die Iberische Halbinsel zugerichtete Westströmung, die maritime feuchte Luftmassen mit sich führt. Die sich ergebende positive Niederschlagsanomalie im Koeffizientenmuster der lokalen Variablen ist somit stimmig. Das Maximum des lokalen Koeffizientenmusters ist im maritimen Bereich der Halbinsel zu finden, wo auch die absolut höchsten Niederschläge auftreten.

Die über die Iberische Halbinsel gemittelten Niederschläge sind sowohl für die Beobachtungen als auch für die Abschätzung aus dem Luftdruckfeld in Abb. 7.24 gezeigt (geglättet). Die Graphik zeigt, daß die langfristige Variabilität der Niederschläge vom statistischen Ansatz gut erfaßt, und auch außerhalb des Berechnungszeitraumes der Koeffizienten (1950–1980) einsetzbar ist. Die kurzfristigeren (nicht geglätteten) Schwankungen werden weniger gut wiedergegeben.

Die Aufgliederung der Rechnung in einzelne Jahreszeiten oder Monate erscheint geboten, da die Zusammenhänge/Korrelationen beispielsweise für den Sommer nicht zu gelten brauchen: Im Winter liegen Spanien und Portugal im

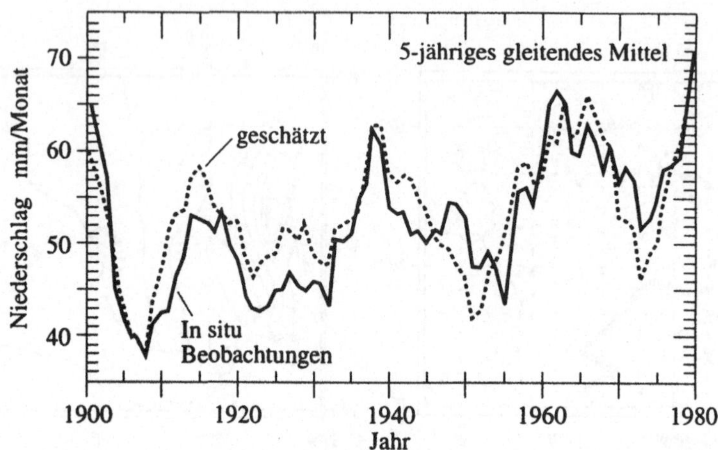

Abb. 7.24. Winterniederschläge gemittelt über die Stationen der Iberischen Halbinsel (siehe Abb. 7.23, rechts). Die Beobachtungen sind als durchgezogene Linie, die Abschätzung aus dem Luftdruckfeld gestrichelt gezeichnet. Beide Serien wurden mit einem 5jährigen gleitenden Mittel gefiltert. (Von von Storch et al., 1993)

Bereich der gemäßigten Westwindzone, während sie im Sommer von den subtropischen Hochdruckzellen dominiert werden, in denen der ohnehin spärliche Niederschlag primär durch konvektive Schauer fällt.

Diese statistische Methode ist inzwischen häufig in Gebrauch und wird auch für die Ableitung ozeanographischer Parameter eingesetzt, z.B. mittlere Wasserstände (Heyen et al., 1996). Neben Regressionsmethoden werden auch andere Verfahren (z.B. Klassifizierung, neuronale Netze) verwendet, für einen Überblick siehe Wilby und Wigley (1997) und Zorita und von Storch (1999). Allerdings können immer nur für solche lokalen Parameter Aussagen abgeleitet werden, für die auch lange zuverlässige Beobachtungsreihen vorliegen.

7.5.4
Implikationen

Ansätze wie Downscaling erlauben die Ableitung von Informationen, wie sie für die Klimafolgenforschung von Belang sind. Doch oftmals reicht auch diese Information nicht aus. Von Seiten der Klimafolgenforschung ist dann das Downscaling durch ein „Upscaling" zu komplementieren, in dem Modelle der Klimafolgenforschung so modifiziert werden, daß sie mit vergröberter, also weniger detaillierter Information auskommen. Dabei kann es durchaus geschehen, daß die erforderliche Vergröberung zu so unpräzisen Ergebnissen führt, daß sie für Einschätzungs- und Entscheidungsprozesse sinnlos werden. Jedenfalls ist die Information „Unsere Kenntnisse sind mit einer so großen Unsicherheit behaftet, daß Implikationen nicht abgeleitet werden können" der

Information „Die Schneeschmelze im Harz wird 14 Tage früher beginnen –
aber eine zufriedenstellende methodische Grundlage für diese Aussage gibt es
nicht" vorzuziehen. In jedem Falle ist es wegen der oben beschriebenen Problematik eine Illusion zu glauben, daß die Klimafolgenforschung unmittelbar
die Ergebnisse der Klimaforschung aufgreifen könne, und direkt in sinnvolle
Aussagen über praktische Folgen möglicher Klimaänderungen ableiten könnte.

8 Klima und Gesellschaft

8.1
Übersicht

Klima und Klimawandel würden kaum auf so großes öffentliches Interesse stoßen, wenn die Gesellschaft nicht davon betroffen wäre – oder zumindest glauben würde, davon betroffen zu sein. Allerdings sind die Wirkungen zwischen dem sozioökonomischen System und dem Klimawandel nur schwierig zu erfassen. Unser Wissen über die Wirkung der Gesellschaft auf das Klima haben wir im vorangehenden Kapitel 7 dargestellt. Das Wissen um die umgekehrte Wirkung, vom Klima auf die Gesellschaft, ist weniger entwickelt. Zusätzliche methodische Schwierigkeit entstehen dadurch, daß ein breites Spektrum an Fachdisziplinen gefordert ist. So sind z.B. die Abschätzungen zukünftiger Gefährdungen durch Sturmfluten oder die Verbreitung von Schädlingen Fragen naturwissenschaftlicher Art. Dagegen sind Fragen zu Anpassungsvorgängen in der Wirtschaft, politischen Entscheidungsprozessen, die Abwägung der Interessen der heutigen und zukünftiger Generationen, oder armer und reicher Regionen der Welt sozioökonomischer Natur. Auch die Kulturwissenschaften beschäftigen sich mit dem Forschungsobjekt 'Klima', etwa wenn es um tradierte Vorstellungen von Klima geht. Im Hinblick auf gesellschaftliche Folgen ist es nur eingeschränkt von Bedeutung, ob ein Klimawandel tatsächlich stattfindet. Vielmehr geht es um die Vorstellungen der Menschen, wonach ein Klimawandel negative Wirkungen auf ihre Lebensbedingungen hat, so daß eine gesellschaftliche Reaktion erforderlich erscheint.

Zunächst geben wir in Abschnitt 8.2 einen kurzen historischen Abriß über Vorstellungen, wie Klima auf Individuen und Gesellschaften wirkt. Ausführlicher diskutieren wir die Fragestellungen der Klimafolgenforschung (Abschnitt 8.3), wobei wir die Ableitung von möglichen Szenarien zukünftiger Sturmflutstatistiken an den Küsten der Nordsee exemplarisch behandeln. In diesem Falle wird detaillierte Information aus den Klimaänderungsexperimenten, die wir im vorangehenden Kapitel besprochen haben, mit dynamischen (oder statistischen) Modellen des betrachteten klimasensitiven Systems weiter verarbeitet – im konkreten Fall also mit einem Sturmflutmodell der Nordsee.

In Abschnitt 8.4 stellen wir einen Ansatz vor, in dem die Wechselwirkungen zwischen dem Klima und dem sozioökonomischen System abgebildet sind. Dabei wird davon ausgegangen, daß das Klima auf wirtschaftliche Einwirkungen (z.B. Emissionen) reagiert und im Gegenzuge die Gesellschaft Auswirkungen von Klimaveränderungen im ökonomischen Bereich erfährt.

Dieses Modell geht davon aus, daß die Gesellschaft über objektive Information über das Klimasystem verfügt. Dies ist allerdings so gut wie nie der Fall.

Auch unser derzeit aktuelles naturwissenschaftliches Wissen zu klimatischen
Prozessen muß notwendigerweise unvollständig sein. In noch viel stärkerem
Maß vergröbert und verfälscht sind populäre Überzeugungen (Abschnitt 8.5).
Schließlich sind es aber genau diese 'populären Denkmodelle' des Klimas, die
ursächlich verantwortlich für die Ausprägung von Klimapolitik sind.

8.2
Historischer Überblick: gesellschaftliche Vorstellungen zum Einfluß von Klima

Die Frage, inwieweit das Klima neben anderen Umweltfaktoren, also etwa Bodenfruchtbarkeit oder Bodenschätze, für die Charakteristika von Gesellschaften, das Ausbilden von Zivilisationen oder auch die Eigenschaften des Menschen ursächlich verantwortlich ist, hat die Menschen seit klassischen Zeiten
beschäftigt. Schon griechische Philosophen wie Plato, Aristoteles und Hip-
pokrates vertraten die Ansicht, daß klimatische Verhältnisse die Lebensbedingungen und Lebensweise der Menschen weitgehend determinieren. In der
Neuzeit waren Denker wie Voltaire, Montesquieu oder Hegel vom Einfluß des
Klimas auf den Menschen und die Gesellschaft überzeugt, wobei immer wieder betont wurde, daß sich eine „Kultur" eigentlich nur in moderaten Klimaten entwickeln könne. Die Selbstverständlichkeit, mit der ein weites Spektrum
an menschlichen Eigenschaften kausal mit dem Klima in Verbindung gebracht
wurde, dokumentiert der Eintrag in Pierers Universal-Conversations-Lexikon
aus dem Jahre 1877 (Verlagsbuchhandlung von Ad. Spaarmann, Oberhausen
und Leipzig) den wir im Wortlaut in Abb. 8.1 wiedergeben.
Fünfzig Jahre später heißt es in Meyers Lexikon (Bibliographisches Insti-
tut, Leipzig, 1927) der Sache nach unverändert, wenngleich im Stil weniger
barock: „Vom Klima ist die Menschheit wie der einzelne Mensch abhängig.
Geistige Arbeit gedeiht in den Tropen und im Polargebiet weit weniger als in
der gemäßigten Zone, und körperliche Arbeit kann nicht jede Rasse in jedem
Klima leisten. Der regelmäßige Wechsel der Jahreszeiten und die Notwendigkeit der Lebensunterhalt schaffenden Arbeit sind die Grundlagen der hohen
Kultur der gemäßigten Zonen." In heutigen Lexika ist dieser Hinweis auf
die Bedeutung des Klimas für Mensch und Gesellschaft verschwunden; man
darf aber annehmen, daß diese Überzeugungen in der Bevölkerung weiterhin
verbreitet sind. Jeder kennt den augenzwinkernden Hinweis, daß die Skandi-
navier so tüchtig seien, weil sie sich in ihrem schwierigen Klima so anstrengen
müßten, während die vom Klima verwöhnten, unter den Palmen sitzenden
Südländer sich eigentlich um nichts Sorgen zu machen bräuchten und daher
auch nichts zuwege brächten.
Einen modernen, naturwissenschaftlichen Anspruch erhielt dieser Ansatz
schließlich Anfang dieses Jahrhunderts durch Ellsworth Huntington (1876-
1947; eine Biographie bietet Martin, 1973). Dessen Buch „Civilisation and

---

• **Klima** (griech.), 1) eigentlich die Neigung der Horizontalebene eines Ortes gegen die Sonne, die letztere in ihrer Culmination bei der Tag- und Nachtgleiche, also im Äquator gedacht. 2) Die physische Beschaffenheit der Atmosphäre in einer gewissen Erdgegend, inwiefern solche auf die Entwickelung des vegetativen und animalischen Lebens Einfluß hat. ...
So wie nun in jedem Erdstriche ein anderer allgemeiner Naturcharackter bemerklich ist und andere Pflanzen, andere Thiere sich finden, so beruht auch der Unterschied der verschiedenen Völkerschaften oft großentheils auf dem Klima, das aber hierbei weniger direct als indirect, besonders durch Darbietung anderer Nahrungsmittel und wegen mehrerer Eigenheiten der Lebensweise, die eine notwendige Folge des Klimas sind, Bezug auf den eigentlichen Charakter der Bewohner eines Erdstrichs hat. ... Die mächtigsten Einwirkungen des Klimas auf den Menschen sind:
a) in den heißen Klimaten (mittlere Temperatur über 25°C) bemerkt man einen häufigeren Pulsschlag (gegen 100 in einer Minute); ... alle Lebensbewegungen, besonders auch die Verdauung ermangeln der Energie; daher auch Geistesabspannung, weichlicher Charakter, Hang zur Ruhe und Müßiggang, Muskelkräfte und Muth gering; aber gesteigerte Sensibilität; alle Leidenschaften, Liebe, Rache, gesteigerter Fanatismus, arten leicht aus; Despotismus und Sklaverei sind besonders hier zu Hause, ebenso Grausamkeit, Geiz, List, Treulosigkeit etc.; alle Künste und Wissenschaften bleiben mittelmäßig.
b) Kalte Klimate zeigen in ihren Einwirkungen auf das physische Leben das Gegentheil von dem heißen Klima; doch ist in den höchsten Breitegraden auch Schwäche der Hauptcharakter der Constitution, aber aus Mangel an Erregung. Bei öfters kleiner Statur bleiben daher die Bewohner der Polargegenden im Allgemeinen stumpfsinnig, in einem verlängerten Zustand der Kindheit; ... An den Grenzen des kalten Klimas entwickeln sich vorwaltend die körperliche Kraft, während der Geist noch der höheren Lebensblüthe verschlossen bleibt; das Muskelsystem bildet sich aus; ... zur Aufweckung der zurückgedrängten Sensibilität bedarf der Nordländer spirituöser Getränke, und auch ihr Übermaß wird ihm im Ganzen wenig schädlich; die Weiber nähern sich in nördlichen Gegenden ihrer Natur nach den Männern; ...
c) das gemäßigte Klima vereint die Vortheile des heißen und des kalten Klimas, ohne die Nachtheile von deren Extremen zu haben. Der Bewohner der gemäßigten Zone hat weder die gefühllose Derbheit des Nordländers, noch die reizbare Weichlichkeit des südlichen Menschen, aber er verbindet mit der Muskelkraft des Ersteren die Empfindlichkeit des Letzteren für Sinneseindrücke; er liebt eine Mittelkost zwischen Fleisch und Pflanzennahrung; er bedarf der spirituösen Getränke nicht. Aus diesen Gründen sind auch die gemäßigten Klimate die Heimath aller bedeutenderen Leistungen und Gestaltungen auf allen möglichen Gebieten.
Was nun die Möglichkeit der Einwirkung auf das Klima angeht, so ist dieselbe zwar vorhanden, doch im Ganzen nur in geringem Maße. Es stehen den Menschen nur in cultivierten Ländern ihrem ganzen Umfang nach benutzbare Mittel zu Gebote, namentlich durch Abzug der stockenden Gewässer, Kanäle, Ausfüllen sumpfiger Stellen etc., um ein ungünstiges Klima in ein günstiges umzuwandeln, das aber mit der Entvölkerung eines Landes und Verwilderung des Bodens auch von selbst wieder sich verschlechtert und zu einem der Gesundheit und der hohen Lebensentwicklung unvortheilhaften wird.

Abb. 8.1. Eintrag unter dem Stichwort 'Klima' in Pierers Universal-Conversations-Lexikon, 1877.

Climate" wurde in höchsten Kreisen gelesen und hat bis heute Wirkung hinterlassen. In Lexika der Vorkriegszeit ist sein Name stets zu finden.

Nach Huntington sind Klimate für die menschliche Gesundheit und „Energie" verschieden günstig. Wegen dieser verschiedenen klimatisch determinierten Möglichkeiten seien die Voraussetzungen für die Entstehung von Zivilisation regional verschieden. In solchen Gebieten, in denen die jahreszeitliche Temperaturschwankung mäßig, aber die synoptische Variabilität hoch sei, seien die Chancen für die Entstehung einer hochentwickelten Zivilisation besonders gut. Tatsächlich bildet die Ähnlichkeit zweier Weltkarten, nämlich der geographischen Verteilungen der „klimatischen Energie" und derjenigen eines durch Expertenbefragung festgestellten „Zivilisationsgrades", das zentrale Argument Huntingtons. Eine Veränderung des Klimas geht demnach mit einer Veränderung der „klimatischen Energie" einher, so daß eine Veränderung mehr oder minder automatisch zu einer Änderung der Landkarte der menschlichen Zivilisation führt. In der historischen Retrospektive ist es vielleicht nicht erstaunlich, daß diese angeblich bevorzugten Gebiete die Siedlungsgebiete der Europäer waren. Die Vertreter des ‘klimatischen Determinismus' machten allerdings geltend, daß es neben den Umweltfaktoren noch weitere Faktoren gäbe, die über den Wettbewerbserfolg eines Volkes entschieden – vor allem rassische Faktoren.

Anfang der 50er Jahre faßte der Soziologe und Ökonom Werner Sombart den Tenor des klimatischen Determinismus zusammen (vergleiche Grundmann und Stehr, 1997): „Boden und Klima im Verein entscheiden nicht nur über die natürliche Fruchtbarkeit eines Landes, sie bestimmen in weitem Umfange die Natur des Volkes, das sie entweder zur Indolenz oder zur Tätigkeit verleiten". Heute gilt der Ansatz des ‘klimatischen Determinismus' in Natur- und Sozialwissenschaften als diskreditiert, was aber nicht bedeutet, daß die Ideen verschwunden sind. Das Weiterleben dieser Vorstellungen beschreibt der britische Historiker Arnold Toynbee im Vorwort der oben genannten Biographie: „Huntington is influencing present-day thinkers even if they are not aware of this, and also even if they are aware of it but dissent from Huntington's ideas." Eine ausführlichere Darstellung dieses Themas bietet Stehr und von Storch (1998).

Abgemilderte Ansichten des ‘klimatischen Determinismus' vertrat der Geograph Eduard Brückner (1863-1927; siehe Stehr et al., 1996, Stehr und von Storch, 1999), der historische Daten akribisch analysierte. Er beschrieb einen später nach ihm benannten 35jährigen Zyklus, wonach das Klima weltweit zwischen kühlen, trockenen und warmen, feuchten Episoden mit einer mittleren Periode von 35 Jahren schwankt. Diese natürlichen Klimaschwankungen, deren dynamische Ursachen in kosmischen Einflüssen vermutet wurden, hätten vielfältige signifikante, gesellschaftliche Wirkungen, so auf die Landwirtschaft, das Transportwesen und das Gesundheitswesen. Die klimatisch bedingte Verbesserung bzw. Verschlechterung der landwirtschaftlichen Produktion würde das politische Kräfteverhältnis etwa zwischen Rußland, dessen Klima kontinental ist, und den westeuropäischen Mächten mit ihrem maritimen Klima, zyklisch fluktuieren lassen. Die Kenntnis des Zyklus, der ja prinzipiell wegen seiner Regelmäßigkeit vorhersagbar sei, erlaube nun entsprechende Anpassungsmaßnahmen.

Diese Überlegungen zeigen andeutungsweise, daß die Frage nach der Wirkung des Klimas eine lange Geschichte hat, die allerdings in der gegenwärtigen Forschung weitgehend vernachlässigt wird. In der Retrospektive erscheint diese Richtung bisweilen merkwürdig und abwegig. Eine genauere Betrachtung der heutigen Klimafolgenforschung zeigt aber, daß – im Sinne Toynbees – diese im moderneren Gewande dabei ist, methodisch ähnliche Fehler wie der 'klimatische Determinismus' zu machen, nämlich die nicht vorhersagbare gesellschaftliche Eigendynamik, etwa im Hinblick auf technologische Sprünge oder Wertewandel, als insignifikant abzutun.

8.3
Klimafolgenforschung

8.3.1
Grundproblematik

Heutzutage wird in den meisten Industrieländern nicht deshalb intensiv Klimaforschung betrieben, weil das globale Klima an sich interessiert, sondern weil politische Entscheidungsträger und die Öffentlichkeit Perspektiven für die lokale oder regionale Entwicklung als Planungsgrundlagen für gegenwärtige und zukünftige Entscheidungen verlangen. Nicht die erwartete Entwicklung des globalen Klimas, sondern die erwartete Entwicklung z.B. der Wintertemperaturen in der norddeutschen Tiefebene ist von Interesse. Für Entscheidungsträger geht es primär auch nicht um diese Information, vielmehr möchte man wissen, wie sich eine solche Temperaturänderung z.B. auf die Verteilung von Schädlingen in der Landwirtschaft, auf die Sturmflutstatisik an der Nordseeküste, auf die Häufigkeit von Inversionswetterlagen in Hamburg etc. auswirken könnte. Es ist also nicht die Klimaforschung selbst, die gewünscht ist, sondern die Klimafolgenforschung, von der erwartet wird, daß sie quantitative Ergebnisse liefert, d.h. daß sie die Modellergebnisse der Klimaforschung in Modellen der betrachteten klimasensitiven Systeme weiter prozessiert.

Um diesen Erwartungen in seriöser Weise gerecht werden zu können, müssen einige Voraussetzungen erfüllt sein:

- Die Szenarien der Klimaforschung müssen belastbar und relevant sein. Ob sie es sind, ist heutzutage umstritten.

- Die Modelle der Klimafolgenforschung müssen die Begrenzungen der Szenariendaten in Bezug auf Genauigkeit und Detailliertheit berücksichtigen. So ist ein kleinräumiges Modell für Klimafolgenzwecke ungeeignet, wenn es sehr genaue räumliche und zeitliche Spezifikationen erfordert.

- Die Modelle der Klimafolgenforschung müssen alle signifikanten Wirkungen der Klimaänderung – also nicht nur die direkten sondern auch die indirekten – darstellen können. In vielen klimasensitiven Systemen wird das veränderte Klima dadurch wirksam, daß es sowohl die Statistik von Antriebsdaten (wie Niederschlag) als auch die Systemkonfiguration (wie die Artenzusammensetzung in einem Ökosystem) verändert. Es ist wenig sinnvoll bei der Modellierung solcher Systeme nur die direkten Effekte zu berücksichtigen, da diese von den indirekten Effekten marginalisiert werden können.

Unabhängig von der derzeitigen Aussagekraft der globalen Klimamodelle macht es Sinn zu untersuchen, inwieweit Modelle der Klimafolgenforschung die Auswirkungen von angenommenen Klimaveränderungen sinnvoll abschätzen können. Dabei gibt es unterschiedlich komplexe Modellebenen. Eine Ebene betrifft klimasensitive Systeme, die direkt von Klimavariablen gesteuert werden, z.B. Seegang oder Sturmfluten. Mit gewissen Einschränkungen können in diesem Falle Modelle eingesetzt werden, die zur Rekonstruktion vergangener Schwankungen entwickelt worden sind. Eine komplexere Ebene betrifft solche Systeme, deren dynamische Eigenschaften unter dem Klimawandel verändert werden, so daß Wasserstände, Temperaturen oder Niederschläge anders wirken als im heutigen System. Bespiele hierfür sind biologische Systeme. In solchen Fällen sind Modelle des heutigen Zustandes und seiner Schwankungen nur bedingt einsetzbar.

Unter dem Druck des öffentlichen Interesses werden immer wieder Modellergebnisse erzeugt, die die oben genannten Kriterien vernachlässigen, d.h. eine unkritische und methodisch zweifelhafte Verwertung von Bruchstücken von Informationen aus der Klimaforschung darstellen. Auf diese Weise ist eine merkwürdige Sammlung von Informationsbruchstücken entstanden, in der sehr unterschiedliche Prognosen einer „Klimakatastrophe" zu finden sind. So werden „Vorhersagen" für 50 und mehr Jahre angeboten, mit dem Vorteil, daß weder die Kunden noch die Produzenten miterleben werden, ob die angekündigten Katastrophen wirklich eintreten. So wurde zum Beispiel eine detaillierte Vorhersage für die Wasserversorgung Berlins und seiner Vororte im Jahre 2060 erstellt.

8.3.2
Direkt beeinflußte Systeme

Ein Beispiel für eine direkt durch klimatische Veränderungen beeinflußte Größe ist der *Seegang*, der für die Seeschiffahrt und Off-Shore Industrie von Belang ist. Der Seegang kann durch detaillierte Modelle, die operationell für die Routenberatung im Einsatz sind, als Reaktion auf vorgegebene Windverhältnisse errechnet werden. Hat man ein Szenario über zukünftige Windverhältnisse, so kann man diese in ein Seegangsmodell eingeben, um damit zukünftige Seegangsverhältnisse abzuleiten.

Wir haben in Abschnitt 7.5.1 räumlich hochauflösende Zeitscheibenexperimente vorgestellt, die Veränderungen des Windfeldes zumindest über der offenen See beschreiben. Hier wurde nun mit einem dynamischen Seegangsmodell die Veränderung gegenüber der heutigen Statistik abgeschätzt, die für den Zeitpunkt der angenommen CO_2-Verdopplung gemäß den Zeitscheibenexperimenten in Abschnitt 7.5.1 plausibel erscheint (WASA, 1998). Demnach ist für die extremen Wellenhöhen in der Nordsee mit einer Erhöhung im Dezimeter-Bereich zu rechnen. Zum Vergleich: jetzige extreme Wellenhöhen erreichen 8 m und mehr.

Ein weiteres, etwas komplexeres Beispiel sind *Sturmfluten* längs der Nordseeküsten. Die Höhe der auflaufenden Flut an der Küste wird durch mehrere Faktoren determiniert. Im Klimazusammenhang einfacher zu handhabende Faktoren sind der globale Wasserstand (bedingt durch das Volumen des Meerwassers) und das regionale Windregime. Der zeitlich mittlere Wind kann die mittlere Strömung in der Nordsee verändern, und damit den Wasserstand längs der Küste: Bei einer Verstärkung der normalen Zirkulation im Gegenuhrzeigersinn steigt der Wasserstand an, bei einer Verminderung sinkt er. Schließlich gibt es noch die Gezeiten, deren Eigenschaften sich mit dem mittleren Wasserstand verändern. Es zeigt sich aber, daß bei den erwarteten Erhöhungen im Dezimeter-Bereich der Tidenhub praktisch unverändert bleibt. Neben diesen meteorologischen Einflüssen gibt es noch eine Reihe anderer Faktoren, für die noch keine Zukunftsszenarien definiert worden sind – etwa die Veränderung der Topographie im Küstenvorfeld. Dabei ist sowohl an wasserbauliche Maßnahmen zu denken, wie die Ausbaggerung der Elbe, aber auch an natürliche Veränderungen, z.B. die Verlagerung von Sandbänken. Daß diese Faktoren signifikant sind, belegt die Analyse der Veränderungen der Sturmhochwasser bei Cuxhaven in den letzten 100 Jahren. Den Pegelständen zufolge laufen die Sturmfluten immer höher auf. Analysiert man aber statt der absoluten Höhen die Abweichungen vom Jahresmittelwert der Tidenhochwasser, so findet man diese praktisch unverändert. Es ist also das (im wesentlichen durch die Topographie gesteuerte) mittlere Tidenhochwasser gestiegen und nicht der sturmbedingte Anteil (von Storch und Reichardt, 1997).

Um mit Sturmflutmodellen sinnvolle Szenarien zukünftiger Sturmhochwasser erarbeiten zu können, braucht man daher Informationen über den globalen Wasserstand, das Windregime, die Veränderungen der Topographie (die wiederum vom mittleren Wasserstand abhängen kann) und die Bewegung der Erdkruste. Wie die Diskussion in Abschnitt 7.3.6 gezeigt hat, ist die Ableitung plausibler Veränderungen des globalen Wasserstandes problematisch, weil unklar ist, inwieweit die Eisschilde durch vermehrte oder verminderte zukünftige Speicherung den Effekt der thermischen Expansion des Meerwassers kompensieren oder verstärken. Aussagen über anthropogene oder natürliche Veränderungen der Topographie sind ebenfalls nicht möglich, können aber als in der Wirkung klein angenommen werden. Die Erdkrustenbewegung ist meist so langsam und regelmäßig, daß die langfristige Vorhersage möglich ist,

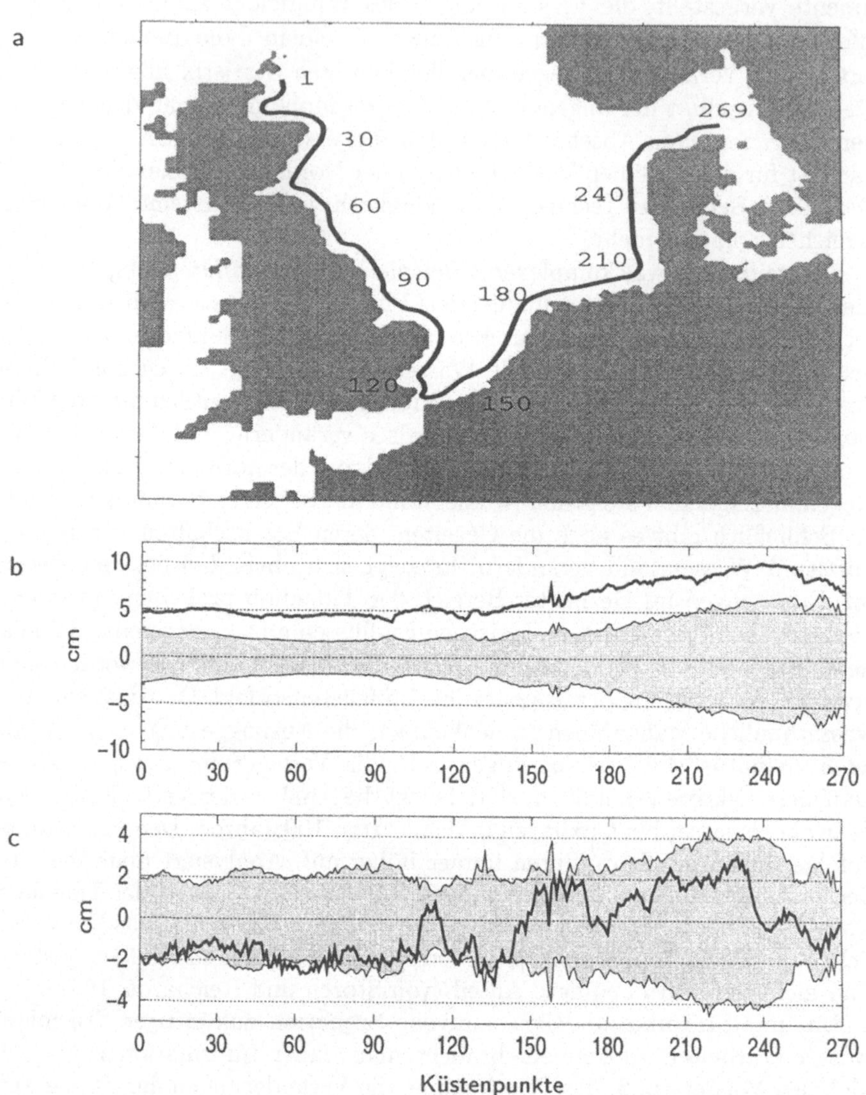

Abb. 8.2. Abschätzung der Veränderung von windbedingten Tidenhochwassern längs der Nordseeküste für den angenommenen Zeitpunkt 2050 der Verdopplung der atmosphärischen CO_2-Konzentration. Auf der Landkarte (*Graphik a*) zeigt die dicke Linie die Küstenlinie mit den Nummern der Küstenpunkte, die als horizontale Achse in den Diagrammen b und c verwendet werden. *Graphik b*: Mittelwerte. *Graphik c*: 90%-Quantile der monatlichen Tidenhochwasser. Die grauen Bänder geben die natürliche Variationsbreite an und die schwarzen Linien die erwarteten windbedingten Veränderungen für die Zeit von 2050. Für weitere Details siehe Text. Von Langenberg et al. (1998).

sofern es keine Erdbeben gibt. Als weiter zu diskutierende Größe bleibt der windbedingte Anteil übrig.

Flather und Smith (1998) und Langenberg et al. (1998) haben den Effekt von langfristig veränderten Winden auf die Sturmfluthöhen abgeschätzt. Sie setzten die schon oben bei der Untersuchung des Seegangs verwendeten simulierten Winde aus den hochauflösenden Zeitscheibenexperimenten zum Antrieb eines konventionellen Sturmflutmodells der Nordsee ein. Die Ergebnisse der Untersuchung von Langenberg et al. (1998) bezüglich der erwarteten windbedingten Änderungen der mittleren Tidenhochwasser und der Sturmhochwasser (bei unverändertem Volumen des Meerwassers und unveränderter Topographie) zeigt Abb. 8.2. Als Maß für die Intensität der Sturmhochwasser werden die 90%-Quantile der Tidenhochwasser innerhalb eines Monats verwendet. Dies ist jene Wasserstandshöhe, bei der 90% aller Tiden in einem Monat niedriger ausfallen und 10% höher. Die Simulation wurde für 5 Jahre durchgeführt. Für jeden Wintermonat ergab sich somit ein derartiges Quantil, die dann über alle Wintermonate gemittelt wurden. Darüber hinaus wurde aus einer Rekonstruktion der Tidenhochwasser der vergangenen 40 Jahre die natürliche Variabilität sowohl der 5jährig gemittelten Wasserstände als auch der aus 5 Jahren abgeleiteten mittleren 90%-Quantile bestimmt. Diese Schwankungsbreite, gegeben als das zweifache der Standardabweichung, ist in Abb. 8.2 als graues Band gezeichnet. Die Veränderung infolge der globalen Klimaveränderung ist durch die dicke schwarze Linie angegeben. Verläuft diese außerhalb des grauen Bandes, so sind die Änderungen größer als aufgrund der natürlichen Variabilität zu erwarten wäre. Die Änderungen sind demnach statistisch signifikant – was nicht heißt, daß das Szenario „richtig" ist. Das Sturmflutmodell könnte ebenso fehlerhaft sein wie das Zeitscheibenexperiment oder das dem Zeitscheibenexperiment zugrundeliegende transiente Experiment mit einem gekoppelten Atmosphäre-Ozean-Modell.

Als beste Abschätzung aus dieser Untersuchung sind Veränderungen im Zentimeter-Bereich zu erwarten. Im Mittel simuliert das Modell einen Anstieg von 5 cm längs der britischen Küste (Punkte 1 bis 120) und von bis zu 10 cm in der südlichen Nordsee und an der Küste Jütlands. Diese Änderung ist größer als aufgrund natürlicher Schwankungen zu erwarten wäre. Die Veränderung aufgrund veränderter mittlerer Winde ist Ausdruck einer windbedingt verstärkten Zirkulation der Nordsee. Die Wirkung schnell veränderlicher Windbedingungen – also der Stürme - drückt sich in den 90%-Quantilen aus, die im Vergleich zu den natürlichen Schwankungen keine signifikanten Veränderungen aufweisen.

Schließlich ist anzumerken, daß das Sturmflutmodell den Wasserstand nicht direkt an der Küste darstellt, sondern im Küstenvorfeld, wo die Werte bei Sturmflut im allgemeinen geringer sind. Allerdings kann man mit einem statistischen Modell von den Werten im Küstenvorfeld auf die Situation an der Küste schließen. Damit werden die Zahlen für die Küste an sich etwas größer, an der statistischen Signifikanz ändert sich jedoch nichts. Aussagen zu veränderten Statistiken von Starkwindereignissen und Sturmfluten sind von unmittelbarer Bedeutung für diverse Wirtschaftszweige, z.B. Forst- und Versicherungswirtschaft, aber auch staatliche Vorsorgeaufgaben, insbesondere Küstenschutz.

8.3.3
Indirekt beeinflußte Systeme

Andere Systeme sind nur teilweise direkt durch Klimavariablen gesteuert. Hier sind insbesondere biologische Systeme zu nennen. Ein zunächst einfach erscheinender Fall ist das Ökosystem Wattenmeer, dessen geographische Ausdehnung durch die Wassertiefe und den Tidenhub gegeben ist. Geht man von einer Erhöhung des Wasserstandes um 50 cm und einem unveränderten Tidenhub Mitte nächsten Jahrhunderts aus, würde sich eine deutliche Verkleinerung des Wattenmeeres errechnen lassen. Ergebnisse dieser Art sind auch in der wissenschaftlichen Diskussion präsentiert worden. Allerdings wird bei dieser Überlegung nicht berücksichtigt, daß im Zuge des langsamen Anstieges des Wasserstandes das Watt langsam aufschlickt und damit der Meeresboden ansteigt. Damit wird der Effekt des steigenden Wasserstandes zum Teil kompensiert. Das Ausmaß der Kompensation hängt dabei von der Geschwindigkeit des Anstiegs des Wasserstandes ab – d.h. es ist durchaus von Belang, ob die erwartete Verdopplung der atmosphärischen CO_2-Konzentration in der Dekade 2050 oder 2100 stattfindet. Quantifiziert werden kann der Effekt mit heutigen Modellen allerdings nicht.

Unter diesem Vorbehalt leiden praktisch alle Bemühungen zur Beschreibung von Klimafolgen für Ökosysteme. Bewirtschaftete Ökosysteme, also etwa Kartoffelfelder, erscheinen einfacher zu beschreiben, weil deren Dynamik durch die Bewirtschaftung stark eingeschränkt ist, und der Status dieser Systeme daher deutlicher von meteorologischen Antrieben und dem Management beeinflußt wird. Aber auch solche Systeme unterliegen anderen, nicht kontrollierbaren Einflüssen wie etwa Insekten und Krankheiten, deren Verbreitung ihrerseits von klimatischen Faktoren beeinflußt wird.

Im Falle natürlicher Ökosysteme kommt hinzu, daß die Artenzusammensetzung sich verändern kann, und das Erscheinen einer neuen Spezies zu einer massiven Veränderung in der Funktionsweise des Systems führen kann. Diese Schwierigkeiten werden dadurch verdeutlicht, daß es mit heutigen Modellen nicht gelingt, die Wirkung von Jahr-zu-Jahr Schwankungen des Klimas auf die meisten Ökosysteme zu spezifizieren. Statistische Untersuchungen an einem See in Norddeutschland haben gezeigt, daß man aus wärmeren Wintern auf eine intensivierte Primärproduktion im Frühjahr schließen kann, daß aber die weitere Wirkung in der Folge der jährlichen Sukzession nicht mehr als 10% bis 15% der beobachteten Variabilität ausmacht (Güss et al. 1998). Andererseits beobachtet man tiefgreifende langfristige oder plötzliche Veränderungen, für die keine eindeutigen Ursachen auszumachen sind. Damit sind den Möglichkeiten der Prognose für Ökosysteme enge Grenzen gesetzt.

Das plötzliche Auftauchen und Verschwinden wirtschaftlich genutzter Fischbestände in der Vergangenheit kann, wenn überhaupt, nur z.T. und unter großen Vorbehalten mit klimatischen Schwankungen in Verbindung gebracht werden.

8.4
Ökonomische Aspekte des Klimawandels

8.4.1
Klimaänderung als Kostenfaktor

Anthropogener Klimawandel ändert die Umweltbedingungen der Menschen. Damit verbunden sind Änderungen im wirtschaftlichen Bereich, also z.B. höhere oder niedrigere Ausgaben für Bewässerung, Heizung, Sturm- und Hochwasserschäden. Andere zusätzliche Kosten können den medizinischen Bereich betreffen, etwa durch ein größeres Verbreitunsgebiet von Schädlingen wie der Anopheles-Mücke, die an der Übertragung von Malaria beteiligt ist. Bezogen auf veränderte klimatische Bedingungen spricht man von *Schadens-* oder *Anpassungskosten* (*damage costs* oder *adaptation costs*). Auf der anderen Seite ist die Verringerung von Treibhausgasemissionen mit Kosten, den sogenannten *Vermeidungskosten* (*abatement costs*) verbunden. In einem Ansatz der Wohlfahrtsökonomie wurde nun versucht, diese beiden Kosten einander gegenüber zu stellen (Nordhaus, 1991; Hasselmann, 1990). Zu einer solchen ökonomischen Bewertung der Emission von Treibhausgasen sind aber Kenntnisse über Zusammenhänge zwischen wirtschaftlicher Produktion, Emissionen und klimatischer Wirkung notwendig (Abb. 8.3).

Im Zentrum der ökonomischen Analyse steht eine globale „soziale Wohlfahrts-Funktion", die maximiert werden soll. Diese setzt sich aus der ungestörten volkswirtschaftlichen Produktionsfunktion, den Schadenskosten und den Aufwendungen zur Vermeidung von Klimaschäden zusammen. Mit einer bestimmten wirtschaftlichen Produktion und definierten Vermeidungskosten ist im 'Wirtschaftssystem' ein fester Wert für die Emissionen verbunden. Im Klimasystem besteht ein funktionaler Zusammenhang zwischen Emissionen und – als Indikator – der Temperaturänderung. Von letzterer werden nun die Schadenskosten als abhängige Größe formuliert.

Nimmt man die funktionalen Zusammenhänge als bekannt an, so läuft die Analyse auf ein monetäres Optimierungsproblem hinaus. Hierin soll als Steuerungsgröße die Menge der Emissionen so gewählt werden, daß die Gesamtproduktion über einen gewissen Zeitraum als Zielgröße maximiert wird, d.h. die Summe von Anpassungs- und Vermeidungskosten minimal wird. Der Einfachheit halber wird dabei davon ausgegangen, daß die „politischen Entscheidungen", die das Emissionsniveau bestimmen, unabhängig (extern) vom Wirtschafts- wie vom Umweltsystem sind. Entscheidend ist, daß die Anpassungs- und die Vermeidungsprozesse für die Zielfunktion letztlich in vergleichbaren Einheiten ausgedrückt werden, in der Regel also monetär.

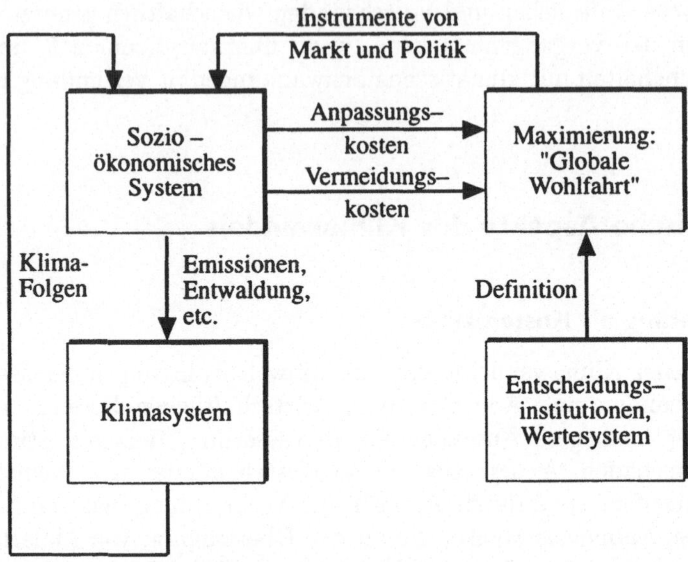

Abb. 8.3. Schematische Darstellung eines „Modells zur Globalen Umwelt und Gesellschaft" (Hasselmann, 1990).

Für das Gleichgewichtsproblem im $2 \times CO_2$-Format wurde dieser Ansatz von dem amerikanischen Ökonomen Nordhaus (1991) durchgerechnet. Die Ergebnisse seines sehr einfachen Modells besagen, daß eine geringfügige Reduktion von 16% der Treibhausgasemission optimal sei.

8.4.2
Ein zeitabhängiges Sechs-Komponenten-Modell

Um den allgemeinen Ansatz zu illustrieren und um die Schwierigkeiten aufzuzeigen, stellen wir als exemplarisches Klima-Sozioökonomie-Modell das von Tahvonen et al. (1994) vor.

Variablen: Das Modell enthält sechs globale Indikatorvariablen, die alle in Abhängkeit von der Zeit t variieren und sich wechselseitig beeinflussen können. Im Bereich der Sozioökonomie sind dies der globale Output U, die Schadenskosten D, die Vermeidungskosten A und die Emissionen E. Als summarische Indikatorvariablen für den klimatischen Zustand werden die globale Temperatur T und die atmosphärische CO_2-Konzentration C verwendet.

Das Gleichungssystem: Der globale Output U ergibt sich aus dem Wert der Produktion zu Beginn U_0 jeweils vermindert um Vermeidungs- und Schadenskosten. Hierfür wird eine exponentiell anwachsende Produktionsfunktion unterstellt, wobei die Wachstumsrate mit r bezeichnet ist:

$$U(t) = \left(U_0 - A(t) - D(t) \right) \cdot e^{rt} \tag{8.1}$$

Die Schadenskosten D werden als eine lineare Funktion von der Temperaturänderung dT/dt formuliert. Erhöhte Temperaturen an sich werden als nicht nachteilig verstanden, wohl aber die Änderung dT/dt. Je schneller die Änderung abläuft, desto größer wird dT/dt, und um so größer die Schäden D:

$$D(t) \quad = \quad \gamma \cdot \frac{U_0}{0,03\mathrm{K/Jahr}} \cdot \frac{dT}{dt}(t) \qquad\qquad (8.2)$$

Der Proportionalitätsfaktor $U_0/(0{,}03\mathrm{K/Jahr})$ gibt dabei das Verhältnis von Schadensanteil pro Temperaturänderung bezogen auf U_0 an, γ ist ein Skalierungsfaktor, um verschiedene Schadenswerte durchzurechnen. Ein Wert von γ = 2% bedeutet, daß eine Erwärmung um 3°C pro Jahrhundert die Wirtschaft mit 2% des Outputs U belastet.

Für die Emissionen wird ein Referenzverlauf $E_B(t)$ definiert, der angibt, wie sich die Emissionen entwickeln würden, wenn keine begrenzenden Maßnahmen ergriffen würden. Hier wird angenommen, daß diese mit einer Wachstumsrate q exponentiell ansteigen:

$$E_B(t) \quad = \quad E_0 \cdot e^{qt}$$

Die Vermeidungskosten A werden als quadratische Funktion der Reduktion der Emissionen beschrieben, d.h. mit zunehmender Abweichung der erzwungenen Emissionen E vom unkontrollierten Verlauf $E_B(t)$ steigen diese quadratisch an:

$$A(t) \quad = \quad a \cdot \left(1 - \frac{E(t)}{E_B(t)} \right)^2 \qquad\qquad (8.3)$$

Hierbei bezeichnet a einen Proportionalitätsfaktor.

Die zu maximierende Größe, die 'soziale Wohlfahrts-Funktion', ergibt sich als Summe über den Planungszeitraum, d.h. in dieser Untersuchung 100 Jahre:

$$\text{Wohlfahrts-Funktion} \quad = \quad \sum_{t=0}^{100} U(t) \cdot e^{-\delta t} \ + \text{End-Korrektur} \qquad (8.4)$$

Entsprechend der ökonomischen Standardmethodik werden hierbei die Kosten durch den Exponentialfaktor *diskontiert*, d.h. Aufwendungen heute gehen stärker gewichtet ein als Aufwendungen in der Zukunft. Der Diskontsatz ist mit δ bezeichnet. Hintergrund der Diskontierung ist die Vorstellung, daß heute vermiedene Kosten reinvestiert und zum Wachstum des Kapitals verwendet werden, und die in der Zukunft getätigten Kosten dann anteilsmäßig geringer ins Gewicht fallen. Die Arbeit von Tahvonen et al. (1994) beschränkt sich auf einen Zeithorizont von 100 Jahren. Deshalb wurden noch Korrekturterme für den Zustand jenseits der 100 Jahres-Schwelle eingefügt, um die Emissionen gegen Ende des Planungszeitraums zu erfassen, deren Schäden erst nach dem Ende des Zeithorizontes auftreten.

Tabelle 8.1. Parameter-Konstanten für das Klima-Sozioökonomie-Modell nach Tahvonen et al. (1994). Die letzte Spalte gibt eine – in Grenzen subjektive – Einschätzung, wie gut die Parameter bestimmt und begründet werden können.

Symbol	Bedeutung als Parameter für	Wert	Unabhängige Bestimmbarkeit
σ	Rückkopplung	$0{,}018$ Jahr^{-1}	gut
α	Rückkopplung	$0{,}03$ Jahr^{-1}	gut
μ	Antriebs-Faktor	$0{,}00045$ K ppm^{-1} Jahr^{-1}	gut
β	Antriebs-Faktor	$0{,}47$ ppm GtC^{-1}	bekannt
U_0	Anfangswert	$23 \cdot 10^{12}$ Dollar	gut
E_0	Anfangswert	$6{,}3$ GtC Jahr^{-1}	gut
r	Wachstumsrate	$0{,}02$	schwierig
q	Wachstumsrate	$0{,}017$	schwierig
δ	Diskontsatz	$0{,}03$	schwierig
a	Kostenfaktor	10^{12} Dollar	sehr schwierig
γ	Kostenfaktor	$0{\ldots}0{,}04$	praktisch nicht

Die Variablen des Klimasystems – die CO_2-Konzentration und die Temperatur – werden nicht als Absolutwerte erfaßt, sondern ihre Abweichungen vom ungestörten 'vorindustriellen Gleichgewicht', das durch $C = 0$ und $T = 0$ charakterisiert ist. Für die CO_2-Konzentration C wird eine gewöhnliche, lineare Differentialgleichung angesetzt:

$$\frac{dC}{dt}(t) \;=\; -\,\sigma \cdot C(t) \;+\; \beta \cdot E(t) \tag{8.5}$$

Der Term $-\sigma C(t)$ beschreibt einen negativen Rückkopplungsmechanismus, der C immer wieder zum Gleichgewicht $C = 0$ hintreibt. Die Funktionsweise ist ähnlich dem im Energiebilanzmodell in Abschnitt 4.2 (letzter Term in Gleichung 4.5). Antreibende Einflußgröße, die die Konzentration vom Gleichgewicht weg bewegt, ist die Emission E, wobei der Faktor β beschreibt, wie groß die Konzentrationsänderung pro Emissionseinheit ist.

Für die Temperatur T wird eine in der Funktionsweise analoge Differentialgleichung formuliert:

$$\frac{dT}{dt}(t) \;=\; -\,\alpha \cdot T(t) \;+\; \mu \cdot C(t) \tag{8.6}$$

Hier ist αT der Rückkopplungsterm, die Temperaturänderungen werden durch die Konzentration C angetrieben.

Für die anthropogene Emission $E(t)$ wird in diesem Model angenommen, daß ihr Zeitverlauf frei wählbar ist. Die verbleibenden fünf Größen C, T, D, A und U sind damit durch die fünf Gleichungen festgelegt. Ziel des Experimentes ist es, den Verlauf von $E(t)$ für $t = 0, \ldots, 100$ so festzulegen, daß

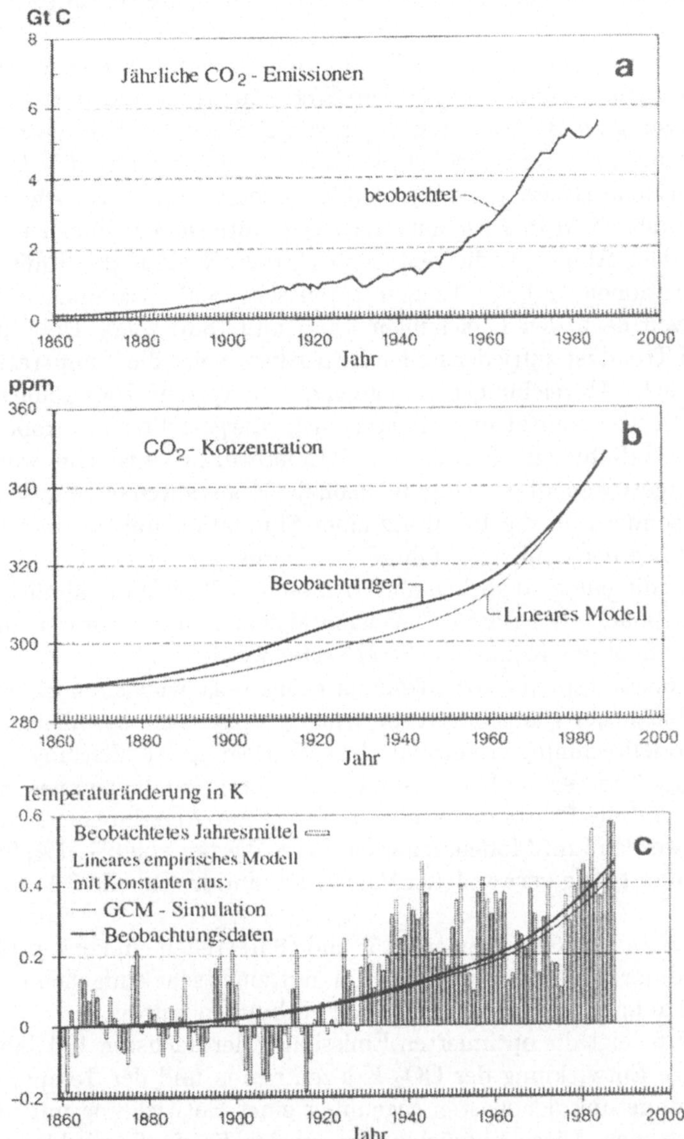

Abb. 8.4. Zeitliche Entwicklungen der Emissionen von Kohlendioxid (*oben*), der atmosphärischen Konzentration (*Mitte*) und der Temperatur (*unten*), jeweils als Abweichung vom vorindustriellen Niveau. Die mit dem linearen Model (8.5) berechneten Veränderungen der Konzentration (nach Vorgabe der Emissionen) und der Temperatur (nach Vorgabe der Konzentration) sind ebenfalls gezeigt. In der Darstellung der Temperaturen (*unten*) sind auch die Ergebnisse des linearen Modells nach Anpassung an Simulationsergebnisse mit einem Klimamodell angegeben. Von Tahvonen et al. (1994).

die soziale Wohlfahrts-Funktion über den Planungszeitraum (Gleichung 8.4) maximal wird.

Parameterbestimmung: Im Klimateil des Gleichungssystems ist der Wert für β eine gut bekannte Größe. Die Werte für α, μ und σ werden über eine Anpassung an Beobachtungsdaten von Emissionen, Konzentrationen und Temperaturen errechnet, wobei die Differentialquotienten dT/dt und dC/dt durch zeitliche Differenzen über 1 Jahr ersetzt sind (vergleiche die Diskretisierung des EBM in Abschnitt 4.2). Die Güte dieser einfachen Anpassung demonstriert Abb. 8.4, die den beobachteten Verlauf der Emissionen, der Konzentrationen und der Temperaturen seit 1860 zusammen mit angepaßten Kurven nach den Gleichungen (8.5) und (8.6) zeigt. Die Übereinstimmung im Trend ist zufriedenstellend, allerdings zeigt die Temperatur langsam veränderliche Abweichungen vom geschätzten Verlauf. Dies könnte Ausdruck natürlicher Variabilität und anderer, nicht dargestellter anthropogener Faktoren wie Sulfate sein. Parallel zur Temperaturkurve ist eine weitere glatte Kurve eingetragen, die sich ergibt, wenn die Konstanten nicht an die Beobachtungen, sondern an die Resultate einer Simulation mit einem Klimamodell angepaßt werden. Offenbar führen die Daten aus einer Klimaänderungssimulation mit einem realitätsnahen Klimamodell zu ganz ähnlichen Werten wie die beobachteten Daten. Dies kann als ein weiterer Hinweis für die Realitätsnähe heutiger Klimamodelle gewertet werden.

Die Konstanten des sozioökonomischen Teils wurden nach wirtschaftswissenschaftlicher Plausibilität, beziehungsweise nach detaillierten ökonomischen Modellrechnungen gewählt. Ihre Festlegung ist allerdings mit großen Schwierigkeiten verbunden. Besonders schwierig zu bestimmen und zu begründen sind die Faktoren a und γ. Da für γ nur Annahmen gemacht werden können, werden fünf Modellszenarien mit γ-Werten von 0%, 1%, 2%, 3% und 4% formuliert. Die verwendeten Parameter sind in Tabelle 8.1 zusammengefaßt.

Ergebnisse: Die Gleichungen (8.5) und (8.6) stellen ein konzeptionelles Klimamodell dar, das von Tahvonen et al. mit einer sehr einfachen Ökonomie in den Gleichungen (8.1), (8.2) und (8.3) verbunden wurde.

Abb. 8.5 zeigt die optimierten Emissionen der nächsten 100 Jahre, die dazugehörige Entwicklung der CO_2-Konzentration und der Temperatur, sowie die Verminderung der Kosten gegenüber einer Entwicklung mit ungehinderten Emissionen. Diese Entwicklungen werden für fünf verschiedene Annahmen über die Intensität der angenommen Schäden γ angenommen, wobei $\gamma = 0$ für den Fall steht, daß erhöhte atmosphärische CO_2-Konzentrationen keine Schäden hervorbringen würden. In diesem Falle wäre die uneingeschränkte Emissionsteigerung optimal.

Je größer die Sensitivität γ angenommen wird, um so drastischer fällt die optimale Emissionspolitik aus. Da bei $\gamma = 1\%$ nur geringe Verminderungen vom Kostenstandpunkt aus angeraten erscheinen, steigen die Emissionen über den gesamten Planungszeitraum an. Bei $\gamma = 4\%$ sind dramatische Reduktionen in den folgenden Jahrzehnten erforderlich, d.h. die Emissionen

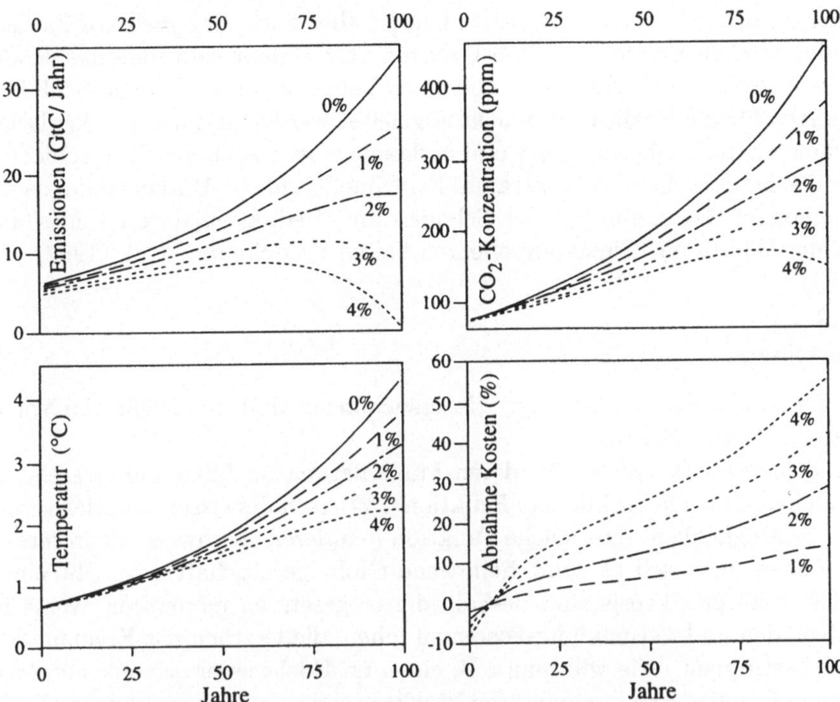

Abb. 8.5. Zeitliche Entwicklungen der optimalen Emission von Kohlendioxid (*links oben*), der mit diesem Emissionsverlauf einhergehenden Konzentration (*rechts oben*) und der Temperatur (*links unten*), sowie die prozentuale Einsparung von Kosten gegenüber einer Wirtschaftsentwicklung ohne Emissionspolitik (*rechts unten*). Die Stärke der durch Temperaturanstieg verursachten Schäden wird durch die Zahl γ bestimmt, die zwischen 0% (keine Schäden) und 4% schwankt. Von Tahvonen et al. (1994).

sinken im Zeitverlauf. Die dazugehörigen Verläufe von Konzentration und Temperatur zeigen deutlich die Trägheit des Systems.

Für $\gamma = 1\%$ steigen beide Größen über die gesamte Zeit an, und die in dem konzeptionellen Modell erwartete Temperaturerhöhung von etwa 4,5°C im Falle ungebremster Emissionen ($\gamma = 0$) wird nur um ein halbes Grad unterschritten. Die Kosten für die Verminderung der Schäden und für die verbliebenen Schäden betragen über längere Zeit etwa 90% der Schadenskosten, die ohne Maßnahmen zur Verminderung von Emissionen auftreten würden, so daß in Abb. 8.5 (unten rechts) ein Gewinn von etwa 10% ausgewiesen wird. In den ersten 5 bis 10 Jahren übersteigen die Kosten der Emissionsreduktion die Gewinne. Für $\gamma = 4\%$ kommt es innerhalb des Planungszeitraums zu einer Trendwende in der Konzentration und zu einer Stabilisierung der Temperaturen bei etwa 2°C. Die Gewinne aus der Anwendung der optimalen Steuerung der Emissionen steigen stetig von etwa 10% nach 15 Jahren bis auf über 50% nach 100 Jahren an.

Wesentliches Ergebnis dieser Studien ist aber auch, daß mehrere Parameter des Modells nur in so weiten Grenzen bestimmbar sind, daß das Modell ein sehr großes Spektrum an Ergebnissen liefern kann, praktische Schlußfolgerungen für die Realität also nicht abgeleitet werden können. Die kritischen Parameter sind insbesondere γ und a, daneben aber auch die Unterschiede in den Wachstums- bzw. Diskontraten. Prinzipiell ähnliche Untersuchungen mit komplexeren Darstellungen der Schäden und Reduktionen von Emissionen und detaillierteren Klimakomponenten bieten Hasselmann et al. (1997).

8.4.3
Beurteilung

Bei der Interpretation derartiger Untersuchungen sind eine Reihe von Vorbehalten zu berücksichtigen.

Die theoretische Zielgröße, deren Maximierung im Mittelpunkt steht, ist die globale „soziale Wohlfahrts-Funktion". Wirtschaftswissenschaftler verneinen die Möglichkeit, eine solche Funktion definieren geschweige denn messen zu können, u.a. weil es keine homogene Globalgesellschaft gibt. Mit einem großen Maß an Skepsis sind deshalb die eingesetzten monetären Werte für die Schäden und Vermeidungskosten zu sehen, die letztlich das Ergebnis sehr stark bestimmen. Wie will man z.B. einen im Hochwasser ertrunkenen Menschen in Bangladesch in monetären Vergleich setzen mit einem gleichen Ereignis an der norddeutschen Küste? In manchen Studien im Vorfeld des IPCC-Berichtes 1995 wurde einem Menschenleben in einem Entwicklungsland ein deutlich geringerer Wert im Vergleich zu einem Menschenleben in Europa beigemessen, und dies obwohl die sozialen Folgen in einem Entwicklungsland in Anbetracht eines mangelnden sozialen Absicherungssystems oft tiefgreifender sein können (vgl. Masood, 1995). Schließlich distanzierte sich der IPCC auch von dieser Methodik. Eine ausführliche Darstellung solcher Versuche der monetären Bewertung ist z.B. bei Cline (1992) zu finden.

Das Modell geht von der Illusion eines Entscheidungsmechanismus aus, der unter den verschiedenen Optionen jene aussucht, die zu einem Optimum für alle Länder zusammen führt. Jedoch sind nicht die einzelnen Emittenten jeweils mit entsprechenden Anteilen an den Schadenskosten beteiligt. Tatsächlich gilt für das Klima als Gemeingut (*öffentliches Gut, common good*) das Dilemma, daß es für eine große Zahl von relativ unabhängigen Akteuren kostenfrei zur Verfügung steht und daher von allen beeinträchtigt wird. Im ökonomischen Kontext wird dieses Problem mit dem Begriff *externe Effekte* umschrieben, d.h. der Gesellschaft fallen Aufwendungen durch Schädigungen an, die in der Kostenrechnung des Verursachers aber nicht auftauchen, für diesen also extern sind und er deshalb keinen Anreiz zu deren Reduzierung hat. Eine ausführliche Abhandlung dieser Problematik gibt z.B. Wicke (1993). Man kennt dies Problem der 'tragedy of the commons' von der Bewirtschaftung gemeinsam genutzter Weiden und anderer natürlicher Ressourcen, aber auch von der Verwendung öffentlicher Parkplätze (vergleiche Harding

1968). Wenn man sich auf eine gemeinsame Nutzung einigen könnte, würde dies allen nutzen. Wenn aber einer von vielen Partnern ausscheidet und nicht zur Lösung des Problems beiträgt, so würde dies die Situation als Ganzes nur unwesentlich verschlechtern, für den einzelnen wäre aber ein bedeutender Gewinn erzielt. Insofern gibt es für jeden der Partner die Versuchung, als *Trittbrettfahrer* zu agieren (*free rider problem*). Wenn die meisten Länder sich auf das „soziale Optimum" von Emissionsreduktionen einigen, könnten einige Länder versucht sein, ihre Emissionen zu erhöhen um zusätzliche Gewinne zu erwirtschaften. Das Problem wird dadurch noch weiter verkompliziert, daß Ländern, deren Wohlstand wesentlich vom Export fossiler Brennstoffe abhängt, durch die Reduktion von Emissionen erhebliche Vermeidungskosten entstehen, während niedrig liegende Länder überproportional hohe Schäden durch erhöhte Wasserstände erleiden können. Die Zielfunktionen der beteiligten Länder sind also verschieden. Theoretisch kann man dies Problem mit der *Spieltheorie* behandeln, aber bis dato sind nur wenige konkrete Resultate erzielt worden (z.B. Hasselmann, 1998).

Der Ansatz geht außerdem davon aus, daß die Gesellschaft über vollständige Information verfügt, und die Wirtschaftssubjekte optimal auf die Einflüsse ihrer natürlichen und ökonomischen Umwelt reagieren. Die meisten ökonomischen Entscheidungen basieren jedoch nicht auf vollständiger Information, sondern auf *Erwartungen*, die zu erratischem Verhalten führen können.

Ein wichtiger Aspekt ist, daß es viele Entscheidungsträger gibt, die ihre eigenen Maßstäbe zur Bestimmung von Vermeidungs- und Schadenskosten haben. Diese Maßstäbe unterscheiden sich voneinander und verändern sich in nicht immer rationaler Weise. Das Problem der gesellschaftlich vorherrschenden Vorstellungen und Maßstäbe werden wir im folgenden Abschnitt 8.5 erörtern.

Ein weiterer gewichtiger Einwand bezieht sich auf die Wertzuweisungen, die in den Kostenfunktionen impliziert sind. Die Formelhaftigkeit der Ansätze deutet an, daß diese Wertzuweisungen objektiv und vorhersagbar seien. Die Geschichte zeigt, daß dies eher nicht der Fall ist, daß überraschende – aber nicht seltene – technische Entwicklungen ebenso wie Veränderungen in den Weltsichten, Moralvorstellungen etc. zu deutlichen Verschiebungen in den Wertvorstellungen der Menschen führen. Problematisch ist auch das Diskontieren der zukünftigen Kosten. Obgleich dies ein Standardansatz in der Ökonomie ist, kann man ihn für das Klimaproblem in Frage stellen (Hasselmann, 1998).

Eine noch weitergehende Entwicklung sind „Weltmodelle", wie sie von Meadows et al. (1992) für global integrierte Größen oder von Pestel und Mesarović (1974) mit regional differenzierten Variablen vorgestellt wurden. Sie versuchen mehrere Dutzend Größen aus den Bereichen Ressourcen, Nahrungsmittelproduktion, Umweltverschmutzung, Bodenfruchtbarkeit, Bevölkerung, Industrie, Arbeitsplätze und Dienstleistungen in ihren Wechselwirkungen zu erfassen, wobei das Gleichungssystem im Prinzip dem oben vorgestellten entspricht. Auch solche Modelle bestehen im Prinzip aus reinen Parametrisierungen, mit den schon dargestellten Problemen der unsicheren Schätzung sehr vieler Parameter und der fraglichen Übertragbarkeit auf veränderte Bedingungen.

Die vorgenannten ökonometrischen Vorstellungen bilden interessante und informative „Formate" zur Diskussion des Problems und seiner Behandlung. Eine tatsächliche Implementierung zum Zwecke der Politikberatung erscheint jedoch wegen der oben aufgeführten Vorbehalte bezüglich der Eingrenzbarkeit der Parameter fragwürdig. Die Diskussion solcher Modelle kann aber auch dazu beitragen, tatsächliche politische Entscheidungen kritisch zu beleuchten. Solche Entscheidungen basieren ebenfalls auf Abwägungen zwischen sehr schwer zu vergleichenden Prozessen und zwischen aktuellen und weit in der Zukunft liegenden Vorgängen, wobei auch immer nur sehr unscharfe Information zur Verfügung steht.

8.4.4
Übersicht Klimapolitik

Klimapolitik ist, bedingt durch globale Skala und Komplexität des Systems, in hohem Maße transdisziplinär und international ausgerichtet. Bei ansonsten eher nationaler Auslegung von Umweltpolitik begann die Gestaltung von globaler Politik im Bereich Klima erst im letzten Jahrzehnt.

Auf der großangelegten Konferenz für Umwelt und Entwicklung der Vereinten Nationen (United Nations Conference on Environment and Development, UNCED) in Rio de Janeiro 1992 wurde eine *Klima-Rahmenkonvention* (*UN Framework Convention on Climate Change*, UNFCCC) verabschiedet. Diese Konvention, die von 166 Staaten ratifiziert wurde und 1994 in Kraft trat, formuliert sehr allgemein gehaltene Ziele. So wurde eine „gemeinsame, aber unterschiedliche Verantwortung" der Staaten festgehalten, was der verschiedenen Beteiligung der Länder an den vergangenen und gegenwärtigen Emissionen Rechnung tragen soll. Im Kern wird eine „nachhaltige Entwicklung" angestrebt, d.h. die „Bedürfnisse der Gegenwart befriedigen, ohne die natürlichen Grundlagen für zukünftige Generationen zu zerstören". Als Ziel wurde eine Temperatursteigerung von nicht mehr als 0,1°C pro Jahrzehnt anvisiert. Nach Modellrechnungen müßten die Industrieländer hierfür ihre Emissionen bis zum Jahr 2010 um 30 bis 55% senken. Die Reduktionsziele werden im allgemeinen auf das Referenzjahr 1990 bezogen.

In der Nachfolge des Gipfels von Rio fanden verschiedene *Vertragsstaatenkonferenzen* zur Klimarahmenkonvention statt, 1995 in Berlin, 1996 in Genf und 1997 in Kyoto. Auf diesen Konferenzen sollten die anvisierten globalen Ziele konkretisiert werden, d.h. es sollten quantitative Pflichten der einzelnen Staaten – in erster Linie der Industrieländer – zur Verminderung von Treibhausgasemissionen völkerrechtlich verbindlich festgeschrieben werden. Diese Begrenzungs- und Reduktionsziele sollten für die bestimmten Zeitabschnitte – bis 2005, bis 2010 und bis 2020 – festgesetzt werden.

Aufgrund der ausgeprägten Einzelinteressen der Länder wurden dabei aber kaum Fortschritte erzielt. Ehrgeizige Ziele wurden v.a. von der Europäischen Union formuliert, die eine Reduzierung um 7,5% bis zum Jahr 2005 und um 15% bis 2010 vorsah. Innerhalb der EU machten sich insbesondere Deutschland und Österreich für Reduktionen stark und peilten bis zum Jahr 2005 eine Senkung um 25% gegenüber dem Basisjahr 1990 an. Bis 1995 konnte Deutschland durch den Zusammenbruch vieler Industriebetriebe und den verringerten Einsatz von Braunkohle in den neuen Bundesländern bereits einen erheblichen Rückgang seiner Emissionen verzeichnen. Eher bremsend traten die USA, Japan und die OPEC-Länder auf.

Die Maßnahmen, die diskutiert und z.T. schon eingesetzt werden, um Emissionsreduktionen auf nationaler Ebene zu erreichen, fallen v.a. in folgende Kategorien:

- Höhere Besteuerung von Energieverbrauch bzw. von Verbrauch fossiler Energieträger bei geringerer Belastung von menschlicher Arbeitskraft.

- Subventionen bzw. Steuervergünstigungen für Investitionen in die technische Entwicklung bei der Effizienzsteigerung der Energienutzung (Kraftwerke, Kraft-Wärme-Kopplung, Wärmeisolierung von Gebäuden).

- Änderungen der gesetzlichen Rahmenbedingungen für den Energieverbrauch, z.B. im Bereich Verkehr, Wohnungsbau oder Energiewirtschaft.

- Eine subsidiäre CO_2-Steuer, d.h. eine Steuer die dann in Kraft tritt, wenn übergeordnete Instrumente nicht greifen.

Hierbei wird betont, daß wirtschaftspolitische Eingriffe, z.B. die Änderung von Steuersätzen, planbar und langsam genug erfolgen müssen, um den Wirtschaftssubjekten Anpassungsreaktionen zu ermöglichen. Allerdings geht inzwischen auch die EU nicht davon aus, daß sie ihre ursprüngliche Zielvorgabe der Stabilisierung der Emissionen bis zum Jahr 2000 auf dem Stand von 1990 erreichen kann. Derzeit werden Steigerungen um 5% prognostiziert (Europäische Umweltagentur, Kopenhagen). Für eine weitergehende Diskussion dieser Themen verweisen wir auf Brauch (1996) und Von Weizsäcker (1994).

8.5
Vorstellungen von Klimawandel

8.5.1
Problemstellung

Welche Faktoren bestimmen nun die Gestaltung von Klimapolitik? In nicht unerheblichem Umfang sind es sicher die wissenschaftlichen Erkenntnisse über Risiken der befürchteten Klimaveränderung. Die heutigen Kenntnisse haben wir im Kapitel 7 und den vorangehenden Abschnitten beschrieben.

Für den Meinungsbildungsprozeß auf Regierungsebene bereitet das Intergovernmental Panel on Climate Change (IPCC) alle paar Jahre einen neuen Statusbericht vor, der die vorherrschende Meinung innerhalb der Gemeinschaft der Klimawissenschaftler in objektiver und nachvollziehbarer Weise zu dokumentieren versucht (Houghton et al., 1990, 1992, 1996). Die Vorstellung, daß der Mensch mit seinen Aktivitäten das globale Klima ungewollt verändere, ist nicht erst in den letzten Jahren entstanden. Es gibt eine lange Geschichte der befürchteten anthropogenen Klimaänderungen (siehe Stehr und von Storch, 1999), in deren Gefolge auch Klimapolitik gemacht wurde. Diese Beispiele aus der Ideengeschichte der Wissenschaft zeigen auch, daß ein Konsensus in der Wissenschaft allein keine Garantie für die Richtigkeit der Szenarien und der geforderten Reaktionen ist.

Neben den rein wissenschaftlichen Erkenntnissen sind deshalb die gesellschaftlichen Vorstellungen von Klimawandel und seinen Gründen und Folgen ein wichtiger Einflußfaktor für die Prägung von politischen Maßnahmen. Das Treibhausproblem ist keine derzeit persönlich erfahrbare Angelegenheit – insofern ist es eine wissenschaftliche Konstruktion. Die Vorstellungen des Treibhausproblems beruhen zum Teil auf den oben genannten wissenschaftlichen Darstellungen, daneben aber auch auf traditionellen Denkmodellen und Analogien mit anderen Umweltproblemen; insofern ist das Klimaproblem ein soziales Konstrukt. In diesem Abschnitt wollen wir Elemente dieses sozialen Konstruktes darstellen. Da es aber nur sehr wenige systematische Untersuchungen gibt, müssen diese Anmerkungen notwendigerweise Stückwerk und spekulativ bleiben.

Die Diskussion der Klimamodelle hat gezeigt, daß es auch im naturwissenschaftlichen Bereich keine „richtigen" beziehungsweise „vollständigen" Modelle geben kann. Noch unvollständiger sind die populären Denkmodelle für das Klimasystem, die natürliche Klimavariabilität und potentielle anthropogene Einflüsse. Die Forschung muß sich deshalb mit der Wahrnehmung dieser Faktoren auseinandersetzen. Auf der Basis dieser Wahrnehmung sowie tradierten Vorstellungen bildet sich das Individuum seine *Denkmodelle* von Klima und Klimavariationen, die sich von den vorne vorgestellten naturwissenschaftlichen Modellen mehr oder minder deutlich unterscheiden.

Ein individualpsychologischer Ansatz wird aber zu kurz greifen, da die Informationen zu so globalen, komplexen und langfristigen Vorgängen wie Klimaänderungen das Individuum erst nach vielfältigen Transformationen in der Gesellschaft erreichen. Das Ergebnis dieser Transformationen wird als das *soziale Konstrukt* der Klimaänderungen bezeichnet. Auch innerhalb der Wissenschaft sind solche Konstrukte von Bedeutung, da ein Experte nur auf wenigen Gebieten seine Expertenkompetenz besitzt, auf den meisten anderen aber auch Laie ist, und dort mit einfachen, u.U. untauglichen, sozial konstruierten Denkmodellen operiert. Das soziale Konstrukt von Klima und Klimaänderungen ist zeitlich und räumlich nicht konstant, sondern beständigen Modifikationen unterlegen, die wiederum durch zahlreiche Faktoren wie

Religion, Kultur und politisches Tagesgeschehen bestimmt werden. Auch ist der Vorgang der Konstruktion nicht wertfrei oder zufällig, sondern spiegelt die Interessen von gesellschaftlichen Gruppen wider.

8.5.2
Natürliche Variabilität versus Kausalitätsdenken

Ein besonderes Problem für die Öffentlichkeit scheint der Umgang mit dem Phänomen der natürlichen Variabilität zu sein. Das Problem besteht sowohl in der Wahrnehmung als auch in der Interpretation der Gründe dieser Variabilität. Einerseits wird Veränderung wahrgenommen, ohne daß diese stattfindet, andererseits wird in der Regel von der Existenz einer Ursache ausgegangen.

Eine verbreitete Laienvorstellung ist, daß das Wetter „schlechter" und „weniger vorhersagbar" wird. Diese Äußerungen sind heute oft zu hören (siehe auch Abschnitt 8.5.3), aber wurden schon in den siebziger Jahren geäußert, als man eine gefährliche Abkühlung des globalen Klimas auf sich zukommen sah (Ponte, 1976), und in den Jahren der Atombombenversuche in der Atmosphäre. Jedermann kennt die Klagen, daß die Sommer nicht mehr so schön wie früher seien und die Winter nicht mehr so winterlich mit Schnee und schöner Kälte. Eine häufige Wahrnehmung betrifft Weihnachten, von dem gesagt wird, daß früher regelmäßig Schnee lag, während dies heute eine große Ausnahme sei. Diese Behauptung hat Rebetez (1996) auf ihren Wahrheitsgehalt im Hinblick auf mehrere Schweizer Orte untersucht und festgestellt, daß es in den letzten 150 Jahren durchaus keinen Trend zu selteneren weißen Weihnachten gibt. In der Erinnerung werden die Jahreszeiten regelmäßig und „klimatologisch zuverlässig"; die Gegenwart präsentiert sich mit deutlichen Abweichungen von diesem regelmäßigen Jahresgang, so daß die Gegenwart vor dem Hintergrund der erinnerten „Normalität" zur „Unnormalität" wird.

Ein anderes, möglicherweise moderneres Wahrnehmungsproblem betrifft Extreme. Extremereignisse, wie die Hitzewelle im Sommer 1994 in Norddeutschland oder die Trockenperiode 1988 in den USA, werden als Hinweise oder gar Beweise für die Gegenwart von Kräften gewertet, die das Klima „zum Schlechten" hin verändern. Auflistungen von extremen Wetterereignissen wie Orkane oder Rekordtemperaturen nur weniger Jahre werden als Zeugnisse für eine „Klima-Zeitbombe" aufgeführt. Dabei sind die Extreme normale Ereignisse im Wettergeschehen, deren Häufigkeit aber auch variiert. So wurden in Florida von 1966 bis 1987 nur 35 Hurrikane gezählt, während es in den 23 Jahren von 1943 bis 1965 insgesamt 116 derartige Ereignisse gab. In den Jahren 1961-65 notierte der dänische Wetterdienst nur einen Wetterrekord, in den fünf Jahren von 1946 bis 1950 aber immerhin sechs. Der wärmste August seit Beginn der regelmäßigen Instrumentenbeobachtungen wurde 1975 notiert, der wärmste Juni aber fast 100 Jahre früher im Jahre 1889.

Konfrontiert mit einem Extremereignis, sei es, daß ein Monat besonders heiß sei, ein Sturm besonders zerstörerisch oder die Niederschläge besonders intensiv, sucht die Öffentlichkeit nach einer Erklärung. Im sozialen Konstrukt haben Veränderungen einen kausalen Grund. Natürlich gibt es dann und wann tatsächlich eine eindeutige Ursache, wie etwa die Abkühlung und die Abendröte im Gefolge des Pinatubo Vulkanausbruches, aber in den meisten Fällen sind solche Veränderungen das Resultat der Wechselwirkungen unzähliger Prozesse (vergleiche Abschnitt 4.4). Diese führen bisweilen zu besonderen Konstellationen, wie z.B. ein besonders starker Sturm, der eine Bahn mit besonders starkem Windstau nimmt und sich optimal mit dem Gezeitengeschehen überlagert, so daß eine sehr schwere Sturmflut entsteht.

Oft genug gab und gibt es aber klimatische Anomalien, die man nicht mehr auf natürliche Änderungen zurückführen zu können glaubte. Direkt zuzuordnende Ursachen wurden dann im menschlichem Tun gesucht. So erstaunt es nicht, daß es eine regelrechte Geschichte der behaupteten „anthropogenen Klimaänderungen" gibt, die im allgemeinen als negative Veränderungen interpretiert wurden (Stehr und von Storch, 1999).

8.5.3
Die Kempton-Studie

Kempton et al. (1995) haben versucht, das soziale Konstrukt von Klima und Klimaänderungen in den frühen 90er Jahren in den Vereinigten Staaten zu erforschen. Demnach weichen die Vorstellungen der Menschen in den USA über die Art der anthropogenen Klimaänderungen und deren Implikationen weit ab von den Vorstellungen, die von Fachwissenschaftlern vertreten werden. So wird das Klimaproblem als eine langsame Vergiftung der Atmosphäre durch die Emission von Industrieabgasen in die Atmosphäre oder als das langsame Verdrängen des Sauerstoffs durch die Zerstörung der Wälder, oder als Beschädigung der Atmosphäre durch Raketenstarts verstanden. Das wissenschaftliche Konstrukt unterscheidet sich somit signifikant vom sozialen Konstrukt.

Verschiedene Aspekte spielen bei der Bildung solcher Denkmodelle eine Rolle:

1. Vermischung von verschiedenen Problemen im Umweltbereich. Oft wird die globale anthropogene Erwärmung in Denkmodellen interpretiert, die im Zusammenhang mit anderen Umweltproblemen gebildet wurden, wie etwa saurer Regen oder das Ozonloch. So kommt in Umfragen z.T. die Annahme zutage, das Problem der Kohlendioxidemissionen hätte mit Giftigkeit zu tun. So antwortet ein Gesprächspartner: „Well, I like warm weather, personally, but I think it's wrong what humans are doing to the atmosphere ... because ... we are ingesting and breathing in all these different chemicals that are being put into the atmosphere" (Kempton et al., 1995, Seite 65). Vielfach scheint es der Öffentlichkeit praktisch unmöglich, zwischen den beiden völlig verschiedenen Problemen der globalen anthropogenen Erwärmung und dem Ozonloch zu unterscheiden. Die relevante Implikation ist, daß viele Menschen glauben, die Vermeidungsstrategie für das Ozonloch-Problem sei auch für das CO_2-Problem angemessen und ausreichend. Nicht der verminderte Einsatz von Energie, auch im Privatbereich von Wohnen und Verkehr, ist das Gebot der Stunde, sondern der Einbau von Filtern in Kraftwerken und Industriebetrieben.

2. Naturwissenschaftliche Assoziationen. Die Erfassung komplexer quantitativer Zusammenhänge bereitet Probleme. So wird im Zusammenhang mit CO_2 die (chemisch richtige) Assoziation zum Verbrauch von Sauerstoff bei Verbrennung aufgestellt: „...they say, pretty soon, we're not going to have any oxygen to breathe" (Seite 69). Dabei wird übersehen, daß der Verlust an atmosphärischem Sauerstoff quantitativ belanglos ist, und die Klimaproblematik mit einem ganz anderen Prozeß zu tun hat.

3. Selektive Wahrnehmung. Wie schon kurz angesprochen, scheint das Wetter zumindest in der neueren Geschichte als „schlechter" werdend wahrgenommen zu werden. So beginnt G. Kimble einen Artikel in der New York Times vom 8. Juli 1962 mit: „...if there is one thing the farmers ...agreed upon is that the weather is not what it used to be. It's worse. The summers, they will tell you, are stormier, the autumns wetter, the winters longer ...". In Kempton's Interviews erfuhr die Feststellung „The weather has been more variable and unpredictable recently around" eine deutliche Zustimmung von 79%.

4. Emotionale Assoziationen. Begriffe aus dem Klimabereich sind teilweise mit emotionalen Assoziationen belegt, wie etwa die Begriffe 'heiß' oder 'erhitzt'. So stellte ein Befragter in der Studie von Kempton et al. (Seite 75) unmittelbar den Bezug zum fehlenden 'kühlen Kopf' und 'erhitzten Gemütern' auf: „I think it [warmer weather] would be bad; I think it would be terrible. People react differently in warm weather than when it's cooler (...) I mean in the prison system especially, where people are stuck in there and they've got to let off steam. (...) When the weather is extremely warm, people tend to be a little hot tempered. (...) And when the blood boils in the body, it goes to the head, and next thing you now, there's an explosion (...) I have seen them react that way."

8.5.4
Soziale Interpretationsmechanismen

Information über die nicht unmittelbare Umwelt erreicht das Individuum nur nach vielfältiger Selektion und Transformation in der Gesellschaft. Dies trifft besonders für globale, komplexe und/oder langfristige Vorgänge wie Klimaänderungen zu. Das Problem der durch die Emission von Treibhausgasen verursachten Klimaänderungen ist nicht durch Alltagserfahrungen erkannt worden. Es ist kein Problem, das sich den Menschen unmittelbar aufdrängt, wie Verkehrstote, Arbeitslosigkeit oder Luftverschmutzung in Ballungsräumen. Es ist ein Problem, das die Wissenschaft entdeckt hat und dessen Lösung sie nun von der Öffentlichkeit einfordert. Der Beobachter muß somit der Wissenschaft vertrauen.

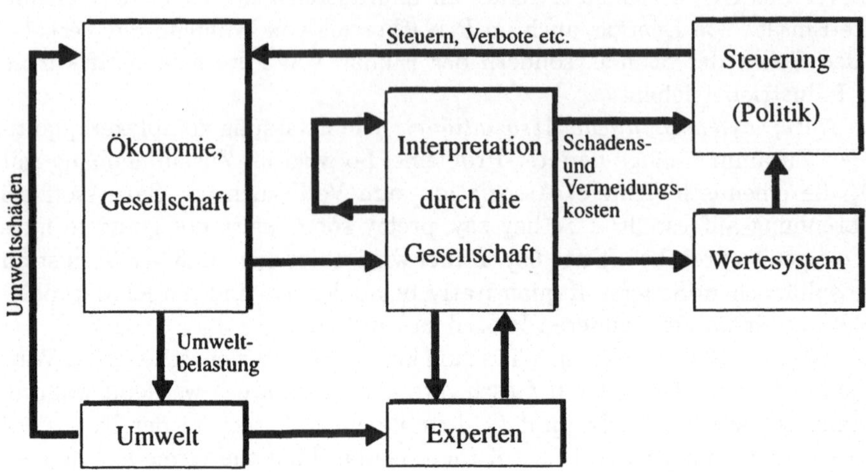

Abb. 8.6. Schematische Darstellung der Wechselwirkung von Anthroposphäre und Klimasphäre. Man beachte, daß sich diese Darstellung im Prinzip nur durch die Einfügung zweier Blöcke von der Darstellung in Abb. 8.3 unterscheidet. Nach Stehr und von Storch (1995).

Gesellschaftlichen Interpretationsinstanzen wie Kirche, Wissenschaft, Staat und Medien kam und kommt so eine besondere Rolle bei der Wissenstransformation zu. Man darf annehmen, daß seit Urzeiten religiöse Autoritäten negative klimatische Ereignisse als Ausdruck göttlichen Zorns über menschliches Mißverhalten interpretiert haben. In totalitären Diktaturen wird man die Hauptrolle bei der Wissensdefinition beim Staat sehen, in modernen Informationsgesellschaften bei Wissenschaft und Medien. Im Regelfall haben diese Interpretationsinstanzen auch ihre eigenen Interessen, so daß der Beratungsprozeß keineswegs immer „nur der Wahrheit" verpflichtet sein muß.

In der Prinzipdarstellung des Klima-Sozioökonomie-Modells (Abschnitt 8.4, Abb. 8.3) bedeutet dies, daß die Beurteilung der Schadens- und Vermeidungskosten einer eigenen Dynamik unterworfen ist, in der die gesellschaftlich anerkannten Experten eine besondere Rolle spielen. Sie erklären das Problem der Öffentlichkeit und vermitteln die in der jeweiligen Zeit angemessenen Gegenmaßnahmen. Diese Information wird dann innerhalb der Gesellschaft mit den bereits vorhandenen Denkmodellen weiter transformiert. Das Vorhandensein dieser beiden Prozesse – die Beratung durch die Experten und die Transformationen innerhalb der Gesellschaft – ist in Abb. 8.6 durch die Hinzufügung von zwei weiteren Boxen gekennzeichnet. Ein Versuch der Quantifizierung wie im Klima-Sozioökonomie-Modell ist hier aber nicht mehr möglich.

Wesentliche Implikation des modifizierten Modells ist, daß für gesellschaftliche Bewertungen von echten oder scheinbaren, natürlichen oder anthropo-

genen Klimaänderungen nicht entscheidend ist, was in einem naturwissenschaftlichen Sinne in der Umwelt geschieht, sondern nur, was die Gesellschaft
glaubt, was dort geschieht. Nicht die natürlichen Vorgänge an sich sind wichtig, sondern nur deren Wahrnehmung durch die Gesellschaft. Der politisch
relevante Faktor ist somit nicht die Klimaänderung selbst, sondern deren
soziales Konstrukt.

9 Résumé

Wir haben die letzten drei Kapitel mit einer kritischen Darstellung der Unsicherheiten der Modelle, der Prognosen zur Klimaänderung und schließlich auch der Existenz von Denkmodellen geschlossen. Aus diesem Grund fassen wir aus den Überlegungen dieses Buches noch einmal die wichtigsten Aspekte zusammen.

Im Klimasystem stehen sehr viele Prozesse in vielschichtigen Wechselbeziehungen. Als komplexes nichtlineares System zeigt es auch bei konstanten äußeren Randbedingen natürliche Variabilität, die die detaillierten Prognosemöglichkeiten einschränken. Die derzeit vorhandenen Klimamodelle sind notwendigerweise unvollständig und zeigen darum teilweise merkliche Fehler. Es gibt aber eine Reihe guter Gründe, ihnen Realitätsnähe zuzuschreiben. Sie sind unser derzeit bestes Instrument, um Verständnis zu erlangen und Prognosen zu erstellen. Die Modelle sind deshalb von besonderer Bedeutung, weil zu klimarelevanten Fragestellungen praktisch keine (wiederholbaren) Experimente gemacht werden können, und mit den Modellen in Grenzen eine Ersatzrealität zur Verfügung steht.

Die Szenarien zur erwarteten Klimaveränderung durch die anthropogene Emission von Treibhausgasen geben unter der Annahme von „Business as usual" für die Zeit um 2100 als derzeit bestmögliche Abschätzung eine Zunahme der bodennahen Lufttemperatur von 2°C und ein Anstieg des mittleren Meeresspiegels um 50 cm an. Die Spannbreite für den Temperaturanstieg wird dabei mit 1°C bis 3,5°C angegeben (Houghton et al., 1996).

Eine Reihe von Indikatorvariablen deutet darauf hin, daß globaler Klimawandel bereits im Gange ist (Houghton et al., 1996). Diese Indikatoren sind v.a. ausreichend lange Beobachtungszeitreihen, darunter die Zunahme der bodennahen Lufttemperatur und der Rückgang vieler Gebirgsgletscher. Global betrug die Zunahme der bodennahen Lufttemperatur seit dem Ende des letzten Jahrhunderts etwa 0,6°C. Der globale Wasserstand ist in den letzten 100 Jahren um 10 bis 25 cm gestiegen, was wahrscheinlich auf die thermische Ausdehnung des Meerwassers zurückzuführen ist. In der Stratosphäre wurde in den letzten beiden Dekaden eine mit den Modellrechnungen konsistente Abkühlung festgestellt (vergleiche Abschnitt 7.3.2). Die Aussagekraft der Veränderungen der einzelnen Indikatoren ist beschränkt, aber in der Summe – der IPCC spricht von einer „balance of evidence" – ergeben sich ernstzunehmende Hinweise auf einen bereits sichtbaren Wandel.

Zweifel an den erwähnten „bestmöglichen Abschätzungen" der erwarteten Klimaänderung werden oft mit einzelnen Unzulänglichkeiten der Modelle begründet. Allerdings wurden von den Kritikern praktisch nie ähnlich komplexe und aufwendige Untersuchungen angestellt, um die Wirkung der Fehler zu quantifizieren. Insofern bestehen zwar Unsicherheiten bei der Prognose für eine Änderung, aber die gegenteilige Aussage „Es ist davon auszugehen, daß bis im Jahr 2100 keine signifikante Klimaänderung festzustellen sein wird" wurde nie angemessen untermauert.

Eine detaillierte Konkretisierung des Klimawandels, z.B. für regionale Verhältnisse, ist derzeit noch schwierig. Vor dem Hintergrund der Kenntnisse über Eiszeiten geht man aber davon aus, daß merkliche Änderungen im globalen Umweltsystem zu erwarten sind, insbesondere eine Verschiebung von Klima- und Vegetationszonen mit Änderungen der Niederschlagsverteilung.

10 Anhang

Das EBM in C/C++ zu Darstellungszwecken (Kapitel 4). Näheres zum Zufallszahlengenerator siehe z.B. Knuth (1997) oder Press et al. (1994).

```c
/* EBM zu Darstellungszwecken     S.Guess, 1997    */

#include <stdio.h>
#include <stdlib.h>
#include <math.h>

/* Maximal-Anzahl Zeitschritte: */
#define NPT 40000

float zufall01(long *idum) ;
float zufallgauss(long *idum) ;

main( void )
{
   /* DEKLARATIONEN: */
      /* Bodennahe Temperatur abhaengig von Zeit : */
      double temp[NPT+1] , t_end ;
      /* Strahlungsfluesse f : */
      double f_kw_in , f_kw_out , f_lw_out , f_netto ;
      /* Kurzwellige Albedo und langwellige Transmissivitaet : */
      double albedo , transmiss ;
      /* Stochastische Stoerung */
      double stoer[NPT+1] ;

      int i , i_dt_tage , n_jahre , n_zeitschritte ;
      int j_albedo_feedback , j_stoer_transmiss ;
      long *p_stoer ;
      long i_stoer ;
      double ckl , ckd , ckt , cko ;
      double albedo_0 , transmiss_0 , f_kw_in_0 ;
      double sigma , stdabw_stoer ;
      double dt , ck ;
      double pi  ;

      /* Ausgabe-File : */
      FILE *checkoutputfile1;
      char szoutputfilename1[FILENAME_MAX], *psz_strchr_out ;

   /* DEFINITIONEN: */

      /* Schalter fuer Temperatur-Albedo-Ruekkopplung:1=ein,0=aus:*/
```

```c
j_albedo_feedback = 1 ;
/* Schalter fuer Stoerungen in Transmissivitaet:1=ein,0=aus:*/
j_stoer_transmiss = 1 ;

/* Anfangswert fuer Temperatur: */
temp[0] = 288.0 ;

/* Zeitschrittweite in Tagen : */
i_dt_tage = 10 ;

/* Anzahl Zeitschritte nend: */
n_jahre = 1000 ;
n_zeitschritte = (int)((365./(float)(i_dt_tage)) * n_jahre ) ;

/* Standardabweichung der Stoerungen: */
stdabw_stoer = 0.03 ;

/* KONSTANTEN: */

/* Waermekapazitaet:    Nur Atmosphaere:*/
ckl = 1.0E7 ;
/* Waermekapazitaet: Ozean.Deckschicht 50m (real ca.70m):*/
ckd = 2.0E8 ;
/* Waermekapazitaet: Oberer Ozean: Schicht 250m (real ca.360m)*/
ckt = 1.0E9 ;
/* Waermekapazitaet: Ozean, 3900m, 70% der Erdoberflaeche */
cko = 1.6E10 ;

/* Stefan-Boltzmann-Konstante in W/(m**2 K**4): */
sigma = 5.7E-8 ;
/* Pi: */
pi = 4.0 * atan(1.0) ;

/* Albedo Mittelwert constant : */
albedo_0 = 0.30 ;
/* Transmissivitaet Mittelwert konstant : */
transmiss_0 = 0.64262 ;
/* Kurzwellige Einstrahlung konstant in W/m**2: */
f_kw_in_0 = 342.0 ;

/* Zeitschrittweite in Grundeinheit Sekunden: */
dt = 60*60*24 * (float) i_dt_tage ;
/* Auswahl des Kompartiments der Waermekapazitaet: */
ck = ckd ;

/* Zufallszahlengenerator initialisieren: */
i_stoer = -14 ;
p_stoer = &i_stoer ;
```

```c
/* AUSGABE-FILE OEFFNEN: */

    checkoutputfile1 = fopen( "ebmout.dat" , "w" );
    if( checkoutputfile1 == NULL)
    {
     puts("Fehler: ebmout.dat kann nicht geschrieben werden \n");
     exit(EXIT_FAILURE);
    } ;


/* VORWAERTS-INTEGRATION: ZEITSCHRITTE DURCHLAUFEN: */

    for( i = 0; i <= n_zeitschritte ; i = i+1 )
     {

    /* Normalverteilte Pseudo-Zufallszahlen: */
         stoer[i] = stdabw_stoer * (double) zufallgauss( &i_stoer ) ;

         /* Parameter: */
         albedo = albedo_0
                 - (float) j_albedo_feedback * albedo_0 * 0.025
                 * tanh( 1.548 * ( temp[i]-288.0 ) ) ;

         transmiss = transmiss_0
                 + (float) j_stoer_transmiss * stoer[i] * transmiss_0 ;

         /* Strahlungsfluesse: */
         f_kw_in = f_kw_in_0 ;
         f_kw_out = albedo * f_kw_in ;
         f_lw_out = 0.95*sigma*temp[i]*temp[i]*temp[i]*temp[i] ;

         f_netto = f_kw_in - f_kw_out - f_lw_out*transmiss ;

         /* Temperatur fuer naechsten Zeitschritt: */
         temp[i+1] = temp[i]    + dt * (1/(ck))* f_netto ;


         /* AUSGABE: */
         fprintf( checkoutputfile1 , "   %i   %f     \n",
             i , temp[i] );
     }

  /* ENDE: */

    i = i-1 ;
    fclose(checkoutputfile1);


}
/*********************** ENDE MAIN *******************/
```

```c
/* Gleichverteilte Zufallszahlen zwischen 0 und 1: *****/
float zufall01( long * i_stoer )
{  long lauf, lauf2;
   static long l1=0;
   static long l2[2836];
   float resultat;
   if ( *i_stoer <= 0 || !l1 )
   {  if ( ((-1)*(*i_stoer)) < 1 )
      { *i_stoer = 1;
      }
      else
      { *i_stoer = (-1)*(*i_stoer);
      };
      for( lauf=2836+7 ; lauf >= 0 ; lauf-- )
      {  lauf2=(*i_stoer)/127773;
         *i_stoer=16807*(*i_stoer-lauf2*127773) - 2836*lauf2;
         if( *i_stoer < 0 )
         { *i_stoer += 2147483647;
         };
         if( lauf < 2836 )
         { l2[lauf] = *i_stoer;
         };
      };
      l1=l2[0];
   };
   lauf2 = (*i_stoer)/127773;
   *i_stoer = 16807 * (*i_stoer-lauf2*127773) - 2836 * lauf2;
   if( *i_stoer < 0 )
   { *i_stoer += 2147483647;
   };
   lauf = l1/(1+(2147483647-1)/2836);
   l1 = l2[lauf];
   l2[lauf] = *i_stoer;
   if ( (resultat=(1.0/2147483647)*l1) > (1.0 - 1.2e-7) )
   { return (1.0 - 1.2e-7);
   }
   else
   { return resultat;
   };
}


/* Gauss(0;1)verteilte Zufallszahlen aus zufall01: *****/
#include <math.h>
float zufallgauss(long *i_stoer)
 {
  static long longintval=0;
  static float resultat;
```

```
float fwurzel,betrag2;
float wert1,wert2;
float zufall01(long *i_stoer);
if  (longintval == 0)
{ do
    { wert1 = 2.0*zufall01( i_stoer ) - 1.0;
      wert2 = 2.0*zufall01( i_stoer ) - 1.0;
      betrag2=wert1*wert1+wert2*wert2;
    }
    while (betrag2 >= 1.0 || betrag2 == 0.0);
    fwurzel=sqrt(-2.0*log(betrag2)/betrag2);
    resultat=wert1*fwurzel;
    longintval=1;
    return wert2*fwurzel;
}
else
{ longintval=0;
  return resultat;
};
}
```

11 Literatur

Arrhenius, S.A., 1896: On the influence of carbonic acid in the air upon the temperature of the ground. Philosophical Magazine und Journal of Science 41, Seiten 237-276.

Arrhenius, S.A., 1903: Lehrbuch der kosmischen Physik. S. Hirzel, Leipzig.

Bakan, S., A. Chlond, U. Cubasch, J. Feichter, H. Graf, H. Graßl, K. Hasselmann, I. Kirchner, M. Latif, E. Roeckner, R. Sausen, U. Schlese, D. Schriever, I. Schult, U. Schumann, F. Sielmann und W. Welke, 1991: Climate response to smoke from the burning oil wells in Kuwait. Nature 351, Seiten 367-371.

Baumgartner A., H.-J. Liebscher, 1996: Allgemeine Hydrologie: Quantitative Hydrologie. Gebrüder Bornträger, Berlin, 694 Seiten.

Bearman G., Ed., 1989: Ocean Circulation. The Open University and Pergamon Press, Keynes and Oxford, 238 Seiten.

Beersma, J., K. Rider, G. Komen, E. Kaas und V. Kharin, 1997: An analysis of extratropical storms in the North Atlantic region as simulated in a control and a 2 x CO_2 time-slice experiment with a high resolution atmospheric model. Tellus 49A, Seiten 347-361.

Bengtsson, L., M. Botzet, M. Esch, 1995: Hurricane-type vortices in a general circulation model. Tellus 47A, Seiten 175-196.

Berger A.L., 1988: Milankovich theory and climate. Reviews of Geophysics, Band 26, Seiten 624-657.

Blüthgen J. und W. Weischet, 1980: Allgemeine Klimageographie. De Gruyter, Berlin.

Brauch H.G. (Hrsg.), 1996: Klimapolitik: naturwissenschaftliche Grundlagen, internationale Regimebildung und Konflikte, ökonomische Analysen sowie nationale Problemerkennung und Politikumsetzung. Springer, Berlin, 476 Seiten.

Bray, D. und H. von Storch, 1999: Climate Science. An empirical example of postnormal science. Bull. Amer. Met. Soc. im Druck.

Brückner, E., 1890: Klimaschwankungen seit 1700 nebst Bemerkungen über die Klimaschwankungen der Diluvialzeit. Geographische Abhandlungen herausgegeben von Prof. Dr. Albrecht Penck in Wien; Wien und Olmütz, E.D. Hölzel, 325 Seiten.

Butcher S.S., R.J. Charlson, G.H. Orians und G.V. Wolfe (Eds.), 1992: Global Biogeochemical Cycles. Academic Press, London, 380 Seiten.

Cahalan, R., 1992: Kuwait Oil Fires as seen by Landsat. J. Geophys. Res., 97, Seiten 14565-14570.

Cline, R.W., 1992: The Economics of Global Warming. Institute for International Economics, Washington.

Cotton, W.R. und R.A. Pielke, 1992: Human Impacts on Weather and Climate. ASTeR Press Ft. Collins, 288 Seiten.

Crowley, T.J., 1990: Are there any satisfactory geologic analogues for a future greenhouse warming ? J. Climate, 3, Seiten 1282-1292.

Crowley T., G.R. North, 1991: Paleoclimatology. Oxford University Press, New York, 339 Seiten.

Cubasch, U., 1985: The mean response of the ECMWF global model to the El Niño anomaly in extended range prediction experiments. Atmos.-Oc. 23, Seiten 46-66.

Cubasch, U., K. Hasselmann, H. Höck, E. Maier-Reimer, U. Mikolajewicz, B.D. Santer und R. Sausen, 1992: Time-dependent greenhouse warming computations with a coupled ocean-atmosphere model. Clim. Dyn. 8, Seiten 55-69.

Cubasch, U., B.D. Santer, A. Hellbach, G. Hegerl, H. Höck, E. Maier-Reimer, U. Mikolajewicz, A. Stössel und R. Voss, 1994: Monte Carlo climate change forecasts with a global coupled ocean-atmosphere model. Clim. Dyn. 10, Seiten 1-19.

Cubasch, U., B.D. Santer und G.C. Hegerl, 1995: Klimamodelle – wo stehen wir? Phys. Bl. 51, Seiten 269-276.

Cubasch, U., G.C. Hegerl, A. Hellbach, H. Höck, U. Mikolajewicz, B. Santer und R. Voss, 1995b: A climate change simulation starting from 1935. Clim. Dynamics. 11, Seiten 71-84.

Dietrich G., K. Kalle, W. Krauss und G. Siedler, 1975: Allgemeine Meereskunde. Bornträger, Berlin.

Fischer, G., 1991: Klimaforschung und Klimamodelle. In: Tatort 'Erde', G. Warnecke, M. Huch und K. German (eds.), Springer Verlag, Seiten 236-256.

Fischer, G., E. Kirk und R. Podzun, 1991: Physikalische Diagnose eines numerischen Experiments zur Entwicklung der großräumigen atmosphärischen Zirkulation auf einem Aquaplaneten. Meteor. Rdsch. 43, Seiten 33-42.

Flather, R.A. und J.A. Smith, 1998: First estimates of changes in extreme storm surge elevation due to doubling CO_2. Global Atm. Oc. System (in press).

Fuentes, U. und D. Heimann, 1996: Verification of statistical-dynamical downscaling in the Alpine region. Clim. Res. 7, Seiten 151-168.

Gill A.E., 1982: Atmosphere-Ocean Dynamics. Academic Press, New York, 662 Seiten.

Giorgi, F. und L. Mearns, 1991: Approaches to the simulation of regional climate change: A review. Rev. of Geophysics 29, Seiten 191-216.

Gleick J., 1990: Chaos. Droemersche Verlagsanstalt Knaur, München, 446 Seiten.

Graedel, T.E. und P.J. Crutzen, 1994: Chemie der Atmosphäre: Bedeutung für Klima und Umwelt. Spektrum Akademischer Verlag, Heidelberg.

Grotch, S.L. und M.C. MacCracken, 1991: The use of general circulation models to predict regional climate change. J. Climate 4, Seiten 286-303.

Grundmann, R., und N. Stehr, 1997: Klima und Gesellschaft, soziologische Klassiker und Aussenseiter: Über Weber, Durkheim, Simmel und Sombart. Soziale Welt 47, Seiten 85-100.

Güss, S., D. Albrecht, H.-J. Krambeck, D.C. Müller-Navarra, H. Mumm, 1998: Impact of climatic variables on the dynamics of a lake ecosystem (Plußsee) assessed by cyclostationary MCCA of long-term observations. GKSS, Report 98/E/36, Geesthacht, 31 Seiten.

Harding, G., 1968: The tragedy of the commons. Science 162, 1243-1248.

Hasselmann, K., 1990: How well can we predict the climate crisis? In: Siebert H. (ed): Environmental Scarcity - the International Dimension. JCB Mohr, Tübingen, 165 - 183

Hasselmann, K., 1993: Optimal fingerprints for the detection of time dependent climate change. J. Climate 6, Seiten 1957-1971.

Hasselmann, K., 1998: Cooperative and non-cooperative multi-actor strategies of optimizing greenhouse gas emissions. In: Von Storch H. und G. Flöser (Eds.): Anthropogenic Climate Change. Springer Verlag, Seiten 213-260.

Hasselmann, K., 1998: Intertemporal accounting of climate change. Harmonizing economic efficiency and climate stewardship. Climatic Change (submitted)

Hasselmann, K., S. Hasselmann, R. Giering, V. Ocana, H. von Storch, 1997: Optimization of CO_2 emissions using coupled integral response and simplified cost models. A sensitivity study. Climatic Change 37, Seiten 345-386.

Hasselmann, K., R. Sausen, E. Maier-Reimer und Reinhard Voss, 1993: On the cold start problem in transient simulations with coupled atmosphere-ocean models. Clim. Dyn. 9, Seiten 53-61.

Hense, A., R. Glowienka-Hense, H. von Storch und U. Stähler, 1990: Northern Hemisphere atmospheric response to changes of Atlantic Ocean SST on decadal time scales: a GCM experiment. - Climate Dyn. 4, Seiten 157-174.

Hegerl, G.C., H. von Storch, K. Hasselmann, B.D. Santer, U. Cubasch und P.D. Jones, 1996: Detecting anthropogenic climate change with an optimal fingerprint method. J. Climate 9, Seiten 2281-2306.

Henderson-Sellers, A. und P.J. Robinson, 1986: Contemporary Climatology. Longman Group, 437 Seiten.

Heyen, H., E. Zorita, H. von Storch, 1996: Statistical downscaling of winter monthly mean North Atlantic sea-level pressure to sea-level variations in the Baltic Sea. Tellus 48 A, Seiten 312-323.

Houghton J.T. (ed.), 1984: The Global Climate. Cambridge University Press, Cambridge, 233 Seiten.

Houghton, J.T., G.J. Jenkins und J.J. Ephraums (Eds.), 1990: Climate Change. The IPCC scientific assessment. Cambridge University Press, 365 Seiten.

Houghton, J.T., B.A. Callander und S.K. Varney (Eds.), 1992: Climate Change 1992. Cambridge University Press, 200 Seiten.

Houghton, J.T., L.G. Meira Filho, B.A. Callander, N. Harris, A. Kattenberg und K. Maskell (Eds.), 1996: Climate Change 1995. The Science of Climate Change. Cambridge University Press, 572 Seiten.

Hulme, M., K.R. Briffa, P.D. Jones und C.A. Senior, 1993: Validation of GCM control simulations using indices of daily airflow types over the British Isles. Clim. Dyn. 9, Seiten 95-105.

Huntington, E., 1925: Civilization and Climate. Yale University Press, 2nd edition.

Hupfer, P. (Hrsg.), 1991: Das Klimasystem der Erde. Akademie-Verlag, Berlin.

Hurrell, J.W., 1995: Decadal trends in the North Atlantic Oscillation regional temperatures and precipitation. Science 269, Seiten 676-679.

Inaudil, D., X. Collona de Lega, A. Di Tullio, C. Forno, P. Jacquot, M. Lehmann, M. Monti und S. Vurpillot, 1995: Experimental evidence for the Butterfly Effect. Ann. Improb. Res. 1, Seiten 2-3.

Jones P.D., K.R. Briffa, 1992: Global surface air temperature, variations during the twentieth century, Part 1: spatial, temporal and seasonal details. The Holocene, 2, Seiten 165-179.

Jones, P.D., 1995: The Instrumental Data Record: Its Accuracy and Use in Attempts to Identify the "CO_2 Signal". In: H. von Storch und A. Navarra (eds) "Analysis of Climate Variability: Applications of Statistical Techniques", Springer Verlag, Seiten 53-76.

Kalnay, E., M. Kanamitsu und W.E. Baker, 1990: Global numerical weather prediction at the National Meteorological Center. Bull. Amer. Met. Soc. 71, Seiten 1410-1428.

Kauker, F. und J. Oberhuber, 1998: A regional version of the ocean general circulation model OPYC with open boundaries and tides. Tellus (im Druck).

Kempton, W., J.S. Boster und J. A. Hartley, 1995: Environmental values in American Culture. MIT Press, Cambridge MA and London, 320 Seiten.

Kerr, R.A., 1998: Warming's unpleasant surprise: Shivering in the greenhouse? Science 281, Seiten 156-158.

Kharin, V.V., 1995: The relationship between sea surface temperature anomalies and atmospheric circulation in general circulation model experiments.

Clim. Dyn. 11, Seiten 359-375.

Kiladis, G., H. von Storch, und H. van Loon, 1989: On the origin of the South Pacific Convergence Zone. J. Climate, 2, Seiten 1185-1195.

Knuth, D.E., 1997: The art of computer programming. Addison-Wesley, Reading.

Langenberg, H., A. Pfizenmayer, H. von Storch und J. Sündermann, 1998: Storm related sea level variations along the North Sea coast: natural variability and anthropogenic change. Cont. Shelf Res. im Druck.

Larcher W., 1984: Ökologie der Pflanzen. Ulmer, Stuttgart, 403 Seiten

Latif, M., T.P. Barnett, M.A. Cane, M. Flügel, N.E. Graham, H. von Storch, J. Xu und S.E. Zebiak, 1994: A review of ENSO prediction studies. Climate Dyn. 9, Seiten 167-179.

Lighthill, J., G. Holland, W. Gray, C. Landsea, G. Craig, J. Evans, Y. Kurihara und C. Huard, 1994: Global climate change and tropical cyclones. Bull. Am. Met. Soc. 75, Seiten 2147-2157.

Liljequist G.H., Cehak K., 1979: Allgemeine Meteorologie. Vieweg, Braunschweig, 385 Seiten.

Lohmann, U., und E. Roeckner, 1995: Influence of cirrus cloud radiative forcing on climate and climate variability in a general circulation model. J. Geophys. Res. 100 D, Seiten 16305-16323.

Luksch, U., und H. von Storch, 1992: Modelling the low-frequency sea surface temperature variability in the Northern Pacific. - J. Climate 5, Seiten 893-906.

Maier-Reimer, E., 1993: Geochemical cycles in an ocean general circulation model. Pre-industrial tracer distributions. Global Biogeochemical Cycles, 7, Seiten 645-677.

Maier-Reimer, E., U. Mikolajewicz und K. Hasselmann, 1993: Mean circulation of the Hamburg LSG OGCM und its sensitivity to the thermohaline surface forcing. J. Phys. Oceano. 23, Seiten 731-757.

Martin, G.J., 1973: Ellsworth Huntington. His Life and Thought. The Shoe String Press Inc., Hamden/Connecticut, 315 Seiten.

Masood E., 1995: Temperature rises in dispute over costing climate change. Nature, Vol. 378, 30.11.1995, Seite 429.

McGuffie, K., und A. Henderson-Sellers, 1997: A climate modelling primer. 2nd edition, John Wiley & Sons, Chichester, 253 Seiten.

Meadows D., D. Meadows, und J. Randers, 1992:, Die neuen Grenzen des Wachstums. Deutsche Verlags-Anstalt, Stuttgart.

Montoya, M., T.J. Crowley und H. von Storch, 1998: Temperatures at the last interglacial simulated by a coupled ocean-atmosphere model. Paleo-oceanography, in press.

Montoya, M., H. von Storch and T.J. Crowley, 1998b: Climate simulation for 125,000 years ago with a coupled ocean-atmosphere general circulation model. Paleooceanography, in press.

Mikolajewicz, U. und E. Maier-Reimer, 1990: Internal secular variability in an OGCM. Climate Dyn. 4, Seiten 145-156.

Nordhaus W.D. 1991: To slow or not to slow: The economics of the greenhouse effect. Econ. J., 101, Seiten 920-937.

North G.R., R.F. Cahalan und J.A. Coakley Jr., 1981: Energy Balance Models. Rev. Geophysics Space Phys., 19, Seiten 91-121.

Oberhuber, J.M., 1993: Simulation of the Atlantic Circulation with a coupled sea ice - mixed layer - isopycnical general circulation model. Part I: Model description. J. Phys. Oceano. 23, Seiten 808-829.

Oerlemanns, J,. und C.J. van der Veen, 1984: Ice Sheets and Climate. Reidel Publishing Company, Dordrecht, 217 Seiten.

Ojima, D. (Ed.), 1992: Modeling the Earth System. Papers arising from the 1990 OIES Global Change Institute, Snowmass, Colorado, Seiten 16-27. July 1990. UCAR/Office for Interdisciplinary Earth Studies, Boulder, Colorado, 488 Seiten.

Oreskes, N., K. Shrader-Frechette und K. Beltz, 1994: Verification, validation, and confirmation of numerical models in earth sciences. Science 263, Seiten 641-646.

Peixoto, J.P. und A.H. Oort, 1992: Physics of Climate. American Institute of Physics. 520 Seiten.

Pestel E. und M. Mesarović, 1974: Menschheit am Wendepunkt. Deutsche Verlags-Anstalt, Stuttgart.

Philander, S.G., 1990: Is the temperature rising? The uncertain science of global warming. Princeton University Press, 258 Seiten.

Pond, S. und G.L. Pickard, 1983: Introductory Dynamical Oceanography. Pergamon Press, Oxford.

Ponte, L., 1976: The Cooling. Prentice-Hall Inc., Englewood Cliffs, New York, 306 Seiten.

Press W.H., S.A. Teukolsky, W.T. Vetterling, B.P. Flannery, 1994: Numerical recipes in C. Cambridge University Press, Cambridge, 994 Seiten.

Rahmstorf, S., 1998: Influence of Mediterranean outflow on climate. EOS 79, Seiten 281-282.

Ramanathan V., und J.A. Coakley Jr., 1978: Climate Modeling Through Radiative-Convective Models. Rev. Geophys. Space Phys. 16, Seiten 465-489.

Rebetez, M., 1996: Public expectation as an element of human perception of climate change. Climatic Change 32, Seiten 495-509.

Robinson, P.J. und P.L. Finkelstein, 1991: The development of impact-oriented climate scenarios. Bull. Amer. Met. Soc. 72, Seiten 481-490.

Roedel, W., 1994: Physik unserer Umwelt: Die Atmosphäre. Springer, Berlin, 467 Seiten.

Roeckner, E., K. Arpe, L. Bengtsson, S. Brinkop, L. Dümenil, M. Esch, E. Kirk, F. Lunkeit, M. Ponater, B. Rockel, R. Sausen, U. Schlese, S. Schubert und M. Windelband, 1992: Simulation of present-day climate with the ECHAM model: Impact of model physics and resolution. Max-Planck-Institut für Meteorologie Report 93, 172 Seiten.

Sausen, R., K. Barthels und K. Hasselmann, 1988: Coupled ocean-atmosphere models with flux correction. - Clim. Dyn. 2, Seiten 154-163.

Schade H. und E. Kunz, 1980: Strömungslehre. Walter de Gruyter, Berlin.

Shackleton, N.J., und N.D. Opdyke, 1976: Oxygen isotope and paleomagnetic stratigraphy of Pacific core V28-239 late Pliocene to latest Pleistocene. Mem. Geol. Soc. Am., 145, Seiten 449-464.

Schimel, D., I. Enting, M. Heimann, T. Wigley, D. Raynauld, D. Alves und U. Siegenthaler, 1995: The global carbon cycle. In: Hougton J. et al. (Eds.) Radiative forcing of climate change. Report to IPCC from the Scientific Assessment Working Group (WG I), Cambridge University Press, Seiten 35-71.

Schlesinger, M.E., und J.F.B. Mitchell, 1987: Climate Model Simulations of the Equilibrium Climatic Response to Increased Carbon Dioxide, Rev. Geophys. 25, Seiten 760-798.

Schönwiese C.-D., 1995: Klimaänderungen : Daten, Analysen, Prognosen. Springer, Berlin, 224 Seiten.

Schwarzbach, M., 1993: Das Klima der Vorzeit. Enke, Stuttgart, 390 Seiten.

Stehr, N. und H. von Storch, 1995: The social construct of climate and climate change. Clim. Res. 5, Seiten 99-105.

Stehr, N. und H. von Storch, 1998: An anatomy of a disbanded line of research. In: Kaupen-Hass H. (Hrsg.): Wissenschaftlicher Rassismus, Campus-Verlag, im Druck.

Stehr, N. und H. von Storch, 1999: Wetter, Klima, Mensch. Beck Verlag, München.

Stehr, N., H. von Storch und M. Flügel, 1996: The 19th century discussion of climate variability and climate change: analogies for present day debate? World Res. Rev. 7. Seiten 589-604.

Stommel, H., 1987: A View of the Sea. A Discussion between a Chief Engineer and an Oceanographer about the machinery of the Ocean Circulation. Princeton University Press, 165 Seiten.

Stuart, R.A. und A.S. Judge, 1991: On the applicability of GCM estimates to scenarios of global warming in the Mackenzie Valley area. Climatological Bulletin 25, Seiten 147-169.

Tahvonen, O., H. von Storch, und J. von Storch, 1994: Economic efficiency of CO_2 reduction programs. Clim. Res. 4, Seiten 127-141.

Thompson J.M. und H.B. Stewart, 1986: Nonlinear Dynamics and Chaos. Wiley, Chichester.

Tolmazin, D., 1986: Elements of Dynamic Oceanography. Allen and Unwin, Winchester, 181 Seiten.

Trenberth, K. (Ed.), 1992: Climate System Modeling. Cambridge University Press. 788 Seiten.

Tritton D.J., 1977: Physical Fluid Dynamics. Van Nostrand Reinhold, Wokingham, 363 Seiten.

Ulbrich, U., G. Bürger, D. Schriever, H. von Storch, S.L. Weber und G. Schmitz, 1993: The effect of a regional increase in ocean surface roughness on the tropospheric circulation: A GCM experiment. - Clim. Dyn. 8, Seiten 277-285.

Untersteiner N., 1984: The cryosphere. In: Houghton J.T. (Hrsg.): The Global Climate. Cambridge University, New York, Seiten 121-140.

van Andel, T., 1994: New views on an old planet. A history of global change. Cambridge University Press, 439 Seiten.

van Loon, H., 1967: The half-yearly oscillation in middle and high southern latitudes and the coreless winter. J. Atmos. Sci. 24, Seiten 472-486.

van Loon, H. und J. Rogers, 1978: The seesaw in winter temperature between Greenland and Northern Europe. Part I: General description. Mon. Wea. Rev. 106, Seiten 296-310.

von Storch, H., 1995: Inconsistencies at the interface of climate impact studies and global climate research. Meteorol. Zeitschrift 4 NF, Seiten 72-80.

von Storch, H., 1998: The global and regional climate system. In: H. von Storch und G. Flöser (Hrsg.): Anthropogenic Climate Change, Springer Verlag, Seiten 287-328.

von Storch, H., E. Zorita und U. Cubasch, 1993: Downscaling of global change information to regional scales: Application to Iberian rainfall in wintertime. J. Climate 6, Seiten 1161-1171.

von Storch, H. und H. Reichardt, 1997: A scenario of storm surge statistics for the German Bight at the expected time of doubled atmospheric carbon dioxide concentration. J. Climate 10, Seiten 2653-2662.

von Storch, H., und F.W. Zwiers, 1999: Statistical Analysis in Climate Research, Cambridge University Press.

von Weizsäcker, E.U., 1994: Erdpolitik. Wissenschaftliche Buchgesellschaft. Darmstadt. 300 Seiten.

WASA, 1998: Changing waves and storms in the Northeast Atlantic? - Bull. Amer. Met. Soc. 79, Seiten 741-760.

Washington, W., 1968: Computer simulation of the Earth's atmosphere. Science J., Seiten 37-41.

Washington, W.M. und C.L. Parkinson, 1986: An Introduction to Three-Dimensional Climate Modelling. University Science Books, 422 Seiten.

Weischet, W., 1995: Einführung in die Allgemeine Klimatologie: physikalische und meteorologische Grundlagen. Teubner, Stuttgart, 276 Seiten.

Wicke L., 1993: Umweltökomomie, 4. Auflage, Vahlen, München.

Wilby R.L. und T.M.L. Wigley, 1997: Downscaling general circulation model output: a review of methods and limitations. Progress in Physical Geography, 21, Seiten 530-548.

Wilson, R.J. und K. Hamilton, 1996: Comprehensive model simulation of thermal tides in the Martian atmosphere. J. Atmos. Sci. 53, Seiten 1290-1326.

Wilson, R.J., 1997: A general circulation model simulation of the Martian polar warming. Geophys. Res. Lett. 24, Seiten 123-126.

Wright, P.B., 1985: The Southern Oscillation - An ocean-atmosphere feedback system. Bull. Amer. Met. Soc., 66, Seiten 398-412.

Zorita E. und H. von Storch, 1999: The analog method – a simple statistical downscaling technique: comparison with more complicated methods. J. Climate, im Druck.

Zwiers F., 1998: The detection of climate change. In: Von Storch H., Flöser G. (Eds.): Anthropogenic Climate Change. Springer Verlag, Seiten 163-209.

Stichwortverzeichnis

Springer and the environment

At Springer we firmly believe that an international science publisher has a special obligation to the environment, and our corporate policies consistently reflect this conviction.
We also expect our business partners – paper mills, printers, packaging manufacturers, etc. – to commit themselves to using materials and production processes that do not harm the environment. The paper in this book is made from low- or no-chlorine pulp and is acid free, in conformance with international standards for paper permanency.